U0382270

国家社会科学基金项目“语义模型与表征模型研究”（14BZX025）

国家社会科学基金重大项目“当代量子诠释学研究”（19ZDA038）

中央高校基本科研业务费专项资金资助（HGWK2021002）

中国国家留学基金资助

社 科 文 库

科学中的模型

语义模型与表征模型研究

齐磊磊 著

Research on Models in Science

Semantic Models and Representational Models

中国社会科学出版社

图书在版编目(CIP)数据

科学中的模型：语义模型与表征模型研究 / 齐磊磊著．—北京：中国社会科学出版社，2024.6

（华南理工大学社科文库）

ISBN 978－7－5227－3265－7

Ⅰ.①科…　Ⅱ.①齐…　Ⅲ.①科学哲学—研究　Ⅳ.①N02

中国国家版本馆 CIP 数据核字（2024）第 056263 号

出 版 人　赵剑英
责任编辑　田　文
责任校对　张爱华
责任印制　张雪娇

出　　版　中国社会科学出版社
社　　址　北京鼓楼西大街甲 158 号
邮　　编　100720
网　　址　http://www.csspw.cn
发 行 部　010－84083685
门 市 部　010－84029450
经　　销　新华书店及其他书店

印　　刷　北京君升印刷有限公司
装　　订　廊坊市广阳区广增装订厂
版　　次　2024 年 6 月第 1 版
印　　次　2024 年 6 月第 1 次印刷

开　　本　710×1000　1/16
印　　张　18.25
插　　页　2
字　　数　276 千字
定　　价　98.00 元

凡购买中国社会科学出版社图书，如有质量问题请与本社营销中心联系调换
电话：010－84083683

“华南理工大学社科文库”编委会

总　序

云山苍苍，珠水泱泱，木棉花红，岭南果香。一直以来，华南理工大学高度重视哲学社会科学建设发展，自广州大学城校区建设开始更是大力布局建设文科院系，寒来暑往，经过师生不懈地努力取得了一番令人瞩目的成绩。为集中反映我校人文社科领域的研究成果，学校决定继续编辑出版“华南理工大学社科文库”。

文科学术尚经世致用，重著书立说，出版著作是文科学者发布学术成果的重要方式。当前，世界局势加速演进，建构中国自主知识体系的任务更加迫切，哲学社会科学大有可为，也必将大有作为。习近平总书记指出：“加快构建中国特色哲学社会科学，归根结底是建构中国自主的知识体系。”经过多年建设发展，我校文科学者逐步在各个专业领域积淀形成自己的特色和优势，尤其在各学科专业的理论系统与话语体系建构方面努力开拓，形成丰硕成果，“华南理工大学社科文库”就重点体现这方面的贡献。

为推动文科发展，学校实施哲学社会科学“繁荣计划”，取得了长足进步。学校文科的表现令人鼓舞：2019 年社会科学总论进入 ESI 全球前 1%；2020 年国家社科基金项目获批数量位列全国第 13 位；2021 年获教育部高校人文社科类优秀成果奖位列全国第 29 位；2022 年软科中国评价学校文科综合实力达到 A 级；2024 年经济学与商学新晋 ESI 全球排名前 1% 行列。学校文科的整体水平已位居国内理工类高校前列。从既有成绩来看，学校文科发展卓有成效；面向未来，聚焦文科高质量发展主线，我们仍需守正创新、砥砺奋斗。正可谓雄关漫道真如铁，而今迈步从头越。

近年来，“华南理工大学社科文库”相继推出系列学术专著，取得良好学术反响和社会影响，逐渐成为学校高水平成果展示和交流的重要平台。接下来，文库将继续推出学校文科领域优秀学者的代表性成果，充分展示文科学者的雄厚实力与卓越贡献。九万里风鹏正举！我们相信，它能够在国内人文社科领域逐渐形成重要影响，为建构中国自主知识体系作出积极贡献，并推动学校一流大学建设更上层楼！

是为序。

序

2003年，我作为华南师范大学聘请的客座教授，与颜泽贤教授、范冬萍教授共同给硕士研究生们讲授系统科学哲学类的课程。有一次课间休息，我像往常一样和学生们聊天，以便掌握他们以前所学的专业与研究兴趣，这样上课时我讲授的内容更会有的放矢。当我了解到齐磊磊具有计算机信息管理专业的学科背景，尤其是她说感兴趣的学科是高等数学以及运筹学时，我非常珍惜有这样理工科知识背景的学生来学习科学技术哲学专业。2003年前后，我正好热衷于从复杂适应系统的研究角度追踪国际上关于元胞自动机发展的最新理论。偶然的一个课间休息机会，我建议她可以根据自己的所学知识关注一下计算机模拟方法对复杂系统的讨论。同时，我也通过邮件发给她许多关于元胞自动机的介绍资料。在当时，这些资料是相当前沿的，基本都是英文的，但却是分析复杂系统基本问题的有效方法，也是研究系统科学哲学的一个新的角度。没想到的是，过了一段时间，她便逐字逐句地将这些材料都翻译了出来，并拿给我指导。

就是这样的模式，我们在教与学的过程中，都对用元胞自动机以及计算机模拟进行复杂性科学研究这种方法非常认同，而且互相补充各自在知识上的短板。齐磊磊对计算机科学的相关知识掌握得相当扎实、对于物理学与数学等学科的研究也具有一定的理论基础，因此书稿中涉及的相关科学理论的阐述与许多具体案例的分析，她还是表达得比较清晰恰当。如果有机会能够对模型理论进行更深入、更系统的哲学思考，这部书稿在哲学学科领域内则更为有价值。

这部书稿的一大亮点是选择从科学理论结构的角度分析语义模型。现代科学理论的结构是建立在科学模型和模型论基础上的。科学理论模型作为知识的主要载体可以通过布尔巴基集合论中的“结构种”和史纳德的“模型类”来加以公理化，它在原则上可以表征自然界的全部复杂性，达到科学的高度理论性和具体事物在经验性上的统一。这种科学理论结构观，通常被称为结构主义的科学观，实质上也是实体结构主义的科学理论结构观。这里的“结构”指的是一个理论的语义结构，通常用集合论结构来表示，即借助集合论的表达形成的一种模型称为语义模型。所以，语义模型进路又称为“集合论进路”。集合论虽然被称为全部数学的基础，但由于分析上有较大的难度，国内科学哲学界虽然有许多学者关注并认识到其中的重要性，但却鲜有学者进行正面地分析。比如有一次会议上，当我对布尔巴基集合论中的“结构种”和史纳德的“模型类”进行大会报告之后，我的直觉告诉我，与会的听众基本上没有几个人能听懂。尽管如此，我却坚信这是一个非常值得深入研究的领域。因此借齐磊磊请我写序言的机会，我建议她在语义模型的研究框架中更上一层楼，在接下来的研究中进一步挖掘语义模型的“潜在模型”，系统地整理布尔巴基集合论中的“结构种”和史纳德的“模型类”的前沿资料，将国际上最新的研究成果引入我国的相关研究领域，推进模型理论的整体性研究。

当然，要对模型进行整体性的哲学讨论，还需要关注技术模型、工程模型等相关范畴，尤其是要追踪国际前沿核心科技的发展状态与趋势，结合对模型的认知，更好地发挥模型在科学方法论中的关键作用。这样的研究方向势必为科学与技术中的模型方法或建模的过程提供相应的理论指导，也将会成为一个学术前沿热点。虽然这是一件较大的系统工程，也会存在若干困难与挑战，但却是一件有意义的事情，希望齐磊磊可以利用自己的知识背景与学科优势、加强哲学的学习与思考、坚持不懈，在中国科学哲学领域内将模型的哲学研究推向一个新的高度。

“问渠哪得清如许？为有源头活水来。”学习是一个过程，齐磊磊对问题的把握意识较强，有一定的学术敏感性，而且她也一直较为勤奋：从她读硕士到博士再到工作后，不管处于什么阶段、遇到什么境况，她基本上都在坚持学习，这一点是非常宝贵的。另外，因为具有较好的理工科知识为研究基础，她在分析科学哲学相关问题时能用“技术型”的论证方式进行讨论。就像她的这本书稿，有些章节部分写得妙笔生花，得益于她使用了大量的计算机模拟生成的数据与图表，这样的一种写作进路也是很难得的。作为她的“编外导师”，我希望她能一如既往地坚持与努力：坚持“科学”与“哲学”两条腿走路，努力开阔自己的学术视野、深厚自己的学术修养、提高自己的学术洞察力。

薪火相传，祝愿齐磊磊成为一个纯粹真挚且博学睿智的学者。

张华夏

2019 年 4 月于中山大学园西区

自　　序

计算机模拟方法是我长期关注、学习、研究的领域，甚至本书的讨论主题“科学中的模型”，也是在科学与哲学角度对“模拟”分析的基础上、从哲学的视域对科学中模型问题的阐述。自2003年以来，从最初接触、学习、钻研模拟和计算机模拟在科学中的使用，再到后来对模型的哲学讨论，然后在对科学模型阐述的过程中又回到对模拟和计算机模拟方法的哲学思考。这些讨论的主题形成了我的知识体系内的一个闭环。当然，说它是闭环是因为这么多年关注的模型、模拟、计算机模型、计算机模拟，无论是从科学上还是哲学上，这些话题一直是相通的，在讨论某个主题的同时会自组织式地贯通到另一个主题，它们相互作用、相互影响，是我的知识体系内的一个小整体。而从整个大的讨论出发点来说，这个小的整体又是开放的，虽然讨论的主题与主线保持不变，但在讨论的方式和观点上，不断地吸收着、接纳着新的学科、新的案例、新的方法、新的学派与新的理论等所有的外部事物所给予的补充、更新与挑战。所以我的科学模型的整个思考体系是：对内封闭，对外开放。

在本书的写作过程中，我意识到，我国在科学方法论和科学哲学上对科学模型的研究并不是一个非常热门但却是一个特别重要的主题，国内的研究也确实存在许多空白。所以，我希望和科学哲学以及相关领域内的同行或同仁们一起，努力填补这些空白，尽量争取把握国外有关科学模型研究的前沿、弄清争论的焦点以及争论各方的不同观点和进路。近十年来，我进行反复地思考与研究，博采众家之长，写出有自己特点的系列研究论文。因此，基于这样的思路与系列研究论文基础上而形成的此书，限于个人水平，或许还有未完善之处，但也正是因为有未解决之问题，才可能会有下一步的努力与成果，希望接下来可以持续追踪国际前沿，把核心问题论证得更细致、更清楚，更好地展示模型的魅力。

于我而言，科学模型的哲学研究，一直在路上……

目　　录

绪　　论

“模型”（model）是一个极为普遍的术语，日常生活中我们经常在不同的语境中谈到“模型”，不同的语境中它代表了不同的事物，但却是谈话者都明白的指称，这正是“模型”的玄妙之处。

模型究竟是什么？

虽然本书自始至终没有给出一个定义式的回答，但全书所有的表述却又都是在回答这个问题，这也正是本书的旨趣所在。当然，为了避免漫无目的的讨论，本书紧紧围绕“科学中的模型”展开。

“科学中的模型或模型在科学中的作用”研究，一直被认为是科学方法论的重大问题。科学哲学的国际杂志《综合》（*Synthese*）以“科学模型的本体论”为主题发行的专刊导言中指出：“在最近几十年，科学模型在科学哲学中起到中心的作用。”①《斯坦福哲学百科全书》“模型条目”第一句也写道：“模型在许多科学研究的情景中具有中心的重要性。”② 但科学模型问题是一个比较复杂和争论极多的研究主题，为清楚地表述对模型的认识，本书将模型划分为两个大类：第一类是关于科学的语义模型研究；第二类是关于科学的表征模型研究。

本书中关于“科学中的模型研究”，理论上的价值就在于我们对第一类进行研究时要深入到科学哲学的核心问题，即科学理论的结构问题：从逻辑经验主义的语法进路认为模型具有“启发”作用到结构主义认为语义模型是理论的核心再到最新的语用学阶段。这一类研究帮助我们厘清科学理论的结构、科学中理想化的模型以及由此得出的抽象定律与现实世界的关系；实际应用上的价值则主要体现在模型作为科学研究的主要工具和

---

① Gabriele Contessa，“Introduction”，*Synthese*，2010，172（2）：193.

② R. Frigg，Model in Scientific，http：//plato. stanford. edu/entries/models－science/.

主要方法，即第二类研究内容：模型的综合运用可以将科学定律的研究具体化，以便应用到各种特别的研究领域，这是对科学模型认识论基础的最新研究发展，也为技术哲学提供了有力的支持。同时关于模型如何表征世界、作为表征的科学模型有哪些分类等问题的研究是认识世界、解释自然的哲学基础，对于科学探索自然、社会以及人类思维的活动有重要的意义。

明确了关于“科学中的模型”的研究意义之后，为了更好地展开实质性的研究，围绕科学的表征模型与科学的语义模型两大主题，本书对相关问题的国内外研究现状和发展趋势作了初步梳理。

1. 关于科学表征模型的研究，将模型看作是现代科学的主要研究工具，用于认识世界、表征世界，故为“表征模型”（representational models）。在科学中有许多典型的科学模型，如气体分子运动论中的弹子球模型、原子结构中的玻尔模型、生命科学中的 DNA 双螺旋模型、气象学中的洛伦兹“蝴蝶效应”模型、社会科学中的博弈论模型、经济学中的市场均衡模型，特别是最近发展起来的计算机模型与模拟成为许多学科的动力学机制模型。对于这些模型的综合研究成为科学模型研究的新的主流：2009 年出版的 *Philosophy of Technology and Engineering Sciences* 用了 150 多页来研究技术模型①；*Synthese* 杂志不仅于 2002 年出版了讨论模型的专刊，而且在 2009 年出版了讨论模型和模拟（*Models and Simulations*）的专刊、在 2010 年出版了讨论科学模型的本体论地位的专刊，紧接着于 2011 年又出版了“模型与模拟”的专刊，详细论证了科学模型的各个学派的观点。

对于科学表征模型的研究，无论英美哲学还是欧陆哲学都种类繁多，学派各异。概括他们的研究，集中在几个问题上：

第一，模型表征世界，是什么样的表征？虽然大多数学者认为模型表征世界是非语言实体的表征（不是用语言来描述世界），但是表征模型的实质是什么，以及关于它与被观察的客观世界、它与所依赖的理论的关系问题，范·弗拉森（Bas c. Van Fraassen，1980，2006）、吉尔（Giere，1985）以及弗伦奇和科斯塔（S. French & N. C. Da Costa，2003）认为模型的表征与现实世界是一种同构或部分同构的关系；而弗里格（R. Frigg，

① Anthonie Meijers（ed.），*Philosophy of Technology and Engineering Sciences*，North Holland：Elsevier，2009：728 - 879.

2006）坚决地反对这种看法，认为表征模型与它的目标系统（所需研究的对象）不是同构关系，因为同构是对称的，而表征模型与世界的关系不是对称的，等等，他认为结构本身不能表征世界，必须加上起决定作用的建模者的物理设计才能配合起来组成模型来表征世界。

第二，对表征模型的研究，尤其要注重分析科学模型的表征类型（representational types）。一般地，主要突出几种模型的类型：①比例模型（scale model），例如地球仪、建筑模型、航空模型，它们是以小尺度的物理实体来表现大尺度的实体，在工程上用得很多，有人称其为“真模型”，是因为它们在某些方面与原型十分类似，具有逼真性。②理想模型（idealized model），指的是为了能很好地处理某些复杂的对象，对其精心简化而建立的模型，如无大小的质点、无摩擦力的平面、被隔离或封闭的系统、经济学上的经济人以及马克思所说的“人格化的资本”等。这就产生了一个关于“理想化的客体”如何反映现实的问题。③类比模型，如心灵的计算机模型、气体分子的弹子球模型。赫西（M. Hesse，1963，1974）区分了有同一性质的类比，如地球与月亮的类比（它们有共同的物质元素、都是固体、都不透明等）称其为“物质类比”，同时她也区分了不具有同一性质的类比，如声与光、回声与反射而建立的模型，称其为“形式类比”。④现象模型，这种模型只与事物现象有关而不涉及它的内部机制，或者它独立于有关的理论，不由理论导出它的性质。⑤资料模型，只对观察资料与数据进行整理、修正和系统化的模型。

第三，文献中关于模型的主要类型的分析，虽然很有条理，但是进一步的发展趋势就是研究这些不同类型之间的关系以及模型在科学认识中的作用、它具有发现规律的功能、推理功能、替代科学实验的功能、认识和学习的功能以及它的整合功能等等。特别值得注意的是，M. 摩根、M. 莫里森（Morgan & Morrison，1999）和南茜·卡特赖特（N. Cartwright，1995）提出了模型可以独立于理论，成为从抽象科学理论到具体科学实践的中间环节的观点，并认为模型的综合运用可以将科学定律的研究加以具体化，以便应用到各种特别的场合，这种观点是对“科学模型的认识论基础”的最新发展。另外，马格纳尼（L. Magnani，2002，2012）提出了基于模型的推理，从事物的模型中推出事物的各种特征的推理逻辑。

2. 关于科学的语义模型研究，这一类主要与科学的理论结构研究有关。这是因为，在 20 世纪 60 年代以前，理论结构的语法进路研究者认为科学理论不过是科学语言和命题的集合，模型对于科学理论至多只有某种启发作用。但自从20世纪60年代逻辑经验论解体以来，“科学理论结构的本质是什么”出现了问题。学者们从语法观点转向语义观点或语义模型进路进行研究，将科学理论看作是“模型类”，认为只有分析清楚理论的具体模型的类型才能知道理论的结构是什么，这就使得科学模型在科学理论中成了十分重要的问题。这个学派的倡导者主要是苏佩斯（P. Suppes，1957，1962，2002）、范·弗拉森（Bas c. Van Fraassen，1980，1991，2006，2008）、萨普（F. Suppe，1977，2000）以及吉尔（Giere，1985，1999，2004）等人，他们的研究现在已成为科学哲学研究的主流，被誉为“科学理论结构的主流观点”①，只是由于它在数学上的难度较大，我国科学哲学界还没有对其进行系统的研究和充分批判性的探讨。但他们的理论在欧洲大陆一些哲学系中成了学习科学哲学理论的标准教材，特别是斯尼德（J. D. Sneed，1977），斯泰格缪勒（W. Stegmüller，1976）和巴尔萨、穆林斯与斯尼德（W. Balzer，C. U. Mouline & J. D. Sneed，1987）的几本著作就是其中优秀的教材，并标志着这个理论走向成熟；当然，这个研究进路现在已经走得很远，又遇到一些新的困难：主要是很多学者认为科学理论不能仅限于语义模型论和状态空间的研究，而需要从语义模型观进入到语用模型观。对于他们的困难，有些学者认为，科学理论不是模型的集合，相反它们却是科学中建立模型的工具箱。② 所以，理论结构中语义模型论的走向已经成为我国科学哲学研究的重要问题，但国内对这一方面的研究还相对较少：2011年成素梅教授将苏佩斯的 *Representation and Invariance of Science Structure* 翻译出版；张华夏教授也发表了相关的文章，如“结构主义的科学观”（2011）；台湾东吴大学的陈瑞麟副教授从其博士学位论文到著作《科学理论版本的结构与发展》使用“分畴、分类与模型”的观念，专题讨论了科学模型在科学理论的结构与发展中的作用。

根据目前国内外对科学表征模型与语义模型的研究趋势，并针对当前科学模型争论的焦点，本书的主要研究目标有：

1. 科学模型的主要类型是什么？如何将这些类型组成一个体系，从

---

① Gabriele Contessa，“Introduction”，*Synthese*，2010，172（2）：193.

② Nancy Cartwright，*The Dappled World*：*A study of the Boundaries of Science*，Cambridge：Cambridge University Press，1999：137.

而体现出科学研究的基本方法是马克思所说的“从具体到抽象，又从抽象返回到具体”的过程？本书力图在这些方面作出一些突破。

2. 总结概括科学理论的语义模型论进路的产生和发展进程，特别探究科学理论结构的语义模型论进路是否有可能被新的进路（例如语用观的进路，模型作为理论与实践的中间环节的进路）所代替。

3. 探讨“科学语义模型”和“科学表征模型”之间的关系：二者是不是相容的？

4. 对科学表征模型的认识论基础进行分析：模型的“抽象性”与现实世界（模型的目标系统）的“具体性”之间的关系如何？“同构”或“部分同构”的观点是不是仍然有效？

5. 结合科学史中的经典案例，分析科学表征模型在科学中的作用，包括发现定律、整合科学研究成果、新的推理逻辑、联系理论与实践的中间环节、替代实验资料，即模拟实验等，并着重在“基于模型的推理”上进行一些突破。

6. 计算机模型与计算机模拟方法在科学研究方法中的重要性日益凸显。在对模型与模拟、计算机模型与计算机模拟的研究基础之上，将研究成果扩展至计算机模拟，并对计算机模拟方法进行哲学思考，最终延展至对计算思维、计算理念以及自然界的数学结构与建模的美学标准方面的讨论。

为达成上述研究目标，本书主要围绕六个章节展开研究：

1. 模型与世界的关系

这一部分将模型与世界的关系具体分为几种表现形式，主要讨论：

（1）模型与虚构的关系：一旦提到模型与世界的关系，避不开的一个话题是同构。同构原本是数学上的一个概念，对它的细致讨论又涉及结构与虚构问题（模型的“结构”会在第二章、第三章和第四章中从三个方面展开分析）。虚构有其发展的历史，模型像文学作品那样是虚构的吗？科学模型为什么要进行虚构？科学模型的抽象化、近似化或者理想化对模型的虚构有什么影响？

（2）模型与表征的关系：模型与表征是一个硬币的两个面，相互依存。科学家们建立模型是为了表征世界，表征具有推动科学研究的重要作用。那么，如何明确科学表征问题？这需要明确科学模型表征的涵义与功能。

（3）模型与定律的关系：科学研究的主题是从自然现象中找到规律，从而得到科学理论或定律，模型可以帮助科学家们从某些事实或过程中找到因果关系，进而成为解释的工具。现象、模型与定律是科学研究过程中的三驾马车。

（4）模型与理论的关系：模型和理论的关系像个钟摆，不同的阶段、不同的学派对两者的态度会有很大的差别。从类比的角度讨论模型，通常表明的是大多数科学家对模型与理论的态度，他们认为模型是启发理论发现的工具；但对于大多数结构主义哲学家来说，模型是理论的核心。要追溯这个观点的提出历史，需要回到研究的初期，深入挖掘早期的模型与理论的不同，从而找到模型的集合论或者语义模型进路的最初立场，进一步分析辅助理论的模型以及独立于理论的模型。语义模型这个进路会在第三章中专门讨论。

2. 模型的分类学（taxonomy）研究

弗里格（R. Frigg）和哈特曼（Stephan Hartmann）对模型做了一个较为有条理的分类，它的顺序是比例模型—理想模型—类比模型—现象模型—资料模型，这种分类方式的缺点在于不够系统化。在吸收弗里格和哈特曼对模型进行分类的经验基础上，我们的分类依据马克思所说的从具体到抽象，又由抽象到具体的方法，并特别强调由抽象到具体的进路。首先着重从科学史上考察科学模型的发展，力图在科学模型的分类学上有所借鉴；在对模型进行分类学的具体研究过程中，我们无意将所有的模型的分类搜罗起来，而是尝试着从分析现象模型、数据模型和类比模型开始进入到最为核心的理想模型，分析如何通过理想模型发现自然定律或自然定律的假说，然后再进入到模型的本体论研究和模型的认识论研究，最终进入到科学的实验模型、基于模型的推理和技术模型的讨论，这样设计的研究内容可以避免陷入漫无目的地讨论各种不同模型的海洋中。

3. 科学理论结构的语义模型论进路

（1）语义模型论的兴起和它的基本观点：此部分内容主要对科学理论结构的语义模型论进路进行分析，梳理它的来龙去脉。

语义模型论进路有两种不同的研究路线：①“集合论模型研究路线”或者称为“新维也纳学派”：直接从塔斯基（Alfred Tarski）那里派生出来，它由苏佩斯和他的合作者加以发展，主要包括苏佩斯、斯尼德、斯泰格缪勒等人的研究成果与观点；②状态空间研究路线：由塔斯基的学生，荷兰的埃弗特·贝斯发展起来，主要介绍：萨普（F. Suppe）、范·弗拉森（Bas c. Van Fraassen）等人的观点。

（2）语义模型进路的优点及其面临的困难

①科学理论结构的语义模型进路相对于语法进路有四个方面的优点：a. 语义模型进路不再预设、不再认同观察语言与理论语言的二分以及对应规则的成立，克服了“公认观点”的致命弱点；b. 语义模型进路的研究有一个“自下而上”（bottom up）和“分析到底”的研究思路，它的基础就是塔斯基的“类推理”；c. 语义模型进路比较注重各种科学模型在科学研究中的作用，不像语法进路，完全忽视模型，把它看作形象化的工具和可有可无的东西；d. 在检验科学理论方面，语义观点是在不同层次模型的理想化（或近似值）与具体化（如资料模型）之间的比较，是模型与模型之间的比较，这才是实际可行的。

②语义模型进路目前遇到两个重大问题：a. 科学理论的语义和语法的关系；b. 科学模型概念划分为“科学语义模型”和“科学表征模型”的两难处境。因为这两个概念相差很大，前者是语义学的，它的目标系统是理论，后者是认识论的，它的目标系统是客观世界。

解决问题 a：主要参照刘闯教授的“混杂语义观点”（hybrid semantic view）　（Chuang Liu，1997）以及 W. Hodges（2009）、Chakravartty（2001）、R. Frigg（2006）等人的著作与论文。

解决问题 b：首先回到塔斯基：他在 20 世纪 30 年代创立语义真理论提到的是“结构系统”；但在 1954 年，他建立数学模型论时将“结构系统”改为“模型”[①]；1965 年他又重申“这里被考察的模型是关于理论特定的结构，而不是旨在解释世界上特定现象的领域”[②]。再分析科学哲学家吉尔（Giere，1999）与苏佩斯（Suppes，2002）集合论的观点（J. W. Addison，L. Henkin，A. Tarski，1965）。最后说明科学语义模型与科学表征模型之间的关系：它们不仅有重大区别而且是相互补充的。

---

① Alfred Tarski，“Contributions to the Theory of Models”，*Indagationes Mathematicae*，16，1954.

② J. W. Addison，L. Henkin and A. Tarski（eds.），“The Theory of Models”，in Proceedings of the 1963 International Symposium at Berkeley，North - Holland，1965.

4. 科学表征模型的认识论基础

模型是根据世界中要研究的事物或现象的基本特征而建立起来的，其认识论基础是什么？所以，要对科学表征模型的认识论基础进行分析，也就是要阐述清楚模型的“抽象性”与现实世界（模型的目标系统）的“具体性”之间的关系如何？“同构”或“部分同构”的观点是不是仍然有效？

在对“同构”实在论进行历史研究的基础上发现，模型与现实事物之间是否具有“同构”（isomorphism）关系的争论由来已久。罗素早在《哲学问题》（1910）和《人类的知识》（1948）中就已经明确说明人的知觉与被知觉的物理世界之间有一种同构的关系。20 世纪 80 年代后，在实在论与反实在论的争论中，伦敦经济学院沃勒（J. Worrall，1989）重新建立结构实在论，主张在理论的变迁中物理的结构可以是持续的、同构的和积累性的，这种观点成为当时的一个争论焦点。

2003 年弗伦奇和科斯塔（S. French & N. C. Da Costa）主张模型与实在的关系是“同构”或“部分同构”，他们与弗里格进行激烈论战，后者撰文数篇逐条驳斥前者的模型同构论（R. Frigg，2006，2012）。对此，我们提出弱的“同构”观点，认为模型与实在的关系是同态对应，从而捍卫科学模型的实在论与认识论基础。

5. 探索表征模型在科学研究中的作用

通过模型分类学的研究，结合科学史中的经典模型案例，依据模型类型组成探索自然科学定律的体系并运用到具体学科中。在这个过程中，着重研究基于模型的推理，并从中进一步探索其中的逻辑规律。

具体地，本章主要围绕典型案例分析：

（1）基于模型的推理过程中，涉及水波、声波、光波、电磁波的隐喻与类比描述；富兰克林的风筝实验模型；夸克模型；凯库勒的苯环分子模型。

（2）自然科学中的经典案例：原子的结构模型是从经典科学到现代量子科学的过渡时期建立的；生命科学的 DNA 模型梳理了 DNA 分子结构模型的建立过程、历史作用、表征功能以及方法论特点，阐述了 DNA 模型在科学理论研究中的重要作用；元胞自动机（Cellular Automaton）模型（简称 CA 模型）和复杂网络模型主要阐述计算机模拟怎样揭示物理世界？相关的行为规则或规律又怎样揭示它们的运行机制？

（3）社会系统的博弈论模型。社会系统中的主体以及主体与主体之间的行为，实际形成了一种经济学中的博弈关系，根据这种博弈关系建立模型，并对社会现象展开模型分析，可以为社会系统的研究提供数据的参考。

6. 计算机模拟方法及其哲学思考

计算机模型与计算机模拟方法能把分析上难以处理的问题变成计算上易于处理的问题，所以面对越来越复杂的系统，科学家们在建立若干微分方程的基础上，更多地采用计算机模拟方法进行计算求解。本章在对模型与模拟、计算机模型与计算机模拟的研究基础之上，将研究成果扩展至计算机模拟，并对计算机模拟方法进行哲学思考，最终延展至对计算思维与计算理念的讨论。

具体讨论的问题有：（1）计算机模型方法是如何实现它的模拟与表征功能的？即方法论问题；（2）计算机模型方法是自组织的还是他组织的？是软系统方法还是硬系统方法？会导致人们走向计算主义吗？即一系列哲学问题；（3）模拟结果的可靠性或者可信度有多大？即模拟结果的有效性确认问题；（4）如何消解计算机模型方法的局限性？即提出可行性建议问题。

7. 在分析了科学模型的各种形式以及认识论基础之后，模型作为表征、描述世界的工具，它的建立反映了世界的结构。通过第六章中计算理念的讨论以及诸多著名物理学家们的分析，我们意识到世界是可以被数字化、程序化的，它可以用数学语言表达出来，而且所使用的数学符号与数学公式是简单和优美的。这样的一个讨论既相当于全书的一个总结立场，又回应前面六章的各个主题，并尝试着提出“逻辑理性主义”或者是称为“计算理性主义”：世界是有结构的，这是建立模型的逻辑基础；在对世界进行具体表征时，模型也要遵循世界是“美”的结构原则，只有这样，从模型中得出的理论才有可能为“真”，而这遵循自然界本来面貌的行为本身就是最大的“善”。

本书采用了多种研究方法，概括起来，主要有：

1. 历史与逻辑相统一的方法。没有科学哲学的科学史是盲目的，没有科学史的科学哲学是空洞的，因此，本书在论证各个观点时非常注意使用历史与逻辑相统一的研究方法。

（1）收集科学模型的发展史的资料；

（2）随着科学从宏观进入到微观、进入到宇观，从简单系统的研究进入到复杂系统的研究，从定性的研究进入到定量研究，分析科学模型在科学探索的历史过程中怎样显得越来越重要；

（3）科学技术不断地进步，科学模型本身也在不断地发展，其中抽象模型、计算机模型、计算机模拟方法和各种测量方法显得越来越重要，并且越来越复杂，所以从历史的角度对科学模型进行方法论的讨论是必要的。

2. 概念分析、逻辑分析和认知心理学分析方法。本书各个章节涉及许多在过去科学哲学和科学方法论中很少遇到的概念，如科学表征、集合论与模型论、语义模型与语用模型、同构，部分同构与同态同应关系、虚拟实在、虚构与理想化、科学模型的分类学等等。为研究清楚这些概念及其相互关系，必须使用概念分析、逻辑分析和认知心理学分析这些方法。

3. 案例研究方法。本书主要围绕多个典型案例展开分析，主要有：

（1）生命科学的 DNA 模型；

（2）各个时期的原子结构模型；

（3）苯环分子模型；

（4）风筝实验模型；

（5）水波和光波模型；

（6）斜面实验模型；

（7）夸克模型；

（8）社会系统的博弈论模型；

（9）计算机模型；

（10）元胞自动机模型；

……

本书是以表征模型和语义模型为两大主题对模型，尤其是科学中的模型展开论述，这样的研究进路基本上将模型的主要研究领域都涉及了，并且以科学理论的结构为切入点讨论语义模型。具体而言，本书的展开思路是：

1. 关于科学模型与科学理论结构的关系，国内的研究集中在语法与语用进路，本书结合模型理论重点研究语义模型论进路。

2. 语义模型论进路将模型看作是科学理论的核心，国内研究成果较少。本书作者主要通过翻译、整理萨普与范·弗拉森、苏佩斯、斯尼德、吉尔等人的研究成果，并进行比较分析，讨论各自的研究特点，概括出他们的主要观点与这一进路的发展趋势、优点、面临的困难并给出解决的建议。

3. 关于科学表征模型与现实事物之间的关系是不是“同构”的，本书作者结合国际上的各种争论，提出弱的“同构”观点，认为模型与实在的关系是同态对应或部分同构。

4. 关于科学表征模型的分类学，本书的分类方式是按照马克思所说的从具体到抽象，又由抽象到具体的方法，并特别强调由抽象到具体的进路，这样的研究可以避免陷入漫无目的地讨论各种不同的模型中。

5. 科学表征模型在科学研究中的重要作用，重点讨论基于模型的推理。对此，本书结合计算机模型与模拟的相关案例进行分析。

6. 使用计算机模拟方法时涉及多方面的哲学问题，所以对计算机模拟方法本身的哲学思考为基础，进一步讨论使用计算机模拟方法背后的逻辑支撑：计算的理念，这样的研究主题是对模型方法在科学研究中的一个延展，同时也是从方法论的意义上形成了对模型方法研究的一个有益补充。

第一章　模型与世界的关系

科学家们如何认识世界以便获取关于世界的知识呢？

通常的回答是：建立模型，然后研究建立的模型，通过研究建立的模型获取相关的知识来认识世界。也就是说，科学家们并不是直接研究真实世界的事物，而是研究在客观事物的基础上建立的模型，再通过从模型中所获取的知识来认识真实世界。这样，便涉及两个世界：真实的世界和模型的世界，如图 1.1 所示。

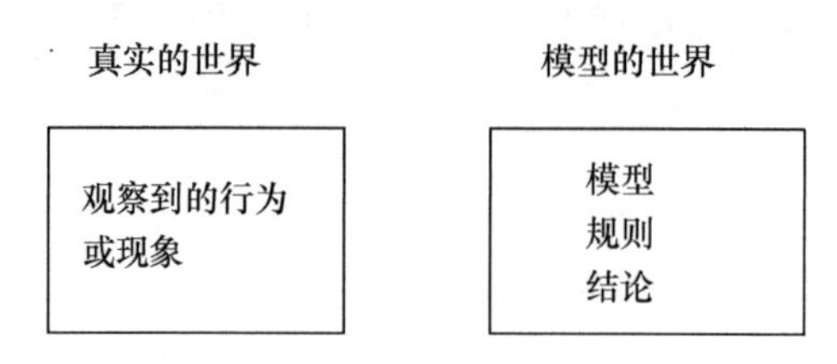

图 1.1　真实的世界和模型的世界

那么，科学家们为什么要通过模型来认识世界呢？

首先，直接研究真实系统获得的经验事实是有限的。科学研究不能只是直观地观察与描述事实，必须要对经验进行整理和加工，才能揭示现实世界的本质和规律。爱因斯坦说："知识不能单从经验中得出，而只能从理智的发明同观察到的事实两者比较中得到。"① 这里，"理智的发明"的具体实现形式就是模型。

其次，世界中的客观对象大多数是复杂的，只有对其进行简化，才能作出切实可行的研究。艾什比（W. Ross Ashby）在研究系统控制论理论时指出："我们常假定研究者知道系统每时每刻究竟处于什么状态。换言

① ［美］爱因斯坦：《爱因斯坦文集》第一卷，商务印书馆 1976 年版，第 278 页。

之，我们假定他在每时每刻对系统的状态是完全掌握了的。但若研究的系统愈来愈大，那么总会大到这么一个阶段，以致仅仅由于系统状态的数量过多这一点，就使他不可能接受关于系统状态的所有情况。或者是传递通道不能传递所有的信息，或者是研究者接到了所有这些信息后弄得手足无措。如果发生这种情形，他该怎么办？回答是清楚的，他必须把要掌握整个系统的雄心打消。他的目的必须限于得到一种部分的了解，这一部分的知识虽不能包括整个系统，但其本身是完整的，而且足够用来达到他最后所需要的实用目的。"[①] "用科学方法来研究复杂的系统，并不要求把每一种可分辨的状态都分辨清楚。"[②] "在研究这样一个系统时，研究者说到这'系统'时必须审慎，因这话的意义可能相当含糊，甚至可能非常含糊。所谓'这系统'可能是指该系统本身而不管研究者是怎样去认识它的，也可能指的是某种研究者所关心的一组变量（状态）。虽然从哲学上讲系统本身似乎更重要，但对实际工作者说来，第二种观点都无疑更加重要。"[③] 艾什比的这些观点说明，科学家们研究的对象是在真实系统的基础上所建构、所创造的模型。

具体来说，模型与世界之间存在着一种什么样的关系呢？为了说清楚这种关系，科学哲学界的研究者从各自不同的视角对"模型"展开讨论：有的学者从本体论与认知的角度说明模型的概念、讨论模型与虚构的关系；有的学者从认知科学的角度研究模型与表征；有的学者从科学规律发现过程中讨论现象、模型与定律的关系；还有的学者专门讨论模型与理论的关系：回到研究的初期，深入挖掘早期的模型与理论的不同，从而找到模型的集合论或者语义模型进路，分析辅助理论的模型以及独立于理论的模型。

一　模型与虚构

（一）从同构到虚构

科学家在建立某种模型时并不是一时兴起，随便建立的，他们有各种

① W. R. Ashby, *An Introduction to Cybernetics*, London: Chapman & Hall, 1957: 106 – 107.

② W. R. Ashby, *An Introduction to Cybernetics*, London: Chapman & Hall, 1957: 106 – 107.

③ W. R. Ashby, *An Introduction to Cybernetics*, London: Chapman & Hall, 1957: 106 – 107.

建立依据。如果一个模型是根据研究对象的认识论结构而建立起来的，那么研究者建立的依据是认为模型与世界之间具有同构或同态的关系。

同态（homomorphism）或同构（isomorphism）是来自数学上的两个术语，表示的是一个集合中的某些元素与另一个集合中的某些元素具有某种对应。如果两个事物之间具有某种对应关系，就可以说它们之间有一个函数成立，或者说两者之间有一个映射关系。[①] 当一个集合中的某个事物与另一个集合中的某个事物之间具有一一对应关系时，我们说两者之间是同构对应关系。与之相对应，当一个集合中的某个事物与另一个集合中的某个事物之间具有多一对应关系或者一多对应关系时，我们说两者之间是同态对应关系。[②]

初步了解了同态与同构的关系后，我们知道，说一个模型与现实世界具有同构或同态关系，反映了研究者在创建模型过程中的“创造性”。这种创造性意味着人们为了研究现实世界的客观对象，有时因为各种原因，不能完全地或者机械地再现原型的内部结构或者组成原型的各个部分之间的完整关系，而只能对研究对象进行结构创造或者思维建构。这样的一种方式，可以从两个方面进行理解：一个方面是因为研究对象较为复杂，目前还不能完全了解其内部结构，而只能利用“结构—功能”方法，从功能上实现对其他结构的模拟；另一个方面是因为有些研究对象是不可观察事物，它们在现实中并无直接对应事物，科学家也只能从理论上对这些研究对象进行创造性的建模，因此并不能够保证所建立的模型与研究对象之间是同构的。

同时，依据模型与目标对象之间具有同构关系，研究者在建立模型的过程中发现，他们为不同的目标对象建立了不同的模型，但有时一些不同模型的结构关系却是相同的。

例如，火车的车厢是安装在弹簧上的，这个车厢和弹簧就组成一个振动系统。为了研究振动的规律，物理学中提出了弹簧振子模型。由于安装在弹簧上的重物的质量比弹簧的质量大得多，因此由忽略不计质量的弹簧和一个刚体所组成的振动系统便是一个弹簧振子。显然，弹簧振子是一个不计弹簧质量，忽略摩擦力，不考虑振子大小和形状的理想化的物理模

① 这里映射就是一种对应关系。

② 关于模型的同态或同构对应关系，笔者曾经专门进行了讨论，详见齐磊磊《科学哲学视野中的复杂系统与模拟方法》，中国社会科学出版社 2017 年版，第 64—70 页。本书第三章中，会从“表征模型的认识论基础”角度继续讨论同构与同态等相关问题。

型。物理学家建立的弹簧振子的振动模型可以作如下表示：

按照胡克定律，物体所受的弹性力 f 与弹簧的伸长，即物体对平衡位置的位移 x 的关系是 $f = -kx$，其中 k 是弹簧的倔强系统，负号表示力与位移的方向相反。设物体的质量为 m，那么根据牛顿第二定律 $f = ma$，物体的瞬时加速度为 $a = \frac{f}{m} = -\frac{k}{m}x$，即 $\frac{d^2x}{dt^2} = -\frac{k}{m}x$，或者 $\frac{d^2x}{dt^2} = \omega^2x$，其中 $\omega^2 = \frac{k}{m}$。

根据简谐振动的运动学定义，可知弹簧振子的振动具有简谐振动的特征，这个简谐振动的过程与单摆的运动规律一致。

在经典物理学中，弹簧振子的振动模型作为一种机械振荡的典范经常与电磁振荡放在一起作类比。那么，我们也来分析一个最简单的由一个电容器与一个自感绕圈串联而成的 LC 电磁电路的振荡模型。

在 LC 电磁电路振荡模型中，根据欧姆定律，在无阻尼的理想状态下，回路中电阻为零，电容上的电压与电感上的电压保持相等，即 $E + U = 0$（任一瞬间的自感电动 $E = L\frac{dI}{dt}$ 应该与电容两极之间的电势 $U = \frac{q}{C}$ 相等），所以我们得到这样一个振荡方程：$-L\frac{dI}{dt} = \frac{q}{C}$，由于 $I = \frac{dq}{dt}$，如果将其代入，便可进一步得出：$-Ld\left(\frac{dq}{dt}\right)/dt = \frac{q}{C}$，$\frac{d^2q}{dt^2} = -\frac{q}{LC}$，或者 $\frac{d^2x}{dt^2} = -\omega^2q$，其中 $\omega^2 = \frac{1}{LC}$。

将以上两个例子进行比较，弹簧振子的振动模型和 LC 电磁电路振荡模型是完全不同的两个模型，但具体分析后我们却发现，两者之间的结构却是相同的，它们都可以表示为二阶常系数微分方程。

概括起来，我们需要思考的问题是，研究对象不同、建立的模型不同，但所依据的对应结构却是相同的。对于这个问题，蔡海锋从自然的思路给出了这样一种解释：“结构并非模型的全部，科学模型还有另一个重要的成分——叙事。结构只是模型的骨架，但仅仅有骨架是不充分的，一个模型还必需有血有肉，这些血肉就是叙事。”① 的确，弹簧振子振动模

① 蔡海锋：《科学模型是虚构的吗?》，《自然辩证法研究》2014 年第 4 期。

型和 LC 电路的微分方程具有相同的二阶常系数微分方程形式，这是模型的骨架相同。但具体的叙事或者说是内部充盈的血肉是：弹簧振子模型研究的是物体在弹簧的弹性力作用下做左右来回振动的无阻尼运动；LC 电磁电路振荡模型研究的是一个忽略电阻阻尼的电路中，电容器和自感绕圈充放电产生的磁能与动能相互转化而引起的电磁振荡运动。

根据这种解释，我们可以得出这样的结论：具有相同结构并不是决定模型结构的唯一因素，而且也不是最重要的一个因素；创造一个模型在很大程度上取决于它的构成内容，即上面所说的叙事。叙事是一个模型的血肉，决定了模型的类别。在通常的意义上，叙事属于小说类文学作品的使用范畴，而小说有一个显明的虚构特点，所以这样的推理路线在无意识中将模型的哲学认识从“同构论”推向“虚构论”或“虚构观”。

（二）模型的虚构论

模型与世界或者研究对象之间表现为一种虚构关系，这是虚构主义或者虚构论的主要观点。虚构主义或者虚构论从最早提出到目前的发展经历了差不多 100 年的时间。

1. 虚构论的发展历程

较早对“虚构论”或者虚构主义进行专门研究的是德国哲学家汉斯·费英格（Hans Vaihinger）。1924 年，汉斯·费英格出版了在当时很长一段时间都影响深远的、讨论主题非常广泛的虚构主义著作之一《仿佛的哲学》（*The Philosophy of ‘As If’*）。[①] 在这本书中，费英格试图从美学、伦理学、科学实践以及宗教等各个领域系统地描述和阐释虚构的存在，尤其是他用较大的篇幅刻画了科学中的虚构。在他看来，人类的思维过程中存在固有的缺陷，虚构正好可以弥补人类思维上的这个问题。

费英格对虚构的讨论尽管比较系统，但并未引起学者们的重视。当前对虚构主义的讨论，主要起始于 1993 年阿瑟·法恩（Arthur Fine）写的论文“虚构主义”（Fictionalism）。这篇论文被公认为是对费英格的《仿佛的哲学》的同情性评论。在费英格的虚构主义提出后差不多经过了 70

---

① Hans Vaihinger, *The Philosophy of ‘As If’ : A System of the Theoretical, Practical, and Religious Fictions of Mankind*, C. K. Ogden English trans. London: Kegan Paul, 1924: 17 – 134, xlvi – xlvii.

年，法恩的解读与评论重新引发了学者们关于虚构主义的讨论，也正因为如此，为了凸显法恩的作用，学者们有时在谈论“虚构主义”时把费英格称为“法英格”（Finehinger）[①]。

2009年，苏亚雷斯（Mauricio Suárez）以《科学中的虚构》（Fiction in Science：Philosophical Essays on Modeling and Idealization）[②] 为题主编了一本论文集，专门讨论模型以及理想化的哲学问题。该论文集收录了当下诸多著名科学哲学家对虚构的讨论：科学实践中的虚构、实验中的虚构、作为虚构的模型、解释的虚构、特殊学科中的虚构、作为推理规则的科学表征、“虚构、表征与实在”等等，当然其中也包括了法恩的“虚构主义”和吉尔（Ronald N. Giere）的“为什么科学模型不应该被看作是小说作品？”（Why Scientific Models Should not be Regarded as Works of Fiction）这两篇论文。[③]

进一步地，弗里格于2010年发表了“虚构与科学表征”（Fiction and Scientific Representation）一文，提出了“模型系统的虚构观”（fiction view of model - systems）。他认为：“模型与研究对象之间不一定要同构或者相似，也不一定对应于现实世界的某个物体，科学模型实际上是科学家们根据自己的需要而虚构出来的事物。”[④] 这种看法受到许多科学哲学家的认可，并成为虚构主义发展的主流观点。

简要地梳理虚构主义发展的历史过程，同时也是对模型与虚构再认识的过程。那么，现在我们需要考虑两个问题：第一个是，小说类的文学作品为什么要进行虚构？第二个是，是否应该把科学模型看作像小说作品一样是虚构的？

2. 小说为什么要进行虚构？

关于这个问题比较容易解释。

首先从词源学上说，“小说”对应的英文单词是fiction。fiction这个词是从拉丁语中的fictio发展过来的，词根词缀：“fict”表示做或者作，

---

① M. Suárez, “Fictions in Scientific Practice”, In M. Suárez. Eds., *Fictions in Science: Philosophical Essays on Modeling and Idealization*, London: Routledge, 2009, 4, 11 - 15.

② M. Suárez, “Fictions in Scientific Practice”, In M. Suárez. Eds., *Fictions in Science: Philosophical Essays on Modeling and Idealization*, London: Routledge, 2009.

③ 这两篇论文是笔者认为讨论“虚构”的极有影响力的文章。

④ R. Frigg, Fiction and Scientific Representation, R. Frigg & H. C. Hunter, Eds., *Beyond Mimesis and Convention: Representation in Art and Science*, Berlin: Springer, 2010, 99: 105 - 106.

可延伸为“塑造”“编造”和“虚构”的意思，“ion”是名词的词尾。fiction 通常包括长篇小说（novel）和短篇小说（short story）两种类型，其典型的标识是故事情节纯属虚构。这就表明，小说在通常意义上就是为了一定的故事效果而人为“编造”“虚构”出来的东西。这恰恰表明了小说与虚构“词出同源”的原因，即我们可以说 Fiction（小说）is fiction（虚构）。

当然，“编造”“虚构”出来的小说与历史（history）和传奇（legend）是不一样的。还有一种小说，它是在某些生活场景的基础上结合科学理论以及小说作家的想象力而“畅想”和“虚构”出来的“科幻小说”。我们在 fiction 前面添加一个 science 作组合，即科幻小说在英文上的表达是 science – fiction。

根据《汉语大词典》，“小说”有以下解释：（1）谓偏颇琐屑的言论（《庄子·外物》）。（2）谓街谈巷语，道听途说者所造为小说，列于九流十家之末（《汉书·艺文志》）。（3）讲述故事的小说至唐之传奇出现而始盛。在此前的如先秦的神话、传说、寓言，魏晋的志怪等皆其先河。（4）宋代，小说为说话家数之一。（5）在说话的基础上出现平话、话本，小说遂为故事性文体的专称。（6）到近、现代，小说作为文学的一大样式，它通过完整的故事情节和具体环境的描写，塑造多种多样的人物形象，广泛地反映社会生活。按其篇幅长短及内容广狭，分为长篇小说、中篇小说、短篇小说、小小说等。[①] 秦牧的《散文创作谈》中也提到：小说，依靠的是用概括的、典型化的手段，在现实生活的基础上，虚构了情节，使人物和故事给人以强烈感。

从文学创作的形式来说，无论是一部长篇小说或者短篇小说，小说的虚构化是作家们在创作时的显明手法，不管是以现实世界为蓝本对故事情节中的时间、地点、某些人、某些事、某些物进行虚构，还是对包含了以上所有构成元素的整个故事情节全部进行虚构，这些都是小说创作中的正常表现形式。同样，作为读者，尽管他们可能会被小说的故事情节所感染，甚至可能会陷入某部精彩的小说故事情节之中而一时无法分辨哪些是真实的、哪些是作家虚构的，但那只是小说类文学作品达到了小说自身功能的效果，或者说是小说渲染的核心技法发挥得淋漓尽致。所以，真正写

① 罗竹风主编：《汉语大词典》（第二卷）下册，上海辞书出版社 2011 年版，第 1635 页。

得好的小说恰恰是通过这种虚构的手法让读者感受到现实情境的逼真感。

基于这种文学上的梳理，归纳起来，小说是虚构的，主要来自两方面的原因。第一个原因可以解释为：对小说进行虚构是为了满足人类精神上的需求。小说是艺术的一种表现形式，艺术来源于生活，但又要高于生活。为了通过小说满足人类在精神层面的追求，小说在创作的过程中就要借用虚构去实现这样的功能。所以，虚构是小说创作中正常的、惯用的写作技巧。小说不是写实纪录片，也没必要完全与现实一致，对小说的评价标准决定了小说故事情节的多样化与跌宕起伏，要实现这样的效果，虚构是最好的选择。第二个原因可以解释为：小说本身是想象力的产物。在最初对一部小说进行创作时，大部分作者首先会在现实世界中找寻相关故事情节的蛛丝马迹形成初步的框架，然后加上自己的想象力去虚构和完善具体的故事情节。当然，还有一部分作家，从一开始就将自己的构思放到想象的空间中，抛开现实世界的所有约束，完全凭借想象力，就可以天马行空地进行故事情节的创作。这样看来，不管是哪种方式，虚构是小说类文学作品的典型特征，这一点是被大家所公认的。因此插上了想象力翅膀的虚构是所有类型的小说的必要表现技能。通过这样的一种分析与解释，我们完全可以得出这样的结论：虚构是小说的标志，没有虚构就无法创作小说，创作小说必须进行虚构。上面英语的词源表达也同时支持了这种说法：Fiction is fiction。

明确了小说与虚构之间的特征关系后，我们可以借鉴它们之间的不可分离性来分析虚构与科学模型之间的关系：模型是虚构的吗？

3. 模型是虚构的吗？

如果将这个问题与我们上面对小说的分析进行结合，问题就变成：小说是虚构的，模型是虚构的吗？

首先关注这个问题本身。

这个问题的提问方式意在指向这样的一种思考方向：科学模型和小说作品一样，都具有同一种内在的、本质的属性。这样一种看似类比的手法，推敲起来容易引起误解。实际上，我们在回答科学模型是不是虚构的这个问题时，就像上面对小说是不是虚构的分析过程一样，我们的分析重点不应该简单直接地说“是”抑或“不是”，而应该花一些精力放在对这个问题的解释中。对此，吉尔认为应该把“科学模型是虚构的吗”这种问法含蓄地用另一个问题代替：科学模型应该被视为小说作品吗？①

这个问题的答案取决于科学模型的表现形式。

从本体论上说，科学模型的本体论形式可分为多种②，比如可以划分为物质模型和形式模型。把科学的物质模型与小说作品作类比不存在本体论上的争议，因为“一个物质模型是一个物理实体或者是描述的一个物理实体，包括天然物质模型和人工物质模型。常见的事例是飞鸟、液体介质、相互碰撞的小球、弹簧或者相互吸引或排斥的带电粒子”③。所以，科学的物质模型在现实世界中能找到其一一对应的研究客体，它并不是像小说作品一样是虚构的。但是“一个形式模型可表达某个物理实体和过程的结构或形式，但它并不涉及特定物体或属性的任何语义内容，因而也可表达任何其他能表达的物理实体的形式结构，它一般表现为数学模型、理论模型、理想模型等形式。如用数学符号表示的‘波动方程’可以表示单摆定律、声波或光波定律、量子波函数定律等”④。所以，从本体论的角度说，把科学的形式模型与小说作品等同起来是合理的。

当然，如果不作以上区分，而是直接将科学模型看作是对源目标的抽象产物，那么我们可以说，在这个意义上，建立模型就如同小说创作，是一个虚构的过程。之所以能得出这样一个肯定的结论，主要是源于其中包含了“抽象”这个术语。“抽象”（abstract）一词来源于拉丁文 abstractio，指的是从许多事物中，舍弃个别的、非本质的属性，抽出共同的、本质的属性的过程。这个过程在科学研究中至关重要。比如在古希腊，人们在思考“万事万物是否由一种基本的物质组成？”这个问题时，泰勒斯宣称万物皆由水而生成，又复归于水。后来泰勒斯的学生阿那克西米尼主张万物的本原是无限的气。他们的这种说法在当时极具有开创性，但仍然是将万物的最根本组成部分归结为看得见摸得着的具体的物质。再后来，留基伯和德谟克利特提出了原子论。原子论的提出较之前面提出的指向具体

---

① Ronald N. Giere, “Why Scientific Models Should not be Regarded as Works of Fiction”, In M. Suárez. Eds., *Fictions in Science: Philosophical Essays on Modeling and Idealization*, London: Routledge, 2009.

② 本书第二章中专门从本体论的角度讨论了模型的分类。

③ 齐磊磊：《科学哲学视野中的复杂系统与模拟方法》，中国社会科学出版社 2017 年版，第 59 页。

④ 齐磊磊：《科学哲学视野中的复杂系统与模拟方法》，中国社会科学出版社 2017 年版，第 59 页。

物质的万物本原说是一种思维上的跨越式进步，这主要是因为在2000多年前，他们提出的原子是看不见的，因此原子论超越了具体的物质，是对现实世界中的事物进行抽象而提出来的。从这个例子中我们可以看出，抽象就是“不具体”，它先验地说明它是以现实世界中不存在的方式而存在，既然是在现实中不存在，那么它自身存在的方式应该可以说是虚构的。因此，用“抽象”指称的科学模型从本体论的角度说它像小说一样是虚构的。

反过来还可以思考这样一个问题：从小说创作的过程来看，作家完成一部小说的构思与写作时，他们是不是在建立一个模型?

以我们都熟悉的中国四大古典小说中的《红楼梦》为例。清代小说家曹雪芹（约1715—约1763）年轻时曾经过着富贵纨绔、奢靡风流的生活。清朝雍正六年（1728），曹家遭遇了抄家之罪，曹雪芹晚年靠朋友救济和卖字画勉强维持生计。他的长篇小说《红楼梦》正是以上层达官贵人为主体，真实地描写中国封建社会的上中下层人们的生活。全书以虚构的朝代为时代背景，以虚构的封建大家庭中的形形色色的人物为描写对象。随着这一系列虚构人物之间的情感纠葛等故事情节的展开，这一封建社会大家族从富贵走向没落的历程缓缓呈现，封建社会中的问题与丑陋随之揭露无遗。曹雪芹通过这部长篇小说塑造了一个虚构的世界，但这个虚构的世界又是可能世界的模型，因为它的种种故事情节又可以在现实生活中找到相似的细节与映照，而这也正是曹雪芹想要通过《红楼梦》所要表达的作品效果。所以，毫无疑问，作家们在创作小说作品时就像科学家在建立模型时一样，通过增加或者删除或者扩大或者减少一些细节，建立一个文学作品的模型，最终形成能实现他们想要的效果的作品。

以上，我们从本体论的角度论述了科学模型与小说作品一样，都是想象力的产物，都会根据作品的需要或者具体情景进行虚构。那么，科学家为什么要对科学模型进行虚构呢?

4. 科学模型为什么要进行虚构?

根据吉尔以及诸多文献的分析，可以从两个方面进行解释。

第一个方面，科学家们自己在讨论特定模型时，有时会主动使用虚构的概念，甚至整个模型都是虚构的。保罗·特勒（Paul Teller）和吉尔曾经分析过物理学中镜像电荷法（the method of image charges）的例子。想象一个无限大的金属板，上面有一个带正电荷的点，它与板的距离是d。

想要求解的问题是利用已知的静电学原理来确定平板上的感应电荷分布。利用镜像电荷的方法，我们用一个模型来代替原来的模型，在这个模型中，无限金属板被一个“虚构的”负电荷所代替，负电荷对称地放在原来模型中表面的另一边。用新的模型解决问题，完全符合静电理论，就像用最初提出的模型解决数学上比较困难的问题一样。在第二个虚构模型中引入负电荷意味着什么呢？作为模型的一个组成部分，第二个模型中镜像电荷比起原模型中的正点电荷（the positive point charge）和无限金属表面（infinite metal surface）有或多或少的虚构。这里之所以称它们为“虚构的”，是因为它们在物理上显然是不可能存在的实体。由此吉尔对这种情况的分析是，原来的模型被理解为一个对具体系统的理想化表征。因为具体的系统中会有与原始正电荷和导电表面相对应的事物。相对于这个假设的具体系统来说，第二个模型中的负电荷则会被称为“虚构”，因为在假定的具体系统中没有与其相对应的事物。

基于对这种情况的理解，吉尔认为把模型称作整部小说作品的观点是毫无根据的。但是，他同时也表示：科学模型作为虚构的作品，就像小说作为虚构的作品一样。科学家们当把一个模型的一部分描述为虚构的时候，他们的意思只不过是，这个模型在现实中没有对应的东西。①

从这个案例中我们可以看到，镜像电荷实际上是一种假想的电荷，在现实中是不存在这样的电荷的。所以，科学家们建立镜像电荷的模型就是用一种假象的电荷代替金属板或者介质板上的电荷，使研究过程抽象化或者理想化，最后简化问题，便于计算。这是科学家对科学模型主动虚构的一个例子。

第二个方面，科学家在建立科学模型时，有时是不得已而使用虚构的模型，因为许多科学模型所需要的变量或者元素并不能在现实世界中找到相应的事物。所以当他们把不存在的想象的或者理想化的特征去与现实中一个真实的系统相符合时，不得不去寻找与之相对应的其他概念。从这个意义上说，科学家们是在虚构世界。例如，19 世纪，物理学家麦克斯韦将电学、磁学、光学统一起来建立了电磁场理论之后，为了把电磁理论进

---

① Ronald N. Giere, “Why Scientific Models Should not be Regarded as Works of Fiction”, In M. Suárez. Eds., *Fictions in Science: Philosophical Essays on Modeling and Idealization*, London: Routledge, 2009.

一步由介质推广到空间，麦克斯韦就把古希腊时期的哲学概念“以太”（Ether）像他的前人一样引入到电磁理论中：他假设在空间中存在一种以太，它是传播光和电磁波的介质，“以太”没有重量、是可以绝对渗透的、是电磁作用的传递者，它既具有电磁的性质又具有机械力学的性质，它是绝对静止的参考系，一切运动都相对于它进行。在这种假设的基础上，1865 年，麦克斯韦提出了包含 20 个变量的 20 个方程式，建立了他的以太假说的力学模型（mechanical model），使用以太的力学运动来解释电磁现象。

所以，科学家在研究客观对象时大部分时间谈论的不是一个真实的事物，而是这个真实事物的抽象模型。科学家之所以这样做，也是科学发现过程的需要，是推动科学发展的重要方法。例如，伽利略的斜面实验模型中，只有理想化、抽象或近似地假设一切接触的斜面是无摩擦力的，一个小球从无摩擦力的斜面的某一高度滚下，因为没有任何阻力就没有任何能量损耗，在只有重力的作用下，这个小球必定再次滚到与起始点相同高度的对应斜面的相应位置，而且小球的这个运动规律不受斜面倾斜度大小的影响。所以，如果把对应的斜面改为水平面，则小球会保持匀速直线运动，它会在无限长的平面上一直滚下去。这听起来像一个永动机式的模型，在现实世界中当然不存在，但在物理学中却是一个极为经典的理论模型。所以，在伽利略的斜面实验中，由于“虚构”地假设斜面上是无摩擦力的，严格意义上这个实验是无法完成的，因为现实中我们永远也找不到一个完全无摩擦力的斜面，所以我们又把它看作是一个理想模型。① 但是，伽利略正是通过建立的这个斜面模型，推出了自由落体定律和惯性定律，打破了自亚里士多德以来两千多年宣扬的“力是物体运动的原因”这个旧观念，解释了开普勒在天文学革命上遗留的“太阳何以牵制诸行星的运动”问题，为近代力学的建立奠定了基础。

相对于现实世界而言，科学模型的抽象化、近似化或者理想化可以理解为模型的部分虚构或者完全虚构，这样建立的模型像小说创作一样为真实的源目标提供了一个科学的、启发式的、充分的表征。如果说虚构是创造模型的形式之一，那么表征则是创造模型的目的之一。同时，与虚构一样，表征也是在谈论科学模型时不可回避的主题。

---

① 关于理想模型，本书第二章第一节中会专门进行讨论。

二 模型与表征

“模型”与“表征”是密切相关的两个术语，当我们在谈论“表征”时，就必然要谈论“模型”。同样，当我们在谈论“模型”时，就必然要谈论“表征”，这足以显示二者的密切联系。我们通常认为，模型具有表征功能，虽然表征并不仅仅是模型所独有的，比如科学仪器、医疗仪器、各类图表等都具有表征功能，但诸多表征作用中，以模型最为代表性。

（一）模型表征的涵义

在科学研究的过程中，建立科学模型有很多作用，比如说再现已发生的现象、认知世界、解释现象、预测事物未来的发展，提出理论或者规律等等。归纳起来，以上诸多用途中，科学家建立科学模型有一个非常突出的目的，那就是表征。

表征（representation），来自拉丁语 represaesentatio，本义是指将某物呈现于心灵的行动或者艺术中的想象与表达，意指用某物再现或者表现另一事物的意思。因此后来发展到英语世界，“表征”（representation）这一术语常常与“图像”“映像”“形象”联系在一起。因而我国许多学者有不同的翻译、表述方式：大多数人将其翻译为“表征”，也有的研究者翻译为“表象”。例如，著名的心理学家皮亚杰在《结构主义》一书中，将法语“représentation”译为“表象”①，指的是人们对过去感知过的事物形象经过信息加工在头脑中再次呈现的过程。我们认为，皮亚杰的“représentation”译为“表象”，是从心理学的角度来表述的，指的是一种心理表征。但是在使用时要注意区分，因为宽泛地将其译为“表象”易于混淆，毕竟“表象”通常对应的是“image”。

（二）模型的表征功能

简单地梳理了表征这个概念的来源②，我们知道，“表征”有其形成

---

① ［瑞士］皮亚杰：《结构主义》，倪连生、王琳译，商务印书馆 2006 年版，第 140 页。

② 关于科学表征的详细介绍详见魏屹东《科学表征：从结构解析到语境建构》，科学出版社 2018 年版。

与发展的历史，“表征”不仅在中世纪、在现代都是科学哲学研究的重要概念，也是评判一个科学模型的典型指标，“不能恰当地表征其目标是批评甚至拒绝一个科学模型的理由”[①]。所以，在科学家看来，建构模型是为了获得知识认知世界，模型具有强大的表征世界的功能。常见的模型有地图、原子结构的行星模型、博物馆中的古代村落等等。由于这类模型在科学研究中的重要性和普遍性，以至于人们在日常语言中提到的“模型”以及大多数最初研究“模型”的哲学家，尤其是受科学史影响的科学哲学家所讨论的模型，通常无需区分，指的都是这一类。表征模型是如何表征世界的呢？这是一个值得讨论的重要问题，所以我们在讨论模型与世界的关系时主要阐明的问题之一是表征模型与世界的关系。

从模型的形成理论上说，自然界中要研究的、被描述或表示的目标（target）被称为原型；另一个是用以描述或表示原型的源（source），被称为模型。模型与原型之间最基本的关系是某种相似性——结构的相似或功能的相似。根据相似性的逻辑，模型是对原型的简化表征，即对原型进行必要的改变，如经过抽象化、简化、理想化等方式的处理后，用另外一种形式表达出来。通常，这些形式包括质料模型（如实体模型）、形式模型（如数学方程）等。同样地，自然界中一棵树的生长规律可以有一个方程来描述，动物的繁殖数量会有一个逻辑斯蒂方程，兔子的数量、自然界中花瓣的数目有一个斐波那契数列等等，这些方程、数列、各式各样的实物模型都是对世界的一种表征。由于这类表征模型太常见，大有以一概全的气势，因此人们一提到“模型”，往往特指的就是表征模型。表征模型的这种工作逻辑，按照吉尔的说法就是：“科学家为了某种目的使用模型表征世界的各个方面。”[②]

比如 DNA 分子的结构在最初提出时有多个竞争模型，包括三螺旋结构模型，但它们并不能充分表征 DNA 分子的结构，而双螺旋结构最后胜出的原因就是它作为 DNA 的分子结构模型能很好地实现它的表征功能。

沃森与克里克一开始就猜测到遗传密码定位于 DNA 链上的四个碱基

---

① Ronald N. Giere, “Why Scientific Models Should not be Regarded as Works of Fiction”, In M. Suárez. Eds., *Fictions in Science: Philosophical Essays on Modeling and Idealization*, London: Routledge, 2009.

② Ronald N. Giere, “How Models Are Used to Represent Reality”, *Philosophy of Science*, 2004, 71 (5): 742-752.

A、T、G、C 的排列顺序之中，但是这些排列顺序是任意的还是有规律的？是复杂的还是简单的？他们提出了自己的研究方法："不用纸和笔，他的主要工具是一组分子模型，这些模型表面上看来与学龄前儿童的玩具非常相似。"① "因此，我们看不出为什么我们不能用同样的方法解决 DNA 结构的问题！我们只要制作一组分子模型，开始摆弄起来就行了。"②照这样的一条思路，沃森与克里克用硬纸板制作出精确的 DNA 三维结构模型：他们重视采用建立分子模型的研究方法，试图用三维立体模型再现、验证、搭建更符合 X 射线衍射照片上显示的数据资料。而这些数据资料主要来自富兰克琳（R. E. Franklin）与威尔金斯积累的 X 射线衍射资料，但他们二人并不重视甚至不认同建立模型这种研究方法，这也可能是他们与重大发现失之交臂的可能原因。当然，这种建立分子模型方法的首创者是鲍林，他根据立体化学原理，参考 X 射线衍射数据，使用原子构件搭建分子模型的方法研究蛋白质二级结构，由此发现了蛋白质的 α 螺旋结构。而沃森与克里克正是从中得到启发，他们猜想没有什么理由说明不能用同样的研究方法解决 DNA 结构的问题。于是，他们开始摆弄、制作他们认为是最简单的螺旋形的分子模型。1953 年 5 月下旬，即使在富兰克琳对他们模型的衍射反射值进行计算后发现这与她的测量值不一致的情况下，他们设想的也只是他们为双螺旋模型设置的磷酸根原子半径不太正确，丝毫不会改变他们坚持的双螺旋模型的思路。他们"碰运气式地"借用了鲍林研究蛋白质的方法，即直接建构一个结构模型验证 DNA 的 X 射线衍射图等相关数据。沃森在一次演讲中这样描述他和克里克相识之后达成的共识：不过一天之内，我们就决定，也许我们可能通过一条捷径来破解 DNA 的结构。并不是一步一步按部就班地来破解，而是直接构建一个结构模型，用 X 光照片里的那些长度坐标什么的来构建一个电子模型，最后直接来思考这个分子应该怎么叠起来。③

根据以上分析可以看出，科学家们建立模型的作用是通过理想化或简单化，排除思想实验或在实验室中的干扰，构造模型，找出并表征科学定

① ［美］J. D. 沃森：《双螺旋：发现 DNA 结构的故事》，刘望夷译，化学工业出版社 2009 年版，第 22 页。

② ［美］J. D. 沃森：《双螺旋：发现 DNA 结构的故事》，刘望夷译，化学工业出版社 2009 年版，第 22 页。

③ http：//www. ted. com/talks/james_ watson_ on_ how_ he_ discovered_ dna. html.

律。所以，我们已经阐述了模型在建立的过程中或多或少地采用了虚构的方式，这样做的目的之一是表征现象。其中，现象是科学家们感兴趣的事物，是他们有目的的选择，它不仅受自然律支配，同时也受随机性因素影响。把现象中的自然规律与随机性因素区分开来以便发现自然定律，这是科学家创建模型的终极目的。从语法上看，科学定律是普遍的、支持反事实条件、表现事物因果必然性的律则语句。

三　现象、模型与定律的关系①

科学的主题是研究自然现象并找到现象的规律性（regularities），从而得到科学理论或定律（laws）。要找到现象的规律性意味着要描述或解释它们，范·弗拉森的“解释的语用理论”（pragmatic theory of explanation）以及伍德沃德的因果解释（causal explanation）都认为，模型是可以在某些事实或过程中找到因果关系，进而进行解释工作的工具。卡特赖特（Nancy Cartwright）② 所谓的“解释的模拟说明”（simulacrum account of explanation）主张：“我们通过建构一个现象与主要理论的基本框架相符合的模型来解释现象。”③ 根据这些科学哲学家的观点，模型本身就是一种解释。所以，在从世界现象到发现自然规律的过程中，模型起到了主要的中间桥梁的作用。对这种中间桥梁的作用尽管有不同的看法④，但相同的是，他们都认为模型在定律与现象所属的范畴内建立了一个连接关系。可以说，现象、模型与定律是科学研究过程中的三驾马车。

（一）现象的二重性

通常来说，现象是自然界中的一个事实或事件，如蜜蜂跳舞、下雨或

① 本小节作为阶段性研究成果已发表。详见齐磊磊《现象、模型与定律》，《科学技术哲学研究》2016 年第 2 期，中国人民大学复印报刊资料《科学技术哲学》2016 年第 8 期全文转载。

② 又译为：南茜·卡特莱特。

③ Nancy Cartwright, *How the Laws of Physics Lie*, Oxford: Oxford University Press, 1983, Ch. 8.

④ 大部分的科学哲学家，如新经验主义者认为，模型是为了表征现象从而得到科学定律而建立的，即遵循从现象到模型再到科学定律这样一个顺序；相反，结构主义者认为，模型是科学理论的核心，是为了刻画描述科学定律，使被描述的科学定律与现实现象相符合而建立的，即遵循从科学定律到模型再到现象这样一个顺序。

恒星辐射。但是，并不是所有的自然界中的事件都可以称之为“现象”。对于一个行色匆匆的路人而言，一只蜜蜂跳着“8”字形的舞蹈并不是一种现象，而对于一个在路边看蜜蜂如何将花粉裹在自己的腿上携带回蜂巢的小朋友而言，它们的这种行为就是一种（采蜜的）现象。所以，现象指的是能引发研究者的兴趣进而成为研究主题的那些东西。

一种现象，可能是人们最初根据观察得到的东西，继而提出了一些问题。比如你会感兴趣：是什么原因导致这样的现象产生？如果我们观察下雨，可能产生这样的询问：是什么原因导致下雨？继而就会提出问题：雨水是如何形成的？因此我们并不是把下雨的过程当作是完全随机发生的，而是把所观察到的东西作为一种现象来“处理”，这个“处理”的过程实际上就是剔除现象中的随机性寻找其中的规律性。所以，一种现象，它既包含了随机性的因素，同时也伴有大量的规律性存在，本书将其称为现象的二重性。科学家的主要目的正是从被研究的现象中区分出哪些是随机性的因素，哪些是确定性的规律，并从确定性的规律中找出该现象所遵循的定律。

这里需要讨论一个问题：通常所认为的现象中的规律性是现象本身所具有的吗？如果是，那么科学家寻找规律性的工作实际上就是一种本体论意义上的研究；如果不是，那科学家的工作相应的就成为一种认识论意义上的探讨。

所以，科学家也不是看到某种事物就把它们当作要研究的对象，只有那些能引起科学家的兴趣，进而进行关注或者观察的事物才能称之为现象。当然，科学家们之所以感兴趣于这些事物而忽略那些事物，主要是因为这些事物要么与现有的定律相关，具有推动科学理论的价值，要么与某些实验事实相关，是对实验事实的验证或者证伪。带着问题观察现象是科学研究的第一步。第二步，寻找现象产生的内部机制，探讨隐藏在现象背后更深层次的规律性，以便解释说明经验的规律性。而为了完成这一步，科学家们通用的方法是建立模型。模型与现象相比，具有简单化、抽象化、理想化的特征，有时为了便于理解还需要对模型进行形象化处理。这种“处理”方式是纯属虚构的行为吗？当然不是！在建立模型的过程中，科学家们根据现象的二重性，忽略了现象世界中许多具体的偶然的属性，保留和/或重构了它的本质特征，否则他们怎样能把握它的普遍性、刻画它的自然类，从而获得规律性呢？

因此确切地说，现象是被选取成为一个主题要进行研究的那些事物。这似乎表明，挑选一个事件作为一个现象与区分组成这个现象的因果过程是有密切关系的，因为组成现象的某些细节或者包含的规律性因素将是进一步分析现象，即建立模型的主要考查因素。

（二）作为桥梁的模型

模型是为了认识某一现象而对这个现象进行的一个诠释性描述。[①] 这种诠释性描述可以依赖于理想化或简单化，或者依赖于与其他现象的诠释性描述进行类比。所以，要科学地解释一种现象，不是用什么规律来推出现象，而从根本上说必须构造出一个模型，用类比方法建立迄今未知事物的模型来理解和解释世界。[②] 为了能够认识现象通常涉及关注现象的特别方面，同时要故意忽略其他方面。所以，模型往往只是部分的描述。[③] 于是，在力学模型中，物体变成了质点；在经济学中，主体或经营者变成了"经济人"，这就创造出自然科学中的"抽象概念"和"理论实体"，社会科学中的"理想类型"和"人格化的资本"。它们和它们所表现的定律既不是社会的任意建构，也不是现实现象世界的完全描述，而是对现象世界的"部分描述"，由"部分描述"出来的普遍性、规律性和真实性，要通过精确构造的隔离实验来确证。

模型可以表现为物体的具体形态或者理论的、抽象的实体，如玩具飞机或者物质结构和它们的基本粒子的标准模型。为了建立相应的模型，需要对现象的某些特征进行扩大或缩小，以便使那些无法直接观察的特征变得明显。例如沃森与克里克为了使无法直接观察到的 DNA 的双螺旋结构展现出来，他们将硬纸板剪切成放大了的 A、T、G、C 四种碱基的形状，然后摆弄成特征明显的三维立体模型，方便验证他们所构建的理论假设与已知资料数据是否相符合。经过多次调整螺旋的数量、碱基的排列顺序、配对方案，沃森与克里克最终建立了与 X 射线衍射图相一致的模型，从此揭示了生命遗传的奥秘。

---

① 这里对模型的讨论倾向于新经验主义所主张的表征模型。

② 齐磊磊：《科学解释的模型论进路》，《自然辩证法研究》2008 年第 7 期。

③ D. M. Bailer – Jones, "Models, Theories and Phenomena", D. Westerstahl, P. Hajek and L. Valdes – Villanueva (eds.), *Proceedings of Logic, Methodology and Philosophy of Science 2003*, Amsterdam: Elsevier, 2005: 8.

许多科学模型并非像DNA双螺旋结构模型一样，并非是由任何物质组成，它们有时非常的理论化，往往依赖于抽象的思想与概念，比如经常使用的数学模型。不管是物质的、形式的还是抽象的，至关重要的是，模型的终极目的是提供便于认识现象的各个方面。玻尔的原子模型告诉我们电子的构造、一个原子中的核子以及它们之间的作用力，或者是建一个把心脏看作是泵的模型，它为我们提供心脏是如何工作的一个线索。科学模型的表达形式从具体到抽象：比如草图、图表、普通文本、图形、数学方程等等。所有这些表达的形式服从于这样的目的：提供与模型描述相关的理性认识，提供信息、解释它，并有效地表达，以便与其他人共享一个特定的理性追求目标。① 从这个意义上说，科学模型是关于经验现象的，是连接现象与科学定律的桥梁。

（三）什么是定律?

严格说来，定律包括自然定律（或者称为自然律）与科学定律，前者属于科学本体论或者科学形而上学问题，是后者的本体论基础。传统的自然律被认为是由外部强加给自然界的，笛卡尔与牛顿就认为自然界的行为规律是由上帝决定的；也有一种观点认为，自然界有自然律是这个世界的原始经验事实，是不可解释的，对为什么是这样的“无可奉告”。而按照新本质主义或者倾向性本质主义者的观点，事物本来都是能动的、有主动性的而不是消极性和惰性的，它们具有以某种方式和规律进行行动的（倾向）性质。当存在着一定的激发条件（stimulus）时，这种性质就会表现出来。因此，这些自然类及其个体的行为受自然律支配的，但自然律不可能由外部强加于个体，也不可能是由某种偶适的普遍概括恰好支配它的行为，自然律一定是依赖于（至少部分依赖于）与事物个体有关的某种深层次的基本性质。② 所以，自然界的事物是可以根据其相同的本质特征划分成某个种类或者某个集合，而对于同属于一个集合种类的多个事物之间，它们遵循相同的自然定律。显然，这种自然定律的存在是由于事物

---

① D. M. Bailer - Jones，“Models，Theories and Phenomena”，D. Westerstahl，P. Hajek and L. Valdes - Villanueva（eds.），*Proceedings of Logic，Methodology and Philosophy of Science 2003*，Amsterdam：Elsevier，2005：8.

② 张建琴、张华夏：《论新本质主义中的自然类与自然律概念》，《科学技术哲学研究》2013年第5期。

自身存在的本体特征，源于事物之中，是不以人们的意志为转移的客观过程的规律性反映。套用仓央嘉措的话：无论你找与不找，自然定律都在那里。而科学定律是科学认识论的一个重要问题，它着重讨论的是作为知识要素的一个内容，比如科学定律是整个科学知识体系中重要的组成部分，它具有严格的逻辑形式，是通过实验（经验定律）或者逻辑推理（理论定律）得到的，或者说是科学家们创造的，具有重复性和规则性的特征，等等。如 1865 年，生物学家孟德尔为了说明为什么会存在高茎植物与矮茎植物，提出了遗传单位是遗传因子的论点，并经过多次重复的一系列豌豆杂交实验，最终揭示出遗传学的两个基本的科学定律——分离定律和自由组合定律。

孟德尔提出的这两个科学定律是在豌豆杂交实验的基础上得到的，但其他植物的高矮是否遵循这些规律呢？同样适用！所以，普遍性是科学定律的一个主要特征。当然，根据普遍性的程度，科学定律又可划分为全称定律或普适定律（universal laws），以及统计定律（statistical laws）两类。前者表达的是，对于遵循这种定律的所有现象在任何条件下无一例外地适用。大部分科学定律都属于这一类，如牛顿的万有引力定律断言，无论在任何地方、无论是在过去现在还是将来，自然界中任何两个物体都是相互吸引的。统计定律表达的是，有些科学定律的存在并不是所属的现象在所有的时间与所有的地点一定会遵循，而是有它的某种百分比或者一定的概率，即这种科学定律是在统计的基础上得到的。大部分社会科学定律都属于这一类，如每年出生的婴儿约有一半是女孩。

科学定律的另一个主要特征是支持反事实条件句。首先举一个反事实条件句的例子：小周有辆黑色的汽车，当他把汽车停在太阳下，车内很快就变热了；如果他的汽车是白色的，此时车内会热得慢些。这个例子中的陈述形式属于典型的反事实条件语句：尽管事实上小周并没有拥有一辆白色的汽车，但根据物理学中的基尔霍夫辐射定律，白色的物质比黑色的物质吸热慢是一个规律。所以，科学定律支持反事实条件句，在某种意义上，科学定律是为了说明自然规律的一种理想化的表达。

著名物理学家、诺贝尔奖获得者盖尔曼从更广泛的观点分析定律和规律性。他指出，任何复杂适应系统都要处理外界环境的作用和自身行为的反应所输入的信息，这些信息就是复杂适应系统得到的经验或称为它的数据集（set of data）。它不可能在它的数据库和决策器中储存每一种特殊的数据以对应每一个特殊行动的反应，这样处理信息会不堪重负。它必须“在经验中识辨出一定种类被觉察的规律性（perceived regularities）……并将它压缩成一定的图式（schema）”①。这些图式提供了描述、预言和规范行动的组合。例如每一个物种的 DNA 序列就是该物种进化的经验被压缩成的图式，这是物种先天行为的规则性的依据，人类的科学理论和定律也起到这种图式的作用。图式会变异、会多样化，在选择压力下竞争着、改进着，它以尽可能小的信息量（比特串）来概括最普遍的共同规律性以便能最大限度适应环境。所以，在盖尔曼看来，所谓定律，一定是“只能用少数的东西来解释多数的东西，不能以多数的东西来解释多数的东西”②。

因此主流的观点是，科学定律是一种严格的能支持反事实条件语句的普遍陈述，这种普遍陈述具有律则必然性，以它表述的简单性和信息内容的强劲性来系统地说明世界的自然类的特征，自然类所共同遵循的自然定律是科学定律的本体论基础，科学定律并不是虚构的。但也有学者不同意这样的观点，比如新经验主义的代表人物卡特赖特认为，科学定律，它们不但不普遍而且不真实，那是因为它不描述现实世界。她说：“我们对物理学定律最漂亮、最准确的应用都是在现代实验室中完全人为的环境中的……我们通过这一过程得到的，一定是一个完全人类的与社会的建构，而非上帝写下的定律的复制品。”③ 所以在她看来，定律越是基本，越不描述现实世界，越是只对模型为真，只支配模型中的客体。回到本书在“现象的二重性”部分所讨论的问题，以上两种观点，第一种的前提是现象有自身的规律，我们的科学定律实际上是对自然规律的一种本体论描述；而第二种观点则持相反的观点，认为自然界并不存在本体论意义上的规律性，科学家们建立模型对其进行研究，只是认识自然界的一种途径，而自然界本身并不一定如此。所以卡特赖特会得出科学定律是虚构的结论。

---

① M. Gell – Mann, “Complex Adaptive Systems”, George A. Cowan and et al (ed.), *Complexity: Metaphors, Models and Reality*, David Pines, David Meltzer, Addison – Wesley Publishing Company, 1994: 18.

② M. Gell – Mann, “Beauty, truth and … physics?”, http: //www. ted. com/talks/murray_ gell_ mann_ on_ beauty_ and_ truth_ in_ physics. html.

③ Nancy Cartwright, *The Dappled World: A Study of the Boundaries*, Cambridge: Cambridge University Press, 1999: 46.

我们认为，卡特赖特对物理定律或者科学定律的获得过程的描述是正确的，但对她所说的定律只对模型为真，进而断言“物理定律是撒谎的”这种观点并不敢苟同。[①] 就像我们前面对科学定律的描述，它的主要特征之一就是普遍性，尽管在得到它的过程中是通过简化或者理想化，而且大部分是在实验室中得出来的，并没有与现实世界的现象一一对应，但这些不正是科学研究的真正状态吗？科学家的工作不就是从或简单或复杂的现象中探讨规律性，得出具有普遍性质的科学定律吗？在探索科学定律的过程中，如果不进行简化或者理想化，而是事无巨细地、不分主次地对研究现象进行全面的考虑，且不说实现的难度有多大，势必会跌入寻找现象的各种属性的“无尽海洋中”。就像波普尔反对归纳主义对于“科学始于观察”论题时所说的，我们能够穷尽现象所有的细节因素吗？所以，在我们看来，尽管最好的地图模型就是地球本身，但要研究“无预设的现象”或者现象中“无预设的细节”是不可能的，对研究现象进行适当的简化或者理想化是研究的需要，与得出科学定律的普遍性不仅不是对立的，相反却是必需的。

（四）现象、模型与定律

我们以大家熟知的伽利略钟摆为例来说明现象、模型与定律三者的关系。

1582 年，伽利略在教堂看到灯的摆动。灯为什么会摆动呢？这引发了他的兴趣，紧接着他明确了关于灯的摆动是他要研究的现象。进而他想弄明白一系列问题：每次摆动，是不是摆角越来越小？摆动时间越来越短呢？伽利略试图消除心中的疑问，于是，他采用不同的实验进行验证。由于对教堂里的长明灯进行直接实验是不现实的，最有效的办法是建立模型。当然在建立模型之前，他有必要考虑这个现象的多个细节，比如摆动轨迹的几何形状、位移角的大小、摆绳的长度和地球的引力。所以，他建立了不同的模型，比如建立“同样重的铅块，系上同样的细绳”“改变摆绳的长度”“用石头更换铅块”“让石头的重量不同”等多种模型来代替教堂中长明灯的摆动。通过对这些模型的研究，伽利略得出了摆的等时性定律。这个定律不会因为它是通过用绳子系住的铅块或者用绳子系住的石

① 此处暂且不讨论科学定律的本体论基础是否与自然规律相符。

头得出来的而只适用于铅块或石头这样一些事物。尽管没有直接对教堂里的长明灯进行实验，建立的模型也不是使用长明灯展开的，但结果是，它不仅适用于教堂中的长明灯的摆动，而且适用于其他一切有着摆动特征的事物，它具有普遍性。

伽利略的摆的等时性定律后来由惠更斯进行定量化，惠更斯在研究时同样也要建立多个模型。在建立模型时他意识到，模型中摆动的位移角度较大时不利于数学上的计算，所以他改变了位移角度的大小，他提出对理想的摆的处理通常是一直假设摆的位移角是小的，因为这允许他能够用该角度本身取代该角度的正弦值。显然，科学家在建立模型的同时已经把理想化作为一个主要的因素考虑进来。同样，包括伽利略与惠更斯在内，他们在建立模型时早已预设了这样理想化的前提：摆绳是没有重量的、摆绳是不能伸展的、摆锤的质量位于一个点上等等。

理想化是建立模型时的一个必需的步骤。如果他们也考虑自然摆，在建立模型时要求建立一个更接近于真正钟摆的模型。比如把某钟摆作为绕一个固定的水平轴线回转的任意形状的刚性体，当计算回力时，要考虑质量中心是整个摆锤，也要考虑到绕轴线旋转的惯性力对回力起到了重要作用，同时还要考虑空气阻力的摩擦力、摆锤的浮力和地球引力场的不统一等因素。如此操作，有可能会建立一个“更真实”的钟摆模型，但却要使用超越牛顿定律的理论，经典力学的领域已经计算不出这样“真实”模型的数值。因此，理想化虽然让他们所建立的模型离开了现实摆的路线，但却提供了了解现实摆的各种特征、各种数值的可能。

定律是抽象的，正是因为它是抽象的，所以才具有普遍性。现象是具体的，检验的对象仍然是一个经验现象，它具有真实现象的所有属性，并且恰恰只能以这种方式存在，即使属于某种类型的一类现象的组成部分也可以有不同的形式和变种。抽象与具体是相反的，因此抽象的理论并不是直接关于经验现象的，需要模型作为连接二者的中间桥梁。也就是说，不管模型是以物质的还是抽象的形式出现，模型面对的都是具体的现象。模型的主题是一类现象，而不是一个具体的个别现象。如要为星星建模，会有很多不同的作为原型的单个星星。当一个人试图建立模型，他模拟的并不是单个的现象样本，而是一个典型的样本。通常这涉及运用想象力把目标对象看作是“平均”或“典型”的性质，这个“典型”的对象或现象即使可能不存在于现实世界中。问题的关键是，它恰恰会以这种典型的方式存在并且这个世界会存在着许多像它一样的事物。因此，原型是从一类目标对象中被挑选或“精炼”出来的，原型具有真实现象和目标系统的所有属性，只不过这些属性是这样被选择出来的：它们不能偏离现象和目标系统的“典型”的情况。[①] 所以，在这样选择出来的以典型的现象或者原型而建立起来的模型具有典型的代表性，而由此得出来的科学定律理所当然也具有普遍性。

理论上，若干具体现象的“典型”原型的形成过程通常是需要的。这里最重要的一点是，尽管若干具体现象构成了建立模型的原型，但这些现象是不以任何方式脱离于它的任何属性。现象具有若干性质，对现象进行抽象或者进行理想化以实现“平均”或“典型”，主要是从一个现象中选取性质的过程，并不会用另外的性质来取代它。因此，根据对具体现象的原型进行抽象化或者理想化而建立起来的模型仍然是忠实于现象本身，并非现象被“理想化”而建立的模型就只适用于理想客体。没有被抽象的现象难以建立科学模型，由此得出“天然的”科学定律势必是面面俱到式的，那是完全难以想象的，也难以遵循科学理论的评价标准。

牛顿第二定律可以表达为抽象的公式 $F = ma$，显然牛顿在寻找它的时候是在对同一类运动现象进行简化与理想化的模型中得到的，那么这种缺少对多种干扰因素的考虑会影响到在个别情况下对力的表达吗？会影响到它的普遍性吗？我们只知道，它美得令人惊叹，它极其简单但同时也不失解释的强度，它尽管不是“天然的”，但却是一个极好的科学定律。

从现象到模型再到规律，虚构与表征的切入点是其中一条路径。除此之外，还有另外一条重要分支，追溯起来起始于隐喻、类比到模型的建立以及理论与模型的关系。

四　模型与理论

“模型”和“理论”这两个术语有时代表了一个人对科学的态度。如果有人说“这只是一个模型”，说明他所指称的事物正处于研究阶段，只

---

① D. M. Bailer – Jones, “Models, Theories and Phenomena”, D. Westerstahl, P. Hajek and L. Valdes – Villanueva (eds.), *Proceedings of Logic, Methodology and Philosophy of Science 2003*, Amsterdam: Elsevier, 2005: 8.

是暂时地被承认或者有可能被认为是错误的；当某个模型已经获得一定程度的普遍认同，则它所代表的是“理论”，例如第二章中会专门讨论的数学模型就是到达理论层次的一类模型。

“所指称的事物正处于研究阶段”的模型通常被看作是发现理论的工具，它在科学中的作用是：一旦理论通过模型得到，模型就失去了它自身存在的价值。这样一类模型我们有时也称之为表征模型，它的形成过程是以隐喻或类比或其他形式建立起来的。

（一）从隐喻到类比再到科学模型

在现代科学研究中，隐喻、类比已从纯粹的语言修辞手法扩展至一种科学的研究方法。

由于自然界的系统数不胜数，对其每一个进行建模是不可行的，但如果借用隐喻与类比的思维方式，我们会发现尽管系统的物质形态多种多样，但许许多多的系统在结构或功能上常常具有相似性，如果我们能够识别出它们之间的相似性，我们便可以用同一的模型或者相似的模型来统一地描述这一类系统，这就是隐喻、类比与模型的联系纽带。它们都是以相似性为基点，其中隐喻、类比的这种相似性是建立模型的基础，或者可以说，建立模型是对隐喻与类比这种思维方式或认知形式的进一步精确化。如用隐喻的方式将气体分子类比于相互碰撞的小球，由此建立弹子球模型便可模拟气体分子的相互作用，反过来，弹子球模型是对将气体分子类比为相互碰撞的小球的精确形式化。又如将一个企业组织类比为一个人体，将组织中的实际系统（操作系统）类比为人体的主体部分，将企业管理组织的协调系统和优化系统类比为大脑协调功能和优化功能，由此建立的企业组织的活系统模型就将企业的操作系统视作组织的主体和核心。而企业的大脑，即它的管理机构，不过是为操作系统提供服务，使它的各部门稳定、协调、优化地工作在一起，以便在变化着的环境中生存和发展。另外，同一个事物，根据隐喻、类比的不同，可能会建立出不同的模型。惠更斯认为光像声音一样是纵波，所以他建立的模型会在解释光的干涉、衍射和偏振现象时遇到困难；托马斯·杨将光看作一种类似水波的横波，因此他建立的模型能很好地解释光的干涉和偏振现象；而牛顿则提出光是一种粒子的看法，所以他构建的光的微粒说与托马斯·杨等人建立的波动说是两种不同的理论模型。同样，企业组织的人体隐喻与类比可以建立董事会和经理指挥一切的"独裁管理模型"，也可以建立像贝尔所主张的将低层管理人员直至总经理都看作为全体员工服务的"活系统模型"。

当然，并非所有的隐喻都可以用来建立模型，一般的隐喻、类比可以是比较松散的，甚至可以存在矛盾，而模型一般要求精确性和逻辑统一性，它的重要价值更多地体现在某项研究的应用中。谈到关于模型的哲学讨论，最早是由英国科学哲学家坎贝尔（N. R. Campbell）于1920年在批评所谓理论的假说—演绎（H－D）学说的过程中展开的，他的立论观点跨越了类比，侧重于科学理论的角度把模型当作基本的理论解释。

（二）早期的模型与理论之分

模型与理论之间有区别吗？

19世纪末20世纪初，在科学哲学家们看来，模型和理论是截然不同的。模型是一种透过类比来说明对象的工具，而理论则是以符号句式或数学等式来描述对象的定律通则。前者是科学研究中非常实用的一种工具，属于科学表征模型；而后者仅指科学理论本身，是应用相关研究工具而得出的最后结论，属于科学语义模型。

关于"科学表征模型"与"科学语义模型"，它们是科学哲学研究的两个重要主题，但此"模型"非彼"模型"。[①] 从最初对科学模型的认识阶段一直到现在，对于这两个概念，使用者和研究者们都秉持着"大路朝天，各走一边"的理念，科学家们把模型当作发现科学理论的中介工具；数理逻辑学家和科学哲学家把模型看作是表达科学理论结构的唯一形式。所以，不管是历史遗留的问题还是现在使用的混乱的原因，目前的现实是两者都归属于"模型理论"。

造成目前这种歧义与误导的主要原因源于最初使用"模型"时赋予的含义不同。语义模型是在集合论基础上发展而来，可追溯至1954年塔斯基（Alfred Tarski）建立的数学模型论，回归于科学理论的结构；科学模型是建立科学理论的中间桥梁，但它就像石头缝里蹦出来的猴王，描述现实世界时无所不在、无所不能但又查找不到真正的宗源。一直以来，语

---

① 一个词具有两个完全不同的含义，越古老的词越会出现这样的现象。类似这样的概念很多，比如"自然"的概念：亚里士多德给出了一个古代的定义，自然指的是人未动过的事物，而康德给出一个现代的定义，自然指的是所有的存在。这被称作自然主义谬误。

义模型与科学模型如此不同，语义学家霍奇甚至将两者完全对立起来。造成如此困境，有其历史原因，也因为它们各自关注的问题不同：语义模型帮助我们厘清科学理论的结构、科学中理想化的模型以及由此得出的抽象定律与现实世界的关系；表征模型则主要体现在作为科学研究的主要工具和主要方法上。

既然历史不能改写，那么就区分好概念，并找出概念之间的关系。所以，我们需要深入研究的是，最初他们在什么情况下选择了“模型”这个概念？他们想要达到的目的是什么？各自赋予了“模型”什么含义？哪一个模型理论是被最先提出来的？当后来提出不同含义的“模型”时是否参考了前人已经提出的模型理论？虽然有些问题目前还不能完全回答清晰，但可以确定的是，两者都与“科学理论”密切相关，应该不是纯粹的对立关系，或许找到两者之间的对应关系才是解决问题的真正意义。

根据文献研究，语义模型最初来自塔斯基对真理的定义。1954 年，塔斯基建立数学模型论时提出了“模型”这个词，他在 20 世纪 30 年代创立语义真理论时只提到“结构系统”。霍奇说，塔斯基之所以用这个词是来自历史，不是来自“精确的”。范·弗拉森直到 1980 年还只提“关系结构”。穆勒（Rolland Müller）甚至说：如果当年有不同的“模型论”术语，“模型论”在 20 世纪下半叶的发展可能是非常不同的。范·弗拉森等人对模型和理论的关系虽然有各种形式的表达，例如“非陈述观点”“语义进路”“模型进路”“集合论进路”“结构主义”等不同的称呼①，但他们有一个共同的观点：把理论看作一族模型，模型是科学理论的中心单元。

表征模型是否也像语义模型一样有一个源头？比如谁最先使用这个概念，有无这方面的资料？查找了许多文献后，至于谁最先使用这个概念，并没有找到哪些资料有这方面的明确说明。目前用来描述表征模型的说法，我们现在可查阅到的是霍兰比较早地对模型出现的历史进行了描述：

“很早开始，人类就一直努力寻找开拓这个混乱世界的方法。最初，人类认为世界上的一切都是由神控制的，是神的牺牲品——我们用人性以及为了赎罪而献身的牺牲的方法来构建起这种模型。后来，我们发明了机械装置（门、泵和轮子）和使用它们部分控制世界的方法。我们开始用

① 详见本书第三章的介绍。

机械装置代替人性来构建整个模型。最后，我们发明了由计算机控制的复杂装置和模型，及那些运用抽象机制的科学模型。”①

20 世纪 60 年代前的哲学家们开始思考两者的包含或者更进一步的关系，并且出现了两种相对立的观点：一种观点认为模型是理论的一部分，另一种截然相反，认为模型不是理论的一部分，它只是建立理论的实用性工具。法国科学家、科学哲学家迪昂（Pierre Duhem）受其法国背景的影响，从讨论心智的角度，分析科学史上提出的说明模型，指出：“任何物理学理论的构成都起源于抽象和概括的双重工作。”② 他不仅否定模型是理论的一部分，而且也贬低模型在理论形成过程中的地位与工具性作用。虽然他认为某些科学天才在发展科学理论的同时也提出了解释性模型，但并不能说明模型在理论的发展过程是必要的，二者之间并不存在必然的前提关系。与迪昂的观点针锋相对，英国科学家、科学哲学家坎贝尔在 1920 年出版的《物理学：基本要素》（*Physics*：*The Elements*）中强烈地反对迪昂有关模型的观点，坚持模型作为对不可观察术语的解释，正是理论的必要部分。坎贝尔认为理论的目的在于说明实验定律（experimental law），它包括两种命题：一种是“假说”，它们叙述了说明定律的观念；另一种则称为“词典”（dictionary），使用实验词项来解释假说中的观念，这个词典总是由假说和某些已知定律间的类比而建立起来。可以看出坎贝尔所谓的词典正是描述了一个模型：一个理论如果通过词典得到了确证，就能推论出定律和预言，并且能表明，这些定律和预言惊人地符合于有待通过实验解释的事件；如果缺少这种符合，理论就受到了否证或反驳。物理学家布里基曼（P. W. Bridgman）将“词典”概念明确化，提出“操作定义”重新回到迪昂的立场而反对“模型”和“类比”对理论的必要性。卡尔纳普进一步提出对应规则与还原句子（reduction sentence）来精练并代替操作定义。像他们一样，接受语法观点的哲学家们也常探讨“模型”在科学中的作用，但多半反对“模型”是理论的一部分。如亨普尔（Carl G. Hempel）也剖析了类比模型在科学说明中的使用，他认为类比模型只是实用心理层面上的工具。③

---

① ［美］约翰·霍兰：《涌现》，陈禹等译，上海科学技术出版社 2001 年版，第 12 页。

② ［法］皮埃尔·迪昂：《物理学理论的目的和结构》，李醒民译，华夏出版社 1999 年版，第 61 页。

③ 陈瑞麟：《科学理论版本的结构与发展》，台湾大学出版中心 2004 年版，第 15—17 页。

从20世纪60年代起，模型是理论要素的主张又慢慢兴起。内格尔虽然也支持语法观点，但他主张公理系统、对应规则和模型是理论的三种组成部分。内格尔所谓的“模型”隐含两种含义：既是对理论公设（postulates）的语义解释，又总是可以形成局部的视觉形象[①]，他的立论大概是坎贝尔与卡尔纳普之间的调和。继承坎贝尔的立场，哈瑞（R. Harré）和赫西（Mary Hesse）这些后来的追随者认为，这种模型实际上就是理论所做的解释。赫西提出类似内格尔的理论，她明确地反对语法观点中观察语言独立于理论语言的划分，认为要使用“类比模型”来解释形式公式里的概念，即借用另一个理论，透过类比推论来说明新的现象。在赫西看来，理论并不需要对应规则，它只包括形式叙述和解释的类比模型。她的“类比模型正是一种理论建构”观点，使她比坎贝尔和内格尔更远离逻辑经验论，尽管还不是模型进路下的抽象关系模型，而且也没有脱离理论是语言陈述的观点，但她的理论已经预示了模型论的观点。[②]

因此，从科学模型与理论的早期区分来看，科学表征模型与模型论或者称为科学理论结构的语义模型的发展是两条重要的研究进路。在这两条路之间，还有一种折衷的观点，认为模型是介于理论与实践之间的媒介或桥梁，起到补充理论的作用。

（三）辅助理论的模型

有些科学哲学家把理论看作是用来建构模型的工具箱，而模型是抽象理论世界与具体系统之间的中间人（models - as - mediators）。具体来说，有以下几种观点：

卡特赖特把模型当作是理论的适当补充。在她看来，像经典力学和量子力学这样的基本理论是空洞的、假的，根本不能描述任何事物，因为这些理论不能解释我们所感知的真实世界的任何情形。经典力学和量子力学这些理论中的规律需要借助模型把理论中的具体细节描述出来才能为人们所理解。

---

① ［美］欧内斯特·内格尔：《科学的结构》，徐向东译，上海译文出版社2005年版，第100页。

② 陈瑞麟：《科学理论版本的结构与发展》，台湾大学出版中心2004年版，第18页。

另外，当一些理论本身过于复杂而难以处理时，通常会采用一个简化模型来对这些复杂的理论再现。量子色动力学是说明核子的强子结构的一个极好的理论，但这个理论因太复杂而难以表示。所以，物理学家们构建了易处理的唯象模型，即核子的 MIT 口袋模型（MIT bag model）。通过这个模型它有效地描述了核子的强子结构的相关自由度。① 这些模型的优点是它们能生成理论未提及的结果，把复杂的理论用简单的模型具体地表达出来。

更为极端的情况是，在完全没有合适的理论的时候，比如在一些生物学和经济学领域中，科学家会因为没有相应的理论而建构“替代模型”。②

“替代模型”作为理论的替代品又被称为“作为初步理论的模型”，它通常出现在一个学科建立之初，如早期量子理论中经常会有这类“作为理论的前身”的模型。建立这些模型的目的是为理论创立做预备的训练，最终获得那些后来被用于建构描述性模型的新理论的工具。例如，场论中，“φ^4模型（φ^4 - model）已被广泛地研究，不是因为它描述了真实的事情③，而是因为它提供了几个启发式的功能。φ^4模型的简单性让物理学家对量子场理论类似什么‘得到一种感觉’，而且他们也能抽取这个简单的模型与更复杂的模型所共有的一些一般的特征。人们可以在一个简单的设备中测试如重正化这样复杂的技术，而且有可能熟识对称性破缺这种情况下的某种机制”④。

（四）独立于理论的模型

1999 年，摩根和莫里森（Mary Morgan and Margaret Morrison）批评了模型的语义观的看法，他们认为语义模型论写错了模型在科学大厦的位置。在摩根和莫里森看来，模型相对独立于理论，是“自主主体”（au-

---

① Stephan Hartmann, “Models and Stories in Hadron Physics”, In M. S. Mrgan and M. Morrison (eds.), *Models as Mediators: Perspectives on Natural and Social Science*, Cambridge University Press, 1999: 326 - 346.

② H. J. Groenewold, *The Model in Physics Synthese*, Springer, 1961: 98 - 103.

③ 虽然物理学家们知道 φ^4模型不是真实的。

④ Stephan Hartmann, “Models as a Tool for Theory Construction: Some Strategies of Preliminary Physics”, In W. Herfel et al., *Theories and Models in Scientific Processes*, Rodopi, 1995: 49 - 67.

tonomous agents）。[①]

首先，从模型的结构层面来说：摩根和莫里森的这个模型观并不是凭空得来的，他们是在考察了模型在科学研究中被建造的过程后提出来的。卡特赖特也认为："模型既不是完全由数据得出，也不是完全从理论中推出的。理论并没有提供给我们建造模型的规则，它们不是人们插入到它里面一个问题就能弹出模型的'自动售货机'。"[②] 进一步地，卡特赖特也指出，建立模型的过程是一种艺术行为[③]，而不是简单地像操作一个机械程序。例如，超导性的伦敦模型（The London model of superconductivity）的主要等式从理论的角度来看并没有太大独立存在的理由，因为这个等式也可以从电磁或任何其他基本理论中获得，而且建立这个模型的动机纯粹是基于现象的考虑。[④] 也就是说，基于这种动机而建立的模型是"由下而上"而不是"由上而下"，因此模型在相当大的程度上具有脱离理论的独立性。

其次，从模型要实现的功能层面来说：模型独立于理论的另一个支持论点来自模型具有的表征与描述功能。设想一个模型是部分地或完全依赖于理论，那么它是不能完全地实现它之所以是模型的这些功能。

综合以上分析，模型与世界的关系有多种表示。相应地，要把模型与世界的各种关系表示出来，就形成了各种不同类型的模型。

---

① Mary Morgan and Margaret Morrison, "Models as Autonomous Agents", In Morgan and Morrison, *Models as Mediators. Perspectives on Natural and Social Science*, Cambridge: Cambridge University Press. 1999: 38 - 65.

② Nancy Cartwright, *The Dappled World. A Study of the Boundaries of Science*, Cambridge: Cambridge University Press, 1999, Ch. 8

③ "建模是一种艺术"，第七章会从"美"的角度专门讨论对这句话的理解。

④ N. Cartwright, T. Shomar and M. Suárez, "The Tool - box of Science: Tools for the Building of Models with a Superconductivity Example", *Poznan Studies in the Philosophy of the Sciences and the Humanities*, 1995, 44: 137 - 149.

第二章　模型的分类学研究

模型在科学中是实用的工具，在哲学中是充满争论但又特别重要的主题，阐述清楚基本的概念是避免争论的途径之一。这主要涉及什么是模型以及模型的分类问题。模型的分类与模型的概念一样，虽然被普遍使用，但却无统一定义和规则。而且这两个问题相互缠结，因时代与研究者的不同而异。像模型方法本身一样“抽离干扰”，给模型一个通用的“模型式”的分类也是“学以致用”的好方法。

具体来说，当我们提到模型的种类划分，通常会想到的是一些具体的类型：物理模型、理论模型、数学模型、理想模型、图标模型、现象模型、集合论模型、类比模型、计算模型、比例模型①、玩具模型、虚构的模型、实体模型、仪器模型、资料模型、表征模型、语义模型、形式模型等等。此处虽然无法穷尽地把所有的模型分类全部都摆在这里，但猛然一看，还是可以随口道出如此之多的模型。尽管有如此之丰富的称呼，但这些模型也仅仅是用来划分模型种类的概念，因为它们并不能涵盖所有的模型分类而且在分类范围上也是互相重叠的。本章在对模型进行分类学（taxonomy）的具体研究过程中，无意将所有的模型的分类搜罗起来，而是尝试着从分析现象模型、数据模型和类比模型开始进入到最为核心的理想模型，分析如何通过理想模型发现自然定律或自然定律的假说，然后再进入到模型的本体论研究和模型的认识论研究，最终进入到科学的实验模型、基于模型的推理和技术模型的讨论，这样设计的研究内容可以避免陷入漫无目的地讨论各种不同模型的海洋中。

仔细考察，比较权威的对模型进行分类的是弗里格和哈特曼，他们从问题出发，通过在认知模型的过程中所引发的相关问题的思考进行分类。

---

① 比例模型（scale model），有时也称为标度模型或者尺度模型。

2006年春他们首次在斯坦福哲学百科全书（*The Stanford Encyclopedia of Philosophy*）“科学中的模型”条目提出了科学表征模型（representational types）的分类。后来经过2008年春、2008年秋、2009年夏、2012年春多次细微修改，2012年秋他们对“科学中的模型”条目进行了实质性的完善。截至目前，他们于2016年冬、2017年春以及最后一次修改是2018年3月27日，分别又对这个条目进行了细微修改[①]，完成了对“科学中的模型”的一个较为条理的分类。

结合弗里格和哈特曼的研究成果，本章以问题为导向，将模型分为五个大类：（1）模型的主要功能是什么？这是从模型要实现的功能角度进行的讨论；（2）模型是什么？或者说是根据一个什么样的模型来描述其他事物？这涉及模型的本体论问题；（3）如何认识模型？用模型来学习如何可能？这主要指的是模型的认识论问题；（4）模型是如何与行为联系在一起的？这是相对于科学模型而言对技术模型展开的一种研究。

一 模型的功能分类

科学家们建立一个模型或多或少地描述了世界。“描述”本来是语言的本职功能，一个人能把对事物的描述用肢体的、口头的等各种形式的语言描述出来，但不能说他因此建立了多个不同的模型。与语言描述相比较，模型也具有相同的描述特性：一方面，模型可以达到语言描述的作用。太阳系的模型由绕轨道运行的大量的球体组成，卢瑟福因此提出原子的内部结构类似于太阳系模型，也是以原子核为中心大量电子绕原子核轨道运行。在这个基础上，卢瑟福建立的原子结构模型大概实现了这个描述功能。另一方面，模型有时不能实现语言描述的功能。语言描述可以用各种语言表达或者书写，比如我的某部书稿，它由22万字组成，能被我喜欢的颜色的墨粉打印，等等。这样的表述并不适合用模型进行描述，因为对于模型来说，这些语言表述没有任何意义。

所以，模型具有描述世界的功能，具体表现在两个方面：一方面，模

① Roman Frigg and Stephan Hartmann, “Models in Science”, *The Stanford Encyclopedia of Philosophy*, *https://plato.stanford.edu/entries/models-science/*.

型作为原型系统主要是用来描述客观世界中要研究的“目标系统”。[①] 根据所描述的目标系统的种类，这类模型有时表现为现象模型，有时表现为数据模型；另一方面，模型可以用来描述理论，这个功能主要是使用模型来解释理论的规律和定理，即科学模型中有一类模型可以实现理论描述功能，我们称之为“理论模型”。

（一）现象模型

“科学模型的一个很主要的功能是用来描述现象”，如何理解这个表述的含义？首先需要考虑两个问题：

第一，把模型理解为实现描述的功能，意味着模型将实现非语言的“描述”功能。也就是说，通常理解的“描述”，更多时候特指的是使用语言进行表达。这里，如何将对现象的描述用模型这种非语言形式表达出来，需要思考这样一个问题：要完成科学地描述一种现象，但不能用单词或句子这种语言形式，那就需要建构作为非语言实体的模型，如此一来，作为这种非语言实体的模型是什么？

第二，关于“现象”，不同的研究者有不同的界定。例如经验主义者范·弗拉森（van Fraassen，1980）认为，只有那些可以感知、可以观察的现象才属于科学模型描述的“现象”；实在论者博根（J. E. Bogen）和伍德沃德（James Woodward，1988）则认为科学模型所描述的现象没有特别的范围。就像本书第一章第三节中对“现象”的表述，我们这里的“现象”主要指的是引起科学家或建模者的兴趣并进而对其进行研究的那些事物或行为。例如飞机的比例模型、弹性碰撞模型、坂田模型、夸克模型、单摆模型、逻辑斯蒂模型、蒙代尔—弗莱明（Mundell – Fleming）模型、大气的洛伦兹（Lorenz）模型以及本书第五章中专门进行讨论的气体的弹子球模型、原子的各种结构模型、DNA 的双螺旋模型等都是这类模型的典型例子。

世界中要研究的对象纷繁复杂，客体对象千变万化，需要建立与之相呼应的或者相同数量的模型吗？这个问题涉及模型描述的类型。在科学的具体研究中，科学家有时会建立相同或类似的模型来描述不同的现象，有时会对同样的事物建立不同的模型进行描述。

---

① 详见本书第二章第二节的相关介绍。

比如关于原子核的研究，费米（E. Fermi）在1932年提出的最原始的费米气体模型、1935年魏茨泽克（C. F. Weizsäcker）建立的液滴模型（liquid drop model）都是用来描述原子核；后来迈耶（M. G. Mayer）夫人和简森（J. H. D. Jensen）大概在1949年左右分别提出壳层模型（shell model）也是用来描述原子核；当然还有1952年A. 玻尔和B. R. 莫特森提出的集体模型（或叫作综合模型）同样也是对原子核的描述。要研究飞机机翼，我们既可以建立比例模型或尺度模型，也可以用数学模型的形式来描述机翼的形状。比尔·菲利普斯著名的液压机模型和希克斯的数学模型都代表了凯恩斯主义经济，但它们使用了非常不同的模型。以上这些案例表明，研究的目标系统是同一个事物，但却会建立出不同的原型模型。那么，为什么不同的模型可以描述相同的事物？这里所说的科学中的描述方式有哪些呢？

尽管如上面所列举的，模型可以表现为不同的分类，但不管如何划分，要回答这类问题有一个统一的指向，那就是原型与它的目标对象之间要么是相似性的（Giere 1988，2004，Teller 2001），要么是同构（van Fraassen 1980；Suppes 2002）或部分同构的（Da Costa and French 2003）①。相对来说，相似性的观点比同构性的观点会有更少的限制，因为相似性更适用于对一些难以精确的和简化的模型进行描述。所以，以相似性或同构性为基础建立的模型可以实现对世界现象的描述。具体说来，以相似性为基础对世界进行描述的模型有类比模型和比例模型，以同构性为基础对世界进行描述的模型有理想模型和唯象模型（phenomenological models）。当然，这样的一种划分方式对这个描述分类来说既不是完全充分的，也不是完全精确的，而且各个分类模型之间不是互相排斥的。比如，有些比例模型也具有理想模型的交叉特征，有些理想模型和类比模型之间的界线也不是泾渭分明的。

1. 类比模型

类比模型的描述基础是原型与目标系统之间具有相似性的特征。比如本书第五章中会专门介绍的气体的弹子球模型、各个时期建立的原子结构模型、富兰克林的风筝实验模型、原子核的液滴模型等等。主张模型理论是以相似性为基础进而展开研究的比较权威的科学哲学家是赫西。1963

---

① 关于这一个观点，本书第四章第三节中会专门进行介绍。

年，赫西根据两个物体之间存在的相似性关系区分了“相似的不同的类型”[1]。例如气体动力学中的弹子球模型是把封闭气体中的每一个分子当作是目标现象的组成部分，相应地用容器内飞行的小球与气体分子作类比；同时为了模拟气体的统计学上的特征（如压强、温度和体积等），在建模的过程中要让小球尽可能地像气体分子一样相互撞击，形成大量的弹性碰撞，因为这样的碰撞行为便于测量，并帮助物理学家们计算、理解、解释气体的诸多行为特征。如果要把地球和月球之间作一个类比，那么它们的相似性特征有：两个物体的形状都是球体、组成成分都是固体、相对来说都是大的、看起来都是不透明的、与外界的作用方式都能接收来自太阳的光和热、运转方式都是围绕各自的轴心旋转并且对其他物体都有吸引力。要研究声音的传播方式，可以将声波类比于水波的传播，它们都起源于一个点、其衍射方式是相似的；同样光波、电磁波的辐射也可以类比于水波和声波，因为光波的反射类似于声波中的回声现象、声波有频率可以用耳朵感知，光波也有波长可以用眼睛感知、声音的分贝数类似于光的光通量、音调类似于色调等等。

在具体的类比过程中，源与目标之间的相似性类比既可以表现为上面所指的单个性质之间进行的类比，也可以表现为几个单个性质组成的部分与部分之间的相似性作为类比的基础。比如在研究复杂系统时使用的贝尔（S. Beer）的活系统理论模型就是将企业组织系统与人的生理系统进行类比：将企业管理机构与大脑进行类比，将管理过程的人际沟通与神经系统进行类比，将企业组织的执行机构与人的肌肉进行类比，“某工厂的肌肉就是碾碎机、切削机、轧钢机等”，那么用人体的器官与大脑的指挥关系类比可以建立董事会和经理指挥一切的“独裁管理模型”；也可以建立像贝尔所主张的将低层管理人员直至总经理都看作为全体员工服务的“活系统模型”，由此得出复杂管理系统的机构运作以及协调原则等等。

以上所提及的类比类型基本上都是赫西所说的“物质类比”。除此之外，当我们在建模的过程中需要对目标系统具有的详细特征进行抽象时，我们在类比的基础上会得到一个抽象的、更形式化的源。由此建立的类比模型与它的目标对象之间联系的纽带不是一组特征，而是抽象的、具有形式化意义上相同的结构。这就是赫西所说的类比模型的另外一种类型：

---

① Mary Hesse, *Models and Analogies in Science*, London: Sheed and Ward LTD, 1963.

"形式类比"。形式类比通常表现的特征是：如果模型的源与目标之间具有对同一形式的计算（calculus）的解释，那么这个模型就可以称之为形式类比模型。举例来说，哥白尼的日心说模型与托勒密的地心说模型之间存在着一种形式类比，钟摆模型和电路的振荡模型之间存在着一种形式类比。因为它们之间的关系就像夸克的发现者盖尔曼所说的一个洋葱中紧挨的两层洋葱皮之间的关系一样，都是由同一个数学方程描述的。所以，从这个意义上说，数学上表现为相似的或近似的模型通常都是形式类比模型。①

由此可知，以相似性为基础的类比模型又可以具体划分为物质模型与形式模型。

2. 比例模型

就像一些玩具，如微型车模或者桥梁模型，比例模型基本上是对目标系统进行成比例地缩小或者放大而形成的模型。相对其他类型的模型，阿钦斯坦（Peter Achinstein）将比例模型称为"真实的模型"②，因为它实际上就是一件自然的复制品或者是目标的真实写照。不过，在实际的建模过程中，几乎不存在完全忠实于目标系统的比例模型。因为完全忠实意味着原型与目标系统之间严格的一致，这样的模型实际上也没有存在的意义。例如，现在的汽车设计公司在研制一款汽车时制作的微型汽车模型，从外观上来说大致是对所研发的汽车的一个缩小的比例模型。但实际上，无论是从汽车的材料还是内部的设计、无论是从零配件的使用还是具体的线路铺设，微型汽车模型与目标系统之间既不是完全忠实的，也不是等比例缩小。这样看来，汽车模型从外观上看是一个比例模型，从内部设计来说，它更像是一个理想模型。

3. 理想模型

源与目标之间存在理想化关系是模型的一个本质特征。所谓理想化，指的是在建模的过程中为了易于操作而对复杂的目标系统进行的有意的简化。例如，无摩擦的飞机、物理学中的"质点"（mass point）或"点质量"（point masses）、"真空"、"恒温"、"平均压强"、"忽略不计的形

① 形式类比模型不同于形式模型，前者是以类比为基础建立起来的模型，后者可以是类比，也可以是同构等其他基础建立模型。

② Peter Achinstein, *Concepts of Science: A Philosophical Analysis*, Baltimore: Johns Hopkins Press, 1968.

变"、"理想气体"、"无限速度"，"孤立系统"、"不考虑大小的点电荷"等等；数学中的"点""线""面"；经济学中的"经济人""无限的人口""市场的主体都是达到一定经济规模的企业""无所不知的主体""完全平衡的市场"等等；化学中的"绝对温度""摩尔气体常数""普适气体恒量"等等。这些在现实目标系统中都很难找到与之相对应的事物或现象，但在具体的建模过程中却是经常被使用，而且发挥着巨大的、无可替代的作用。

根据弗里格和哈特曼对科学中的模型研究，理想化的哲学争论主要存在于亚里士多德和伽利略对理想化的不同看法。

在弗里格和哈特曼看来，亚里士多德的理想化（Aristotelian idealizations）指的是从一个具体的对象中"去掉"我们认为与要解决的、与问题无关的所有的性质。这就导致建模者把注意力放在被限制的、被孤立开来的性质之上。例如经典力学中在建立行星系统的模型时，通常是把行星描述为只有形状和质量的目标对象，其他所有的特征因为与研究问题无关而忽略不计。这种理想化的其他的标识还包括卡特赖特的"抽象性"[①]、马斯格雷夫（Alan Musgrave）的"忽略性假定"[②] 和麦基（Uskali Mäki）的"分离方法"。[③]

伽利略的理想化（Galilean idealizations）指的是在建模的过程中将源与目标之间的关系故意失真。例如，物理学家们故意将飞机的飞行过程看作是无摩擦的、把飞机的移动看作是一个移动的点质量或者称为质点的运动；经济学家们假设经济行为中每个经济主体无所不知；为了推出供求定律，假设商品需求增加导致它的价格上涨是在完全竞争条件下实现的；生物学家们避开种群之间的相互关系而只考察孤立的种群；哲学家们在讨论"其他情况均同"（Ceteris Paribus）[④] 的条件时认为，只有在非常特殊的人为创造和人为选择的情况下，即只有在理想状态下，只有在模型中许多条

---

① Nancy Cartwright, *Nature's Capacities and their Measurement*, Oxford: Oxford University Press, 1989, Ch. 5.

② Alan Musgrave, "Unreal Assumptions' in Economic Theory: The F – Twist Untwisted", *Kyklos*, 1981, 34: 377 – 387.

③ Uskali Mäki, Isolation, Idealization and Truth in Economics, In Bert Hamminga and Neil B. De Marchi (eds.), Idealization VI: Idealization in Economics, Poznan Studies in the Philosophy of the Sciences and the Humanities. Amsterdam: *Rodopi*, 1994, 38: 147 – 168.

④ ceteris paribus 来自于拉丁文，英文翻译为：all else being equal.

件才能成立；所有物理学的基本定律都必须附加上“其他情况均同”条件才是真的等等。所以，当目标系统的各种因素表现出复杂的情况以至于不方便处理的时候，为了找到相应的特征便于建模，建模者往往使用这种失真的简化方式，因此，理想模型有时被称为“失真的模型”。伽利略作为实验科学之父，尽管不可能制造出一系列普朗克常数接近零的桌面，但他依然假设原则上可以制造出比任何时候都更光滑的斜面，他的这种“失真的简化”是他的模型所独有的特征，因此麦克马林（Ernan McMullin）把这种类型的理想化称为“伽利略理想模型”①。

伽利略的理想模型和亚里士多德的理想模型虽然对抽象的出发点不同，但并不是互相排斥的。相反，这两种理想模型往往结合在一起，共同作用于建模的过程：再次考虑上面分析过的行星力学模型：该模型只考虑了一组有限的性质，并使其失真，例如把行星描述为绕中心旋转的质量均匀分布的理想球体。②

数学上的“近似值”（approximation）是一个与“理想化”密切相关的概念。当把一个函数扩展成一个幂级数并只保留前两项或前三项时，或者一条曲线近似另一条曲线时，就会出现数学上的近似值。比如早在古希腊时期，泰勒斯、阿基米德等人就用穷竭法近似地求出了一些曲线围成的面积和体积；在公元3世纪，三国时期的数学家刘徽创立了割圆术，他在《九章算术》中用圆内接正九十六边形的面积近似地代替圆面积，并求出圆周率 π 的近似值3.141024。他指出：“割之弥细，所失弥少，割之又割，以至不可割，则与圆合体而无所失矣”；17世纪，牛顿和莱布尼兹共同发明的微积分精确了这种极限的思想，例如用牛顿法、定点循环、线性近似解出方程的近似值；利用欧拉方法求得宇宙飞船零重力环境下的近似曲线等等。所以，近似值和理想化之间有许多相同之处：建模者由于对目标系统进行了理想化的假设，比如假设这个目标系统无摩擦，与此相对应，在数学方程中就可以忽略不计表示摩擦的一个耗散项。与伽利略的理想化又有不同，近似值涉及的问题不一定要体现在物理实体中，它基本上是一个纯粹以数学形式表达的内容。

① Ernan McMullin, “Galilean Idealization”, *Studies in the History and Philosophy of Science*, 1985, 16: 247 -73.

② Roman Frigg and Stephan Hartmann, “Models in Science”, *The Stanford Encyclopedia of Philosophy*, https: //plato. stanford. edu/entries/models - science/.

4. 唯象模型

唯象模型（phenomenological models），顾名思义，它只描述那些具有可观察现象的目标系统。除此之外，唯象模型独立于理论，当不能从某些理论中将模型推导出来的时候，通常的选择是把与理论有关的原则和规律合并起来。例如，原子核的液滴模型是把原子核子描述为一个带电的不可压缩的理想液滴，同时还把它描述为通过流体力学和电动力学等不同理论表示的几个性质。尽管这些理论并不是完整的理论，但液滴模型可以根据液滴的经典运动规律阐明原子核的静态性质和动力学规律，如质量规律、变形核的转动以及核裂变等。

（二）数据模型

另一类具备描述功能的模型是“数据模型”（Models of Data）①。数据模型指的是按照目标系统的描述数据建立的模型。在对模型的具体操作中，不仅可以从对目标系统的直接观察中获得数据的理想化形式，同时还可以根据需要对目标系统的原始数据进行调整、修改、重新组合。所谓“数据的理想化形式”指的是那些消除了可能的、观察错误的数据后剩余的数据形式。例如1910年，美国的罗伯特·安德鲁·密立根在用油滴实验（oil – drop experiment）证明电荷只能是电子带电量的整数倍时，在一次偶然的实验中，他在油滴上发现了分数倍电荷并在论文的注脚中这样写道：“我已去掉了在一个带电油滴上明显地看到的一次不肯定的没有重复出现过的观测结果，它给出这个油滴的电荷数值比最终得到的e值大约要少30%。”② 在密立根的这个油滴模型中，他以一种理想化所需要的“简洁”的方式把数据呈现出来，实际上却把一个关键的、看似错误的数据去掉了，以至于错失发现夸克的机会。再列举一个正面支持数据模型的案例：当威廉·赫舍尔用自己研制的望远镜发现了天王星以后，天文学家们对天王星的运行轨迹进行观察时，一般分为两个步骤：（1）首先会从观

① Patrick Suppes，“Models of Data”，In Ernest Nagel，Patrick Suppes and Alfred Tarski (eds.)，*Logic*，*Methodology and Philosophy of Science*：*Proceedings of the* 1960 *International Congress*. Stanford：Stanford University Press，1962. 252 – 261. Reprinted in Patrick Suppes：*Studies in the Methodology and Foundations of Science. Selected Papers from* 1951 *to* 1969. Dordrecht：Reidel 1969：24 – 35.

② 罗辽复、陆埮：《基本粒子》，北京出版社1981年版，第79页。

察记录中消除那些明显不符合常理的错误数据，这是一个“数据简化”或“数据修正”的过程；（2）然后在笛卡尔坐标系中根据一组组笛卡尔坐标点绘制出一条光滑的描述天王星运行轨迹的曲线，这是一个“曲线拟合”的过程。这两个步骤完成后要实现的目的是“修正数据”，尽可能地让这条光滑的曲线与余下的以及后来观察到的数据相符。

在建立数据模型的这两个步骤中，相应地需要思考两个问题：（1）在对“数据简化”或“数据修正”时，决定记录中哪些数据被删除、哪些数据被修改的依据是什么？（2）在获得关于目标系统的一组良好的数据后，如何判断什么样的曲线才是与之相符的？可见，数据模型对于理论的获得起决定性的作用，但它同时也是一个复杂的模型。概括说来，第一个问题需要回到实验哲学领域进行讨论；第二个问题实际上涉及所谓的曲线拟合问题。

（三）理论模型

理论模型是科学知识的主要载体，科学哲学家们常常追问：“什么是理论?”“它有什么样的结构?”“它是如何构成的?”“需要具备什么条件?”等问题。自19世纪末以来，关于理论模型的这些问题占据了科学哲学的大部分研究主题。如果说“科学哲学的中心问题的研究像一个摆钟，在理论的抽象和实验的经验两极之间来回摆动”①，那么这个钟摆在现在看来也是不等时的，它似乎更钟情于理论模型的研究。从逻辑经验主义到历史主义，他们各自从静态与动态的角度出发，都以分析科学理论为己任。尽管20世纪80、90年代，“实验哲学”和“新经验主义”开始占据科学哲学的研究领域，“经验转向”成为一种时尚，但这种潮流并没有引领太久。现代结构主义用集合论与模型论将自己武装起来，重新将理论模型提到核心地位，并成为一种新的研究趋势。

理论模型的主要研究者之一苏佩斯（P. Suppes）发展了“集合论谓词的公理化方法”（axiomatization method of set - theoretical predicate）。他所说的“集合论”正是占据核心地位的“理论模型”。因为组成模型的元素是集合论所讨论的事物，一个模型是由对象集合、关系、函数排列而成

---

① 张华夏：《结构主义的科学理论观——兼评新经验主义》，《自然辩证法通讯》2010年第6期。

的有序对，它是理论模型的本质或核心。在本体论状态上，对象集合、关系、函数、有序对等这些事物都是集合论实体（set - theoretic entities），因而理论模型也被界定为"集合论实体"。

与前面所讨论的类比模型不同，理论模型所说的"模型"指的是数理逻辑意义上的模型，为此也将理论模型称为"逻辑模型"或者"逻辑结构"或者"理论结构"，它实际上是一种抽象的集合论实体。同样，或许是出于担心和类比模型的概念相混淆的考虑，谈论到理论模型中的"理论"所指，采用"理论模型"来进行科学理论结构研究的代表人物萨普（F. Suppe）并不使用"模型观点"，而是更为喜欢使用"理论的语义概念"（the semantic conception of theories），他也习惯用"理论的结构"来指称模型理论。对于模型与理论之间的关系，苏佩斯倾向于讨论理论的公理化及理论模型，认为模型是一个满足公理化定义的理论。他也曾讨论了"模型"的各种不同的定义。在他的《逻辑导论》（*Introduction to Logic*）中，他区分了逻辑学家、量化经济学家及经验科学家的"模型"意义：对量化经济学家来说，模型是一个逻辑意义的理论模型（model for the theory in logician sense）的集合；而对经验科学家来讲，一个模型就是一个经验科学理论，也就是说，描述一个数学模型就是描述一个数学理论。[①] 他也曾经引经据典，试图证明所有关于"理论模型"的概念，都源自于塔斯基（Alfred Tarski）[②] 的观念——塔斯基将模型定义为"满足一个理论 T 的所有有效句子的一种可能实现被称之为是 T 的一个模型"[③]。苏佩斯认为塔斯基的模型概念，可以毫不扭曲地作为所有模型意义的基本概念。[④]

在现代逻辑学家贝尔（John Bell）、美柯威（Moshé Machover）以及休斯（R. I. G. Hughes）看来，一个模型是使一个理论的所有句子为真的

---

① Patrick Suppes, *Introduction to Logic*, Princeton: D. Van Nostrand Company, Inc, 1957: 253 - 254.

② 逻辑学家们将塔斯基的成就与亚里士多德、弗里格、伯特·罗素和哥德尔相提并论。他的传记作者安妮塔和所罗门·费夫曼写道："塔斯基和同时代的哥德尔一起改变了逻辑学在 20 世纪的面目，尤其是通过他对真值概念和模型论的研究。"

③ Alfred Tarski, "Contributions to the Theory of Models", *Indagationes Mathematicae* 1954, 16: 11.

④ Suppes Patrick, *A Comparison of the Meaning and Uses of Models in Mathematics and the Empirical Science*, 1961: 287.

一种结构，其中这个理论被看作是形式语言中的一组句子。[1] 在这种意义上，为理论所描述的结构就是一个“模型”。比如在欧几里得几何学中，由公理[2]和由这些公理推出的定理组成公理化体系可以描述任何一个结构为真的理论模型。

之所以有这样的认识，源于支持理论模型观点的科学哲学家们认为科学理论的本性必须通过模型来理解，模型是重建科学理论的基础。但他们并不断然地主张一个科学理论完全等同于其语言表达的逻辑模型，他们只是说，模型是科学理论的核心。而关于科学理论的本质，或者究竟什么是一个科学理论这个问题，他们明确指出，科学理论不是语言实体（linguistic entities）而是集合论实体[3]；理论模型（集合论实体）是语句集（语言实体）所指称的东西，即科学理论的本质在于被指称物（the referred，the referent），而不是指称符号（the referring）。相对于逻辑实证主义者们将科学理论看作是被局部诠释的公理系统，把理论看作是一个语言实体，理论模型作为一种集合论实体，它是一些个体的集合（sets of individuals）、集合的次序（orders of sets）、个体间的关系、函数对应等等。集合论实体是抽象的，是个非语言的或者是非陈述的表达形式，通常用一个有序对：<D，R>来表示，这个有序对允许不同系统的语言表达。

所以，由集合论表达的理论模型，X = <D，R>是一个模型，即X是一个S，其中S代表任何一个非空集合描述的科学理论。而“是一个S”则是集合论谓词。X要满足“是一个S”的前提条件是：有序对<D，R>必须由几个对D与R的特定条件来界定它的内容，这些特定条件就是将科学理论的定律公理化，即通过对D与R的界定来定义S。进一步地可以这样理解，用来描述一个模型中的每一个元素以及与其他元素之间关系的是被公理化的所有科学理论。由此，结合塔斯基对模型的定义，如果一个理论模型的所有句子为真，当它集合论状态被解释为对象、关系，或者是结构S的函数，则S是这个理论的一个模型。

① John Bell and Moshé Machover, *A Course in Mathematical Logic*, Amsterdam: North - Holland, 1977; R. I. G. Hughes, "Models and Representation", *Philosophy of Science*, 1997, 64: S325 - 336.

② 例如“任何两点有且仅有一条直线”。

③ Frederick Suppe, *The Semantic Concept of Theories and Scientific Realism*, Urbana: University of Illinois Press, 1989.

另外，对于定义一种结构来说，重要的一点是要注意到：在理论模型中，没有什么目标系统是物质的，他们只是以集体论形式描述的一个虚构的模型。例如物理学中，牛顿运动方程作为一般定律是理论模型的一个核心；物理学家们通过选择一个特定的力函数、假设钟摆的质量分布等前提条件，在钟摆系统中可以生成一个理论模型对牛顿运动方程这个一般规律进行描述或解释。①

二　模型的本体论分类

模型具有描述现象的功能，那么，人们是根据一个什么样的模型来描述其他事物？这涉及模型的本体论问题。

2006 年，弗里格提出：“科学表征理论至少需要解决三个难题，第一个难题就是模型的本体论问题。”② 要回答他的这个“本体论难题”，实际上可以从“模型是什么类型的事物?”这个主题谈起，例如模型是物理实体、集合论意义上的结构、虚构的实体、数学符号、微分方程还是其他什么?

（一）物理模型

物理模型又被称为“物质模型”“实体模型”或“客体模型”。物理模型包括那些属于物理实体的任何事物，所以它涉及的范围非常广泛，比如本章第一节中介绍的桥梁、飞机或汽车的比例模型可以看作是物理模型；中枢神经系统将视网膜中的客观影像传输到大脑皮层的电路模型可以看作是物理模型；沃森和克里克（Watson and Crick）为了表征 A、C、G、T 碱基配对的结构用硬纸板做的 DNA 模型可以看作是物理模型；基于类比的方法而建立的风筝实验模型可以看作是物理模型；本书中多次提到的气体的弹子球模型也是物理模型。

（二）虚构模型

在模型的诸多分类中，物理模型虽然很常见，但也有很多模型不是物

---

① 理论模型又称为集合论模型或者语义模型，本书第三章会以“语义模型”的形式专门进行讨论。

② R. Frigg, “Scientific Representation and the Semantic View of Theories”, *Theoria*, 2006, 55.

质实体的模型，而是虚构实体模型。例如，玻尔关于原子结构的量子化轨道模型、只存在于科学家思想中的无摩擦钟摆模型、爱因斯坦设计的升降机模型、牛顿以宇宙空间的物质平均密度是相同的为前提建立的宇宙模型、法国学者朗白尔放弃物质均匀分布的假设建立的宇宙等级模型、爱因斯坦放弃宇宙无限但坚持物质均匀分布建立的有限无边静态的宇宙模型以及其他一切思想实验模型等都是虚构模型。这类模型的特征是只存在于人们的头脑之中，是为了实现模型发现科学理论的某种功能而虚构出来的。

德国新康德学派的费英格（German neo - Kantian Vaihinger）可以说是较早对虚构理论进行系统研究的哲学家，他认为虚构在科学推理中具有非常重要的作用。在他之后，阿瑟·法恩（Arthur Fine）、苏亚雷斯（Mauricio Suárez）都强调虚构在科学研究中的重要性。1988 年，吉尔（Ronald N. Giere）提出模型是抽象实体的观点，他借鉴虚构与小说的分析专门讨论了模型与虚构实体的关系。与吉尔的研究进路相同，1999 年，摩根（Mary Morgan）将模型看作"故事"，因为在她看来，模型就像故事一样是由结构性和叙述性部分组成，所以虚构性在模型的操作过程中是不可避免的。2010 年，弗里格提出了"模型系统的虚构观"（fiction view of model - systems），强调虚构在实现模型作为科学表征功能中的价值与意义。①

（三）结构模型

结构模型实际上就是前面所讨论的理论模型，以苏佩斯为代表的科学哲学家们把模型当作集合论结构，认为科学理论的核心就是模型，模型是由集合论的结构组成的，集合论的结构是结构模型的组成实体，结构模型使用集合论来研究目标系统或者物质世界。由于集合论是数学上的一个重要分支，人们有时又将结构模型看作是一类"数学模型"。②

（四）数学模型

数学模型除了上面谈到的集合论模型，它还有一种更为常见的形式，

---

① 关于"虚构模型"本书第一章第一节中以"模型的虚构论"为主题进行了相关的介绍。

② "结构模型"与理论模型、集合论模型或者语义模型都是结构主义学派对科学理论结构观点的不同叫法，本书第三章会以"语义模型"的形式专门进行讨论。

那就是以方程式为主的各类数学表达式都可以看作是数学模型。量子物理学家海森堡意识到人们的研究工作由宏观领域进入到微观领域时会存在矛盾，比如说科学家们使用宏观世界的观测仪器去观测微观世界中像粒子这样的研究对象，在具体的操作过程中，宏观仪器的数据参数必然会对微观粒子产生干扰，这种观测结果的干扰又会干扰到我们对微观世界粒子的本质认识。所以，人们只能用宏观世界的概念和观察函数来描述宏观世界中的仪器所观测到的结果，当用宏观世界的概念和观察函数来描述微观世界中的事物时需要附加一些限制条件，这就是海森堡提出的测不准原理的理论思想。后来，海森堡根据数学推导，给出了测不准关系式，建立了测不准或者称为不确定性原理的数学模型①：$\Delta p \cdot \Delta q \geq \dfrac{h}{4\pi}$。

在海森堡的这个数学模型中，h 为普朗克常数，他的这个数学模型表明：你要准确地测定微观客体动量 P，就不能准确预测它的位置 q。这个数学模型以数学符号为描述主体，说明了这样的一个认识：对于微观世界的现象要完全预测是不可能的，因为它本质上存在着不确定性。

除了自然科学中有若干不可替代的数学模型，同样在社会科学中也存在很多数学模型，比如股票交易市场的布莱克—斯科尔斯（Black - Scholes）模型或者是一个开放经济体系的蒙代尔—弗莱明模型都是数学模型的典型例子。所以说，以数学符号或者方程式来表征目标系统的各种特性的数学模型在科学研究中起到了举足轻重甚至是不可替代的作用。

数学模型有时也会存在一些需要注意的方面：（1）由数学模型本身所引发的局限性：例如一个物理电路中的振荡器是三维的，如果用实体物理模型来对这个振荡器进行描述，我们可以建立一个三维模型，但如果使用数学模型进行表达，描述它的运动的方程式却不是三维的；（2）同一个数学模型描述不同的目标系统：用实物模型或者图像模型描述托勒密的地心说与哥白尼的日心说是截然相反的，但它们的数学模型却是等价的或者说是相同的；（3）对于同一个目标系统，用于描述的数学模型有时却

---

① 在量子力学中，海森堡确立了他的微观现象的不确定性原理（The Princple of uncertainty relation，德文原名为 Die Unbestimmtheist relation，应译为非决定性关系，旧译为“测不准原理”）。

不相同：库仑定律的数学模型是：$\vec{F}=k\frac{q_1q_2}{r^2}\vec{e_r}$。其中 r 为 q_1 到 q_2 两个电荷之间的距离；$\vec{e_r}$ 为从 q_1 到 q_2 方向的矢径；k 为库仑常数，是一个静电力常量。当各个物理量都采用国际制单位时 $k=9.0\times10^9 Nm^2/C^2$。库仑定律的另一个以微分形式表达的数学模型是：$\nabla\cdot D=\rho$，其中 D 为电位移矢量。在真空中 $D=\varepsilon_0 E$，ρ 为电荷密度，E 为电场强度，ε_0 为真空中的介电常数，实验测得 ε_0 大小为 $\varepsilon_0=8.85\times10^{-12}C^2/(Nm^2)$。该式描述的是空间中某一点的电位移矢量的散度与该处的电荷密度相等。这个微分形式的库仑定理也被称为电场的高斯定律，是后来提出的麦克斯韦方程组的一部分。

从综合的角度来看，库仑定律是库仑在研究静止的点电荷相互作用力的规律时提出来的一个理论，这个定律可以用上面我们梳理的两种不同的数学模型表征出来。同时，由于这个定律针对的目标系统局限于电荷之间，作为电荷的载体，带电体之间的距离比电荷自身的大小大得多，以至于在具体的模型建立中把电荷的形状、大小以及电荷的分布状况对相互作用力的影响都忽略不计，所以库仑在建立一个模型具体研究电荷之间的相互作用时，是把它们抽象成一种理想的物理模型——点电荷模型进而推出库仑定律的，如图 2.1 所示。

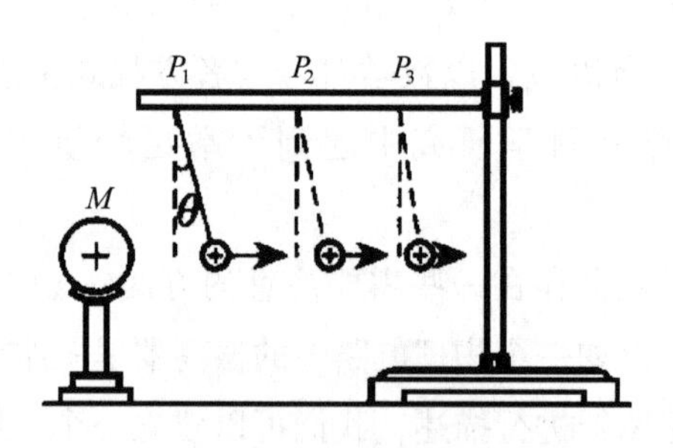

图 2.1　点电荷模型

所以，在发现库仑定律的过程中，既有理想模型，也有物理模型，同时还有两种不同的数学模型。同样，以上两个小节所涉及的各个模型类型既不是相互排斥的，也不是结合的详尽无遗。也就是说，截至目前，我们不仅无法全面地概括所有的模型的分类，而且对模型的分类也不能采取独立的、唯一的形式，因为模型本身“是一个归属于不同本体论类别的元素的混合物”①。

三　模型的认识论分类

科学家认识世界通常不是直接研究世界本身，而是通过建立模型，通过模型的表征系统实现对世界的认知。所以，人们研究模型的目的是认识世界，模型是了解世界的桥梁。简单来说，模型的这一认知功能源于“模型允许替代推理”（surrogative reasoning）②。例如，人们通常认为世界的本原是基本的粒子，为了方便地描述各类基本粒子，物理学家们常把基本粒子看作是一个具有质量但无体积的数学点，由此他们建立了点模型并成功地解释了世界本原的若干现象；1955 年，坂田昌一提出“重子—介子簇”复合模型说明那时他们所认识到的基本粒子还可以继续分裂为更根本的粒子；1964 年美国的盖尔曼提出的夸克模型说明：物质不是越分越轻，到了强子这个层次后，就越分越重。夸克模型提出后的很长一段时间，有的物理学家认为夸克是一种数学符号，有的物理学家认为夸克没有内部结构。1978 年，斯蒂芬·温伯格开始对夸克、轻子复合模型进行研究，描述夸克之间强相互作用的理论与电弱统一理论相容，并最终形成了一个整体的理论。显然，科学家们研究世界的本质特征往往是通过研究他们各自的模型来实现的。

结合这些案例，换个角度思考“模型允许替代推理”，实际上就是要回答这样一个问题：用模型来学习如何可能？1997 年休斯（R. I. G. Hughes）根据他的 DDI 框架，即表示（Denotation）、论证（Demonstration）和解释（Interpretation）作为模型认识世界的三个步骤：首先，在模型和目标系统之间建立一种描述关系，这是“表示”的过程；其次，为了证明关于它内部结构和机制的某种理论主张需要研究模型的特征，这是学习模型的一个“论证”过程；最后，基于模型的论证过程中推出的

① Roman Frigg and Stephan Hartmann, “Models in Science”, *The Stanford Encyclopedia of Philosophy*, https://plato.stanford.edu/entries/models-science/.

② Chris Swoyer, “Structural Representation and Surrogative Reasoning”, *Synthese*, 1991, 87: 449-508.

这些结论必须转变为关于目标系统的断言，这是一个“解释”的过程。[①]

有了这种对模型的认识，1999 年，马格纳尼（Lorenzo Magnani）和萨伽德（Paul Thagard）以及后来的内尔塞西安（Nancy Nersessian）等科学哲学家进一步提出了模型引起推理的一种新形式——“基于模型的推理”。[②] 意大利帕维亚大学的马格纳尼教授近年来专注于研究“基于模型的推理”，并出版了一系列专题著作。2007 年，笔者与中山大学的张华夏教授合写了一篇文章“Reason out Emergence from Cellular Automata Modeling”（基于元胞自动机模拟对突现的推理）发表在马格纳尼教授与中山大学李平教授主编的 *Studies in Computational Intelligence Volume 64*。[③]

“基于模型的推理”是讨论如何认识模型的一个途径。我们在写作“Reason out Emergence from Cellular Automata Modeling”这篇文章时，同时还对模型产生了一种新的认识：模型实际上也是一种实验，尤其是当静态的模型以动态的模拟形式出现时，它是一种特殊的实验。

（一）实验模型

把模型看作是一种实验，实际上是考虑到模型在建立之后对模型的具体使用和操作过程。例如伽利略用绳子将一大一小两块石块绑在一起，他已经建立了一个初步的实体模型；然后他通过逻辑推理，发现亚里士多德的自由落体观点[④]存在矛盾，这就形成了一个虚构模型；接下来他找到一块长约 12 码的木板，并在木板上打磨出一个长槽，贴上尽可能光滑的羊皮纸，在槽中放上一个小铜球，此时他又建立了一个物理模型，同时也是一个理想模型，如图 2.2 所示；随后他不断改变斜面的角度，不断更换不同材质、不同重量的小球并让它们从同一高度的斜面上滚下来，并测量出这些小球的滚动是匀加速运动；最后伽利略将斜面调整为 90 度夹角，小

---

① R. I. G. Hughes, “Models and Representation”, *Philosophy of Science*, 1997, 64: S325 - 336.

② Lorenzo Magnani and Paul Thagard (eds.), *Model - Based Reasoning In Scientific Discovery*, Dordrecht: Kluwer, 1999; Lorenzo Magnani and Nancy Nersessian (eds.), *Model - Based Reasoning: Science, Technology, Values*, Dordrecht: Kluwer, 2002.

③ Leilei Qi and Huaxia Zhang, “Reason out Emergence from Cellular Automata Modeling”, In Model - Based Reasoning in Science, Technology and Medicine, L. Magnani, P. Li (eds.), Springer, *Studies in Computational Intelligence*, 2007, 64: 147 - 159.

④ 亚里士多德认为，“物体下落速度和重量成比例”。

球的滚动方向垂直下落。

图 2.2　斜面实验模型

伽利略为了测得小球的下落速度，他做了如下计算：

（1）首先根据平均速度得出 $S = vt$；

（2）设想小球的初速度 v_0 为零、假设小球的末速度为 v_m，它的匀变速运动的平均速度是 $v = \frac{1}{2}(v_0 + v_m)$；

（3）应用（1）和（2）中的两个表达式的关系，得出 $S = \frac{1}{2}v_m t$；

（4）应用 $g = \frac{v_m - v_o}{t}$ 从（3）中的表达式消去 v_m，从而推出 $S = \frac{1}{2}gt^2$。

通过这种推理之后，伽利略为了表示小球的运行速度与垂直下落的距离之间的关系，他还建立了相应的图像模型和数学模型，并给出了如图 2.3 所示的表述：AB 表示物体按匀加速度走了 CD 距离所需的时间；EB

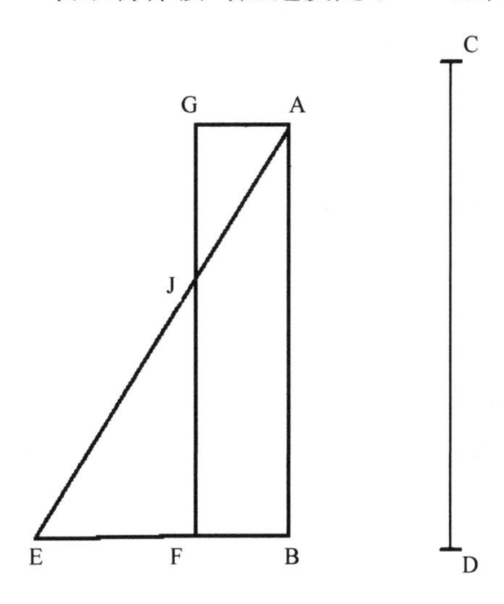

图 2.3 自由落体计算图像模型

表示末速度，其一半为FB，它们都随AB的变化而变化。显然，图2.3中 $S_{ABFG}=S_{ABE}$。△ABE的面积就是匀加速物体在AB中走过的距离（S）。如果AB用t表示，FB就是末速度的一半即$\frac{1}{2}gt$。即 $S=AB\cdot FB=\frac{1}{2}gt\cdot t=\frac{1}{2}gt^2$。

在整个过程中，伽利略为了研究小球下落的速度与小球自身的关系，他建立了物理模型、虚构模型、实体模型、理想模型、图像模型、数学模型等一系列模型。当伽利略在制造并使用这一系列模型时，便形成了科学史上著名的斜面实验。显然，建立模型与整个实验的过程是“你中有我，我中有你”，不能截然分开。伽利略建立的模型与斜面实验表明，一系列的模型形成实验①，或者可以把实验过程看作一个实验模型，这种实验模型很好地实现了“基于模型的推理”功能：伽利略通过斜面实验以及其中建立的多种模型打开了自由落体的研究，推导出了自由落体定律。他开创性地使用物理模型、虚构模型、实体模型、理想模型、图像模型、数学模型以及科学实验相结合的方法，对于后来的科学研究具有重大的引导作用，推动了近代自然科学的发展。

近代自然科学知识源于实验，而实验又大多借助模型来表征，尤其是数学模型总是扮演主要的描述角色或最后抽象到用数学模型来表达实验结论。可以说，许多模型都具有数学的本质，都可以用数学模型来表示出来。在简单的目标系统情况下，分析性地推出数学模型的结果或解出方程是可能的。但对复杂的目标系统所建立的模型并不尽如人意，有时费时费力也难以得到解决。计算机的发明帮助科学家们使用计算机模拟解出那些用其他方法难以处理的数学模型。

那么，什么是模拟？什么是计算机模拟？

（二）模拟：动态模型

模拟（simulation）一词，指的是对现实世界中的真实事物、某一事件的发生过程或实际情况的模仿。通常情况下，对一些事件的过程进行模拟需要表征或再现、需要模拟现实物理系统或抽象系统的某些主要特征或

---

① 伽利略建立的斜面实验开启了实验科学之门，而且该实验被评为“最美物理实验”之一。

者关键行为。从词源学上考察，根据维基词典中罗伯特（Robert South）的整理，模拟一词最初蕴含贬义，这主要是因为它在对比的方式下获得了这样的使用背景：如果一个人是通过言语的欺骗，称为谎言；如果一个人是通过动作、手势或行为的欺骗则被称为模拟。但是按照这样的观点，我们便很难区分模拟与假装的关系，所以类似这种划分界定虽然是“模拟”一词的最初本意，但现在已经逐渐被人们淡忘，说到底，只有语言学家还对此有兴趣追溯。

“模拟”一词现在经常被用于多种情况下。比如说：科学家们在研究自然界时为了获得自然系统或人类系统的功能特征，需要对这些源目标进行建模，包括对目标系统进行性能的最优化选择、工程的安全性测试等技术上的模拟。在科学和工程技术领域，模拟作为一种研究方法，主要用来显示理想的选择性条件和现实行为过程之后所得出的真实的效果。因此，模拟过程中的关键问题主要包括如何获得被研究事物的客观、可靠的信息、它们的关键特性和如何对研究事物的行为进行优化选择、在模拟中如何筛选简化的近似值、前提假设以及模拟结果的忠实度和有效性确认。也正是基于这样的原因，许多人也把“模拟”称为“人造的环境”。当然在被建造之前，模拟装置也可以用来说明缺省配置，或者代替未知的数值。比如说，在运筹学的最优化领域，常常会把对物理过程的模拟与进化计算结合在一起，使控制策略达到最优化。

另外，在现代的日常生活中，模拟也是一个不可回避的主题。首先从人们工作中使用的各种应用软件与设备，比如飞行模拟器是对飞鸟的模拟、人形机器人是对人的行为的模拟等；人文学科中，比如各类小说是在现实世界的故事情节的基础上进行的描绘；日常生活中，比如某个角色扮演晚会上你所装扮的人物是你心目中所敬佩的一个人物的样子、做梦的场景可能是过去或者未来发生的事情的大致情形。

综合以上梳理的“模拟”的历史，不同领域都在使用“模拟”并且取得了较大的发展。但是20世纪中叶，随着计算机的出现以及一般系统论和控制论研究的兴起与繁荣发展，致使模拟在一般系统论和控制论的指导下，借助了计算机的运行平台，形成了一种统一的、更为系统的新的研究方式。

在计算机科学的发展中，“模拟”一词使用频繁并具有自己专门的含义。例如著名计算机专家、逻辑学家阿兰·图灵（A. M. Turing）使用

"模拟"这一术语表明数字计算机在运行状态转换表[①]，或者说是在运行一个程序时会发生什么。也正是在这样的意义上，理论计算机科学中通常所说的"模拟"所指称的是状态转换系统之间的对应关系，这在计算机科学中，尤其是在研究操作语义学时经常这样表述。

根据以上各种分析，"模型"与"模拟"的关系可以借助静态模型与动态模型的概念作如下表述：模型是一种静态模型的总称，它可以是一种静态的抽象模型，也可以发展为逻辑公理体系表征的理论模型，或高度抽象和形式化的数理模型，再到形式化和符号化的转变，成为模拟表征的动态模型；模拟通常被用来连接涉及时间的动态模型。此处涉及"静态模型"与"动态模型"的表达，对于这两类模型，通常的解释是：静态模型主要通过方程刻画目标系统处于平衡状态时状态变量或系统的元素之间的内在联系，即在某一时刻，以某种特定的形态对系统的结构或功能的一种反映。静态模型通常被用于模拟物理系统，作为尝试进行动态模拟环节之前的一种相对简单的建模形式。动态模型指的是为了描述一个目标系统而建立起一组模型，这一组模型可以按照时间发展的顺序形成一个序列，即对目标系统的整个行为状况或过程进行建模的一个整体模型。原则上，动态模拟模型根据输入信号对系统进行改变。在具体的模拟中，所有的系统都是随时间变化的，但有的系统的动态机制十分复杂，难以揭示，在这种情况下，静态模型是一种良好的近似。一个系统的动态模型主要刻画系统的状态随时间变化的规律，尤其是刻画系统的长期行为，如周期变化、趋于平衡点，或是处于混沌状态等等。在研究复杂系统时，我们通常使用一种静态与动态模型相结合的方式，即首先按照时间发展对复杂系统相应的演化状态进行抽象简化，对应建立起一组典型的静态模型，在此基础上，根据这组静态模型以及相应的演化发展规律即可形成对复杂系统动态机制进行模拟的动态模型。从这种意义上说，静态模型是科学研究中最为基础的部分，是动态模型在时间状态为零时的一种特例。典型的两类动态模型是连续模型或离散模型："在某个模型中，如果它的表现形式或状态与时间之间的变化是连续的，那么我们称之为连续模型；而如果它的状态变量是离散的，那

---

① 这个状态转换表描述的是受控制的（subject）离散状态机器的状态转换、输入和输出，所以相应地，计算机模拟通常指的是受控制的机器的状态转换表所体现的关系。

么我们则将其称为离散模型。"① 也就是说，模拟是把时间当作模型的一个可变变量，模拟的目的是要解出"为了描述它的目标系统的时间演变而设计的"这样一种动态方程。因此哈特曼（Stephan Hartmann）和汉弗莱斯（Paul Humphreys）认为："模拟是用另外一个过程模仿了一个真实的过程。"②

从具体的应用角度，模型与模拟作为一种通用的研究方法，它有时更加适合用来作为系统思想的研究方法。因为，在系统科学中，由于这个学科所倡导的主旨是跨学科的研究，而模型或模拟方法能与任何具有相同结构的事物形成映射，即使这个新的模型可能看上去与启发研究者建模的知识来自一个完全不同的领域，但系统科学中"结构与功能"的理论也会帮助人们成功建立模型并模拟出整个动态过程。例如哈特曼提出："以模型参数空间的系统探索为基础，科学家们可能提出新的理论、模型和假说。"③ 从这个意义上说，模型或模拟是研究系统科学的一个重要的方法。在当下，不管是在系统科学或其他学科领域中，要解决复杂系统问题，具体实现的平台是计算机的模拟。

（三）计算机模型与计算机模拟

20 世纪 40 年代之前，可编程计算机仍未出现，模型方法的使用受到建模的类型和数学逻辑规则的严格限制。在研究具体现象，尤其是研究数学理论和规则时，尽管科学家或者研究学者们可以使用纸和笔来设计模型，即辅以大量的手算。但是不管计算者的能力有多强，他们的手是受大脑支配的，在确定的时间内能做的工作很有限，甚至许多研究者穷尽一生使用纸笔研究，都无法揭示有限数量的变量和规则产生的全部可能结果。所以，在模型的组成元素之间具有非线性相互关系时，尤其

---

① 齐磊磊：《科学哲学视野中的复杂系统与模拟方法》，中国社会科学出版社 2017 年版，第 58 页。

② Stephan Hartmann, The World as a Process, Simulations in the Natural and Social Sciences, In R. Gegselmann et al. (Eds.), *Modelling and Simulation in the Social Sciences from the Philosophy of Science Point of View*, Dordrecht: Kluwer, 1996, 77 – 100; Paul Humphreys, *Extending Ourselves: Computational Science, Empiricism, and Scientific Method*, Oxford: Oxford University Press, 2004.

③ Stephan Hartmann, The World as a Process, Simulations in the Natural and Social Sciences, In R. Gegselmann et al. (Eds.), *Modelling and Simulation in the Social Sciences from the Philosophy of Science Point of View*, Dordrecht: Kluwer, 1996.

是计算的元素数量很大而且易于变动的情况下，为了从那些系统的运行中观察它们的行为，使用微分方程或手工纸笔计算的局限性会变得很明显，甚至建模的过程都极其困难。就像股票和销售商品这样的经济大市场，要想分析变量之间的复杂的相互关系所表现出来的整个系统的复杂性和不可预测性，不管是用传统的建模方式还是用微分方程计算或数学模型的方式对其进行研究，最终的结果都是无法成功地描述其真实的或近似精确的规律。

所以，通常情况下，当模型太复杂而不能解析地计算①时会涉及计算机，也恰恰是出于这个原因，人们就把以形式模型为基础的“模拟”与形式模型本身区别开来。所以说，计算机模拟始于一个计算机模型的建立，然后是设计实现这个模型的一个程序。但是计算模型与形式模型因为“同根同源”，它们也具有一些相同的性质，例如它们都声称实体与变量间的结构或功能关系之间具有同一种关系。从某种意义上说，两者都是模拟的一种形式。如果要寻找两者的差异，那么可以概括为：（1）形式模型具有逻辑上可推理、可证明的特性，然而计算模型并不具有这样的特性；（2）计算模型因研究对象的复杂性通常比形式模型要复杂。关于第二个差异，通常的看法是，因为研究现象本身是复杂的，相应地建立的模型就应该是复杂的。因为按照常理来说，要研究复杂现象，复杂的模型比起简单的足以用解析性地解出结果来的模型更有可能是合理的。但根据前面对模型的基本划分可知，任何类型的基于数学的模型②必定会为了方便而进行“简化的假设”和有意地理想化到不忠实于事实的程度。但作为模拟者来说，他们建立模型的初衷却是为了获得足够可靠的知识。因此，对于模拟者的“可靠知识”，我们如何来判断呢？这就涉及模拟结果的有效性确认问题，关于这个问题，本书第六章会以“计算机模拟结果的有效性确认”为主题专门进行讨论。

通过以上梳理，我们已经初步清楚了模型与模拟、计算机模型与计算机模拟的关系：所谓模拟，是一种动态的模型，是运用一种动态过程作为模型来模仿另一种随时间变化而变化的实际过程。通常意义上，对一个系统的形式模拟是由数学模型发展而来的，这种数学模型最初的目的是试图

① 这里指的是不能证明与定理相接近。

② 数学模型也可以称之为形式模型或计算模型。

从初始条件和一系列参量中预测出“系统如何行为”这类问题，并从中得到解析解。而如果这种数学模型的解析解比较复杂，必须通过计算机来计算出来，或者说整个模拟过程是在计算机上运行的，就称作计算机模拟。[①] 也就是说，研究者们通常使用计算机模拟来辅助或替代那些用数学模型不能对其进行建模的系统。另外，对于一些模型而言，全部列举出模型的所有可能状态是不容许的或是不可能的，所以使用计算机模拟可以为这样一些模型产生一个有代表性的范例。也正是在这个意义上，计算机模拟也可以称之为计算机模型或者计算模型，它们的主要形式都表现为一个计算机程序或者是计算机网络，它们最本质的特征可以归结为一个能够模拟特定系统的抽象模型。

另外，关于“计算机模拟”与“计算机模型”还存在着这样一种观点：计算机模拟（computer simulation）比计算机模型（computer model）或计算机建模（computer modelling）涉及的范围更广。[②] 也就是说，计算机模拟既包括模拟使用者建立的模型，也包括具体对模型进行计算的运行软件或计算机的其他输入，在整个模拟运行的过程中，建模的过程只是其中的一个部分。比如对一个飞行模拟器进行操作，它可以分为建立飞行机器以及运行实际的飞行软件。

受上面这个观点的启发，结合英国哲学家怀特海（Alfred North Whitehead）的“实在与过程”的理论，实际上，“模型”或“计算机模型”可以看作是“实体”，而“模拟”或“计算机模拟”可以看作是“过程”。在这种纯粹理论分析的意义上，笔者是认可将模型与模拟、计算机模型与计算机模拟的关系区别开来的。但是，在具体的实际的应用中，尤其是考虑到计算机模型在科学研究中相当大的程度上是以计算机模拟形式出现的，所以，本书接下来的讨论并不刻意区分计算机模型和计算机模拟之间的静与动之别、实体与过程之别，而是无差别地将两者都看作是在计算机上运行的程序模型。

---

① Paul Humphreys, *Extending Ourselves: Computational Science, Empiricism, and Scientific Method*, Oxford: Oxford University Press, 2004；［美］保罗·汉弗莱斯：《延长的万物之尺：计算科学、经验主义与科学方法》，苏湛译，董春雨、孙卫民校，人民出版社 2017 年版。

② 本书第六章中我们还会提到“计算机模拟是用计算机模拟计算机”这样一种有趣的说法，大概表示的也是“计算机模拟比计算机模型涉及的范围要广”这个意思。

（四）基于计算机模拟的推理

前面讨论过的实验模型表明，模型是一种实验。现在有了计算机，它所具有的独特的计算速度快、存储量大、精确度高等特点，使它适于解决那些规模大、难以解析化以及不确定性问题。因此，随着计算机的快速发展而普遍起来的计算机模拟，不仅表明计算机模拟是一种实验，它甚至凭借其经济优势并且使危险减到最小而脱颖而出，最后以计算机实验的形式取代真正的实验。计算机模拟的第一次大规模的发展发生在二战时期的曼哈顿计划中对核爆炸过程的模拟，当时对核爆炸过程的模拟使用的是蒙特卡罗（Monte Carlo）算法[①]对 12 个硬球的模拟。因为一方面，核爆炸的威力和对生态环境造成的严重危害以及核试验的经费成本等问题决定了直接对核爆炸的链式反应过程进行频繁的实验是不切合实际的；另一方面，核武器中的原子核数量极其巨大，简单的数学解析式不可能对如此复杂而庞大的系统进行建模。同时，原子核之间发生反应的短暂性、核材料的纯度、种类以及核弹头的储存时间和周围环境等因素的影响促使实验人员把目光转向了一种新的领域——计算机模拟核试验。这种模拟试验除了计算机以外，几乎不需要任何实验设备，但却能得出大量相当有价值的数据，是一种既经济又实用的实验方法。

因此，“计算机模拟是一种为了探究数学模型性质而借助计算机来实现的方法，而这些数学模型的性质用分析法是很难得到的”[②]。当面对越来越复杂的目标系统，传统的数学模型方法无能为力时，就像汉弗莱斯 2004 年出版的一本书名所宣称的那样，计算机模拟帮助我们“扩展我们自己”（*Extending Ourselves*）[③]。

在日新月异的科学世界中，新工具的出现常常推动科学上的重大发现，从而加大我们对世界认识的深度。正如伽利略的望远镜所引发的革命，计算机的参与改变了我们对复杂系统的认识深度与宽度。“计算机模

---

① Harald Niederreiter, *Monte Carlo and Quasi – Monte Carlo Methods*, Berlin, Heidelberg: Springer Verlag, 2006.

② P. Humphreys, “Computer Simulations”, In A. Fine, M. Forbes, and L. Wessels, editors, *PSA 1990*, East Lansing, MI, USA, 1991: 497 – 506.

③ Paul Humphreys, *Extending Ourselves: Computational Science, Empiricism, and Scientific Method*, Oxford: Oxford University Press, 2004.

拟创建了一种真正的新的科学方法，甚或是一种新的科学范式。”① 现在，我们已经可以使计算机与复杂模型结合起来，用计算机模拟的方法来深入细致地研究一些复杂系统。

目前，对自然科学和社会科学领域里的复杂系统，尤其是复杂系统的动力学模型或动力学机制进行研究时，基本上都是借助于计算机模拟。因为计算机模拟能动态地“生成”系统动力现象，并通过计算机图形展现出整个复杂动力系统的机制运行的过程。

英国物理学家、应用动力学专家理查森（Lewis Fry Richardson）尝试用数学来预报天气。1922 年，他发表了一篇题为“用数值方法进行天气预报”的报告。在这篇文章中，他设想了由若干台计算器计算、预测天气变化的“天气预报厂”。很可惜，在实际的操作中，由于计算慢、参与操作计算器的人数达 64000 人等代价太高而宣告失败。1953 年随着第一台计算机 ENIAC 的出现，在计算机上计算、预测天气状况得以实现。这个过程是如何实现的呢？要回答这个问题，实际上就转换为这样一个主题讨论：基于计算机模拟对天气预报的推理。

大气是由一个个时刻都在运动、碰撞的气体粒子组成，这些气体粒子充斥着整个空间形成大气的各个层级的组成部分。这些气体分子的运动，由于细致而过于复杂，一直困扰着科学家们的观察：“请把注意力集中于一小群分子。它们作短时间的直线运动，然后以你根据分子轨迹的先前几何形态所能预言的方式开始相互弹开。但当你刚要端详运动的模式时，一个新的分子从外面不期而至，与你很有条理的分子群相碰，破坏了这模式。而在你弄清楚新模式之前，又一个分子闯了进来，接着是又一个，又一个。”② “如果你所看见的全部内容是非常复杂的运动的一小部分，那末整个运动将呈现无规，呈现无构。”③ 即便是这样复杂的运动，人们仍然希望通过一些度量指标，如气温、气压、湿度、风速、空气密度等对大气某一时刻的状况进行量化并形成对天气的描述。在这些被量化的用来描述

---

① Paul Humphreys, *Extending Ourselves: Computational Science, Empiricism, and Scientific Method*, Oxford: Oxford University Press, 2004.

② ［英］伊恩·斯图尔特：《上帝掷骰子吗——混沌之数学》，潘涛译，朱照宣校，陈以鸿审订，上海远东出版社 1995 年版，第 54—55 页。

③ ［英］伊恩·斯图尔特：《上帝掷骰子吗——混沌之数学》，潘涛译，朱照宣校，陈以鸿审订，上海远东出版社 1995 年版，第 54—55 页。

天气状况的数字基础上，欧拉和伯努利等数学家们最先提出了大气运动方程。若干个大气分子，许多个度量指标，各种随机性因素，它们相互影响、相互作用，以非线性的作用方式被包含在大气运动方程这个数学模型之中。为了预测天气，当对这个数学模型附加上时间变量后，甚至将时间精确到尽可能小的时候，每个时间单位的迭代使计算的强度以指数倍增加。比如提前 1 秒钟预测天气情况，这似乎还在“微分方程的高精度计算”范围内；重复这个计算，可以获得 2 秒钟内比较精确的天气预报数据；要想知道 1 分钟、10 分钟、1 小时后的天气变化，需要连续迭代 60 次、600 次、3600 次，相应地，需要对天气测量指标更换为对平均量的统计分析，这样可以得到对天气这个高度复杂的动力系统运动的粗糙特征；如此重复，想预测 1 天后的天气情况，需要迭代 86400 次，100 天后的天气要迭代 8640000 次。如果你想知道半年后某天的天气情况，那至少要将这个描写天气演变过程的大气运动方程（包括流体力学和热力学的方程组）迭代运算 15768000 次。目前看来，这个计算工作唯有计算机擅长。虽然 1946 年发明的第一台计算机 ENIAC 每秒只能进行 300 次各种运算，但后来发展起来的普通巨型计算机的速度是用百万次浮点运算（megaflops）[①]，如 1983 年英国天气预报中心的克雷 X - MP 型巨型计算机的运算速度是每秒 800 万次浮点运算。我国研制的“天河二号”以持续计算速度每秒 3. 39 亿亿次的浮点运算速度，成为 2013 年全球运算最快的超级计算机。现在的神威 · 太湖之光最高运算速度达到 12. 5 亿亿次/秒。

但是，我们也要意识到，即使目前最先进的计算机也有其计算容量的限制。按照计算机的集成数字电路设计来说，如果一个模块有 308 个输入端和一个输出端，对于二值逻辑来说，它的输出为 2^{308}，这就已经是一个布莱曼（Hans Bremermann）超计算[②]问题了。所以，为了避免超计算问题，计算机的处理容量无法考察大气中的每一个分子，只能“舍弃”很多变量与数据，只计算有限的大气粒子的变化轨迹。这样的处理方式同时涉及与计算极限相关的另一个问题，那就是计算的精确性。

---

① 百万次浮点运算指的是每秒 100 万次算术计算。

② 布莱曼认为计算或信息处理是有极限的。他根据布莱曼公式来推算，即使整个地球当作一个大型的数据处理系统或一个大电脑，则自它诞生之日起至今所处理的数据量都无法超过 10^{93} 比特，这个数据也被称为布莱曼极限（Bremermann's Limit）。如果数据处理超过 10^{93} 比特，则称它为超计算问题（Trans Computational Problem）。

大气本质上是一个不可分割的连续系统，在对天气进行描述时使用偏微分或常微分形式的微分方程可以从数值上进行连续模拟。最初，解方程的过程主要在各种类型的模拟计算机上实现，计算结果会用各种电子元器件输出的数值直接显示或表示出来。但是到了20世纪80年代末，大多数微分方程被运行在数字计算机上求解。电子计算机的逻辑构造是以离散的运行状态为基础，因此这种对离散数据的计算要求，无形中将连续的大气系统转换为对天气描述的呈离散状态的若干个数字。连续状态的目标系统用离散的动力学方程描述，在这个数学模型中无疑丢掉了许多“无关紧要”的因素或数据而成为一个理想模型。气象学家洛伦兹发现“蝴蝶效应”的过程表明，正是无关紧要的数据让长期天气预报成为不可能：由于天气不是周期性的，洛伦兹根据描述混沌现象的庞加莱截面得到了洛伦兹曲线。利用这条曲线，可以预言短期天气的某些动力学特性。但是，“如果你试图把诸短期预言串在一起以得到长期预言，小误差就开始集结，膨大得愈来愈快，直至预言变成一派胡言”[①]。洛伦兹得出这样的结论来自他的这样一个经历：当他用计算机求解天气动力系统模型时，他偶然地将原本要输入的0.506127舍弃小数点后三位，只输入了0.506，当时他认为这个千分之一的小数对于整个天气状况的描述无关紧要。后来的运行图片表明，舍去小数点后三位的数据运行结果与原始数据的计算结果在最初是近乎拟合或重合，但若干次迭代之后，两条曲线逐渐分道扬镳。

所以，从方法论上说，基于计算机模拟的推理也承担着一定的风险：这种方法在你别无他途之时提供一条道路，但同时也可能提供误导性的结果。正如在天气预报案例中所表明的：数字计算机是一种离散性质的运算；数字计算机上运行的也只是考虑了部分研究参数的动力方程；这些参数也不一定完全能够代表目标系统的关键性质；现代强大的计算机也有其自身计算能力的局限性；在建模中舍弃的一些数据有可能是重要的“蝴蝶”。

但无论这种方法有多少缺点，想要预测天气，目前最好的研究方法还是基于计算机的模拟的方法。毕竟这种方法可以为我们提供对天气预报推理研究的结果：当微分方程和统计分析无法计算复杂的天气动力学方程

---

① ［英］伊恩·斯图尔特：《上帝掷骰子吗——混沌之数学》，潘涛译，朱照宣校，陈以鸿审订，上海远东出版社1995年版，第147页。

时，计算机模拟可以较为精确地短期预测天气状态，但仍无法获得测量大气状态的长期数据。所以，“预报天气是一回事，正确地预报天气则是另一回事”[①]。

进一步地归纳起来，基于计算机的模拟主要研究的对象有：（1）那些不能定性地计算出微分方程数值的模型，包括一些连续系统中的模型以及流体动力学中的模型，例如气候模型、路面噪音模型、路面空气分散模型等；（2）那些有可能产生离散系统的事件，用微分方程不能直接对它们进行随机模拟，但用蒙特卡罗算法模拟[②]和随机建模，便会使得建模几乎毫不费力，例如基因漂移模型、生物化学中带有大量小分子的基因调整网络模型等。

具体地，计算机模型或计算机模拟被应用到大量不同的现实领域中，如：

（1）使用大气弥散模型对空气污染物质的扩散进行分析；

（2）对诸如飞机和后勤系统这样的复杂系统进行建模；

（3）为了减少公路噪音污染而对噪音屏障进行建模；

（4）训练飞行员的飞行模拟器；

（5）天气预报模型；

（6）如建筑物和工业零件在应力或其他条件下进行的建模；

（7）如化学加工厂等工业过程进行的建模；

（8）决策管理和组织研究中的若干模型；

（9）为了模拟地下积聚的石油而针对石油工程学进行的积蓄模拟；

（10）加工工程中对操作工具的模拟；

（11）用于设计机器人和自动机械控制运算法则的机器人模拟装置。

此处列举的只是部分领域中计算机模拟方法的应用案例。在实际应用中，根据目前计算机模拟的运行成果介绍，这些被称为复杂系统的研究对象如果再具体地说，它们都是一些多主体系统。

（五）基于主体的模型

所谓多主体系统（multi - agent systems，MAS），顾名思义，它是由

---

① ［英］伊恩·斯图尔特：《上帝掷骰子吗——混沌之数学》，潘涛译，朱照宣校，陈以鸿审订，上海远东出版社 1995 年版，第 133 页。

② 蒙特卡罗模拟指的是随机模型使用随机数字发生器模拟偶然性或随机事件的一种形式。

多个相互作用的主体（agent）组成的，其中每个主体都是可以独立计算的实体。在不同的多主体系统中，它们各自的主体所指不同，主体的作用步骤也不相同，因此又被称为基于主体的模型（Agent Based Model，简称 ABM）。从功能作用上来说，（1）多主体系统是一个强大的作用范式，它能够对复杂的分布式系统（distributed system）[①] 建立相应的模型；（2）建立多主体系统模型也是一门技术，它能有效地执行分布式计算系统。这两种功能的支持是多主体系统被称为灵活有效的模拟工具的原因所在。一般说来，当一个系统组成部分的个体变异性不能被忽视，并且系统的整体行为是由它的具有不同性质和结构的组成部分的相互作用所决定时，通常采用多主体系统来进行模拟。例如生态学中，大部分理论数学模型认为所有鳟鱼行为一致，而实际上每个鳟鱼都是一个“有个性”的主体，所以鳟鱼种群动态行为更适用于多主体系统来进行模拟。另外，如果采用多主体系统来模拟的系统应该具有这样的前提条件：它能被分解成几个独立的但却协同运作的实体，其中每一个实体都由一个主体表示出来。

基于主体的模型在实际运用过程中基本上是一个离散模拟：模型中的单个主体，如目标系统中的原子、蚂蚁、细胞、消费者等等都可以被直接表示出来，而不需要用他们的性质特征来表示。基于主体的模型中的单个主体具有自己的内部状态，并根据规则决定从一个时步到下一个时步主体如何更新它们的行为。

从历史发展的角度，基于主体的模型最初的设计理念源自阿兰·图灵（A. M. Turing）的启发，是用机器来模拟人们用纸笔进行数学运算的过程。后来经过冯·诺依曼与乌拉姆等人的一系列从逻辑到现实的实现，最终制造出了具有再生能力的理论上的机器，即元胞自动机[②]。

---

① 分布式系统对用户来说，它是一个模型，而实际上它是以网络为基础的软件系统，它具备若干种分散在不同地方的通用的物理和逻辑资源，可以通过计算机网络的连接，如软件中间件（middleware）来实现信息交换，并动态地分配任务。我们最熟悉的一个分布式系统是万维网（World Wide Web），在我们浏览 Web 网络页面时，操作系统等软件系统在实时地调动各种物理和逻辑资源以满足我们的各种需要。

② 关于元胞自动机模型，本书第五章介绍了元胞自动机的案例模型、第六章讨论了元胞自动机模拟方法带来的计算理念的发展。

（六）元胞自动机模型

元胞自动机模型（Cellular Automaton，简称 CA）[①] 是一类典型的基于多主体的模型，它的设计历史可以追溯到冯·诺依曼机（Von Neumann machine），即一台具有再生能力的理论上的机器。20 世纪 40 年代，冯·诺依曼（John von Neumann）正在研究在物理世界中设计生命自我复制的机器的可能性，试图找到自繁殖机理的逻辑抽象，但没有成功。后来，他在生物学中试图完成一个生命自我繁殖的抽象模型时形成了他对元胞自动机的最初设计。[②] 冯·诺依曼的朋友、数学家、洛斯亚拉莫斯（Los Alamos）实验室的乌拉姆（Stanislaw Ulam）已经独立地思考过这个问题。乌拉姆认识到问题不在于生命由什么实际的元素组成，关键是取决于起支配作用的有机体组织的基本原理是什么。乌拉姆对于那些由简单规则引起的图形演化现象产生了极大的兴趣，并对冯·诺依曼的设计进行改进。于是，乌拉姆设计出了“元胞空间”的结构，建议如同网格上的元胞的集合一样，在纸上建造这样的机器。所谓的“元胞空间”是指在二维空间上规则地划分出“元胞”，换句话说就是在二维空间上均匀地打格子，其中每一个格子代表一个元胞。乌拉姆设定的元胞有两种状态：开或关（生或死），从给定的模式开始后，每个元胞的下一状态只取决于它本身和周围邻居的状态。作为使用第一台元胞自动机的人，乌拉姆敏锐地感觉到这一机制将会产生复杂而又优美的图形，而且在某些情况下，这些图形可能会自我繁殖。乌拉姆对元胞自动机所作的这一系列首创性的研究，足以说明他是元胞自动机理论的真正创始人。[③]

随后在 1951 年，冯·诺依曼在乌拉姆的设计的启发下，意识到生命的本质在于形式而不在于具体的物质，只要能抽象出控制生命的逻辑，就能够创造出另外一种生命。为了实现这个目标，使自己从现实的物理约束中解脱出来，找到抽象的逻辑形式，他沿着乌拉姆的理论，使用“元胞空间”来构建能自我复制的机器。在他看来，借助元胞空间，一个极其

---

① 也有人译为细胞自动机，而且在不同的时间阶段有不同的叫法，如棋盘型自动机、元胞空间、迭代自动机、同质结构和通用空间等。

② Stephen Wolfram, *A New Kind of Science*, Wolfram Media, Inc, 2002: 876.

③ 有些文献认为冯·诺依曼是元胞自动机理论的创始人，但从时间上看乌拉姆关于元胞自动机理论的构思更为早些，而且冯·诺依曼建立元胞自动机的最初灵感也来自乌拉姆的建议。

简单的模型有可能产生出极大的复杂性。自 1952 年到 1953 年，冯·诺依曼不再局限在思想试验中，开始对他的模型进行转化，最后设计出一台每一个元胞有 29 种可能颜色的特殊的元胞自动机。[①] 更为值得关注的是，在由一台电子计算机和各种机械装置所组成的机器上，冯·诺依曼用复杂的规则模拟了自繁殖的过程。同时，为了能从数学上证明自我繁殖存在的可能性，他还设计了一个能自我复制的、由 20 万个元胞构型（configuration）组成的结构。显然，冯·诺依曼认为，类似复杂系统中的某些东西，它们同自我繁殖这样复杂的能力一样，不可避免地需要一个系统对它进行表现。

冯·诺依曼的自我繁殖的理论为人工生命奠定了重要的基础。在他看来，一台能自我繁殖的机器不仅能复制出它自己，而且还应该能复制出一份对它自身的描述，以便在复制下一代时将这份描述传给它们，只有这样，后代的机器才能一代一代地繁殖下去。正是这样的想法让他认识到，这个自我复制的观点同时也导致了一个递归问题：自我复制的机器必须具有一个自我描述的功能，但为了实现这个描述，又必须对这个描述进行描述……为了解决这个问题，他有了这样的想法：这台机器必须把描述当作一个程序、一套指令或一个组成部分。接下来，这台机器将会对描述进行估算以形成新的机器，为了得到新机器的自我描述只需要对它进行复制就可以了。正是在这种想法的驱动下，冯·诺依曼设计出了一个元胞自动机的模型（如图 2.4 所示[②]）。从图 2.4 中我们可以看出，这个模型主要由三部分组成：纸带（包含对建构器的描述），建构器自身（包含纸带控制单元和建构控制单元）和受建构器控制的建构臂（用来建构纸带上所描述的机器的后代）。他的这个机器模型通过一个简单的过程，首先产生了一个它本身的复制品，然后这个复制品又复制出它自己。由此可以看出，冯·诺依曼的这个模型预示着科学家们开始研究人工生命的问题：一旦将自我繁衍看作是有生命的物体的独一无二的特征，那就能让机

① 冯·诺依曼用一种颜色表示一种状态，所以他设计的这台自动机的每一个元胞具有 29 种可能的状态。

② 此图参见 http：//www.philadelphia-experiment.com/Dr_ John_ Von_ Neumann.htm，有修改。

器也做到这点。①

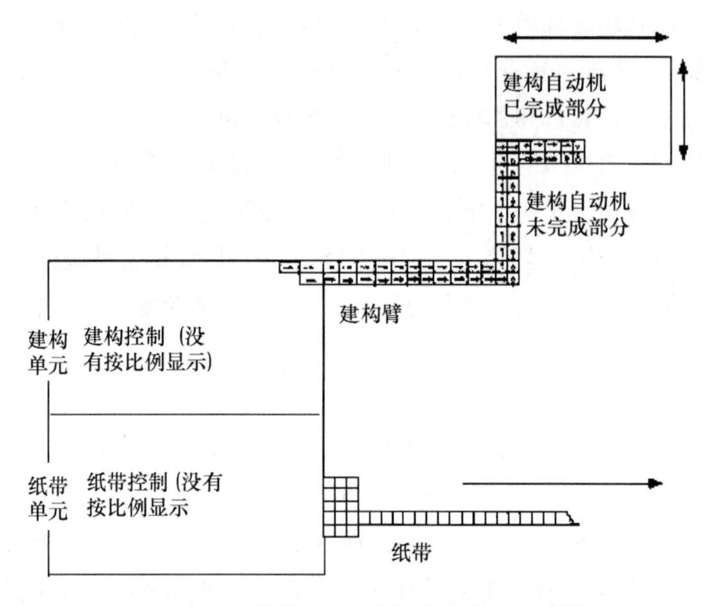

图 2.4 冯·诺依曼的自我复制的元胞自动机模型

毫无疑问，从以上的论述中我们明显地看到冯·诺依曼对元胞自动机和自我繁殖理论的进一步发展起到了举足轻重的作用。也正是由于他对这个领域的研究颇为深入，以至于有许多人误把他当作元胞自动机的首创者。

需要说明的是，元胞自动机作为研究可计算理论的、在空间和时间以及系统状态上都是离散的一种动力系统模型，这里虽然称其为“机”或“设备”，但它不是一类有硬件系统的实体机，而是运行于计算机之上的一类虚拟机。

所以，根据乌拉姆和冯·诺依曼的想法，从概念与组成上来说，元胞自动机由一种无限的、有规则的元胞格子（grid of cells）组成，每一个格子只有有限个的状态数，它有有限数目的维次。每一个元胞在 t 时的状态是 t－1 时它的状态以及它的领域（neighborhood）状态的函数。一个元胞在某一时刻的状态取决于本身状态及其领域状态的值，每个元胞格子的值

① ［美］米歇尔·沃尔德罗普：《复杂：诞生于秩序与混沌边缘的科学》，陈玲译，生活·读书·新知三联书店 1998 年版，第 307 页。

都由同样的简单的规则来变化到下一个状态，由此类推以达到一切未来的状态，这就是元胞自动机的概念。

具体来说，设想一张有纵横相交的直线网格的纸，每一个网格就是一个“元胞”（见图 2.5）。这些元胞可能具有一些特征状态，为简单起见令它只有两种状态，不是黑的就是白的。我们首先在纸的第一行的格子随你喜欢涂上一些黑格子，这便有了一维元胞自动机（例如图 2.6 第一行只涂了一个黑元胞）。随着时间的推移（图 2.6、图 2.7 中时间箭头向下表示时间是向下演化推移的），下一行的每一个元胞根据这个元胞在上一行中它的周围元胞的状态，依据统一既定的规则改变着它们的状态，这些不断更新着的元胞构成了一维元胞自动机元胞的状态变化集。所以，一个元胞自动机有三个前提条件：其一，元胞活动的空间维度是一维还是更多维的；其二，设定元胞自动机中各元胞的初始状态；其三，定义元胞可能具有的状态和元胞改变状态的规则。

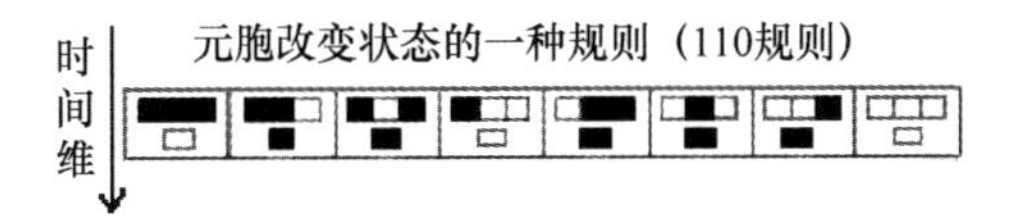

图 2.5

1982 年，沃尔弗拉姆（S. Wolfram）从一维的元胞自动机中研究元胞是如何改变状态的，进而他建立了元胞的更新规则。具体来说，他首先考察了紧挨着的三个格子的元胞，随机地用黑白两种颜色表示元胞的状态。三个格子，每个有两种颜色或状态，$2^3=8$，排列组合后的结果是它们共有 8 种组合状态（见图 2.5）。其中，这 8 种组合状态的每一种组合类型都根据规则决定着下一个时步的元胞的状态或颜色是黑色还是白色，即 $2^8=256$，这样由第一行元胞的可能状态决定下一行元胞状态总共有 256 种可能性。沃尔弗拉姆把这 256 种规则一一编号，比如第 110 号规则如图 2.5 所示。图 2.6 是 110 规则在迭代运行了前 20 步后元胞的组合状态，这个状态构型中只看出一些像“倒立的帕斯卡三角”一样的图案花样。但是在迭代运行了几百步后，出现了意料之外的惊喜构型，一些既不是周期性的也不是完全偶然性的图案“突现”于眼前。图 2.7 是 110 规则在迭代运行到第 700 步时的图案构型：黑色元胞的模式蔓延到左侧，伴随着泡

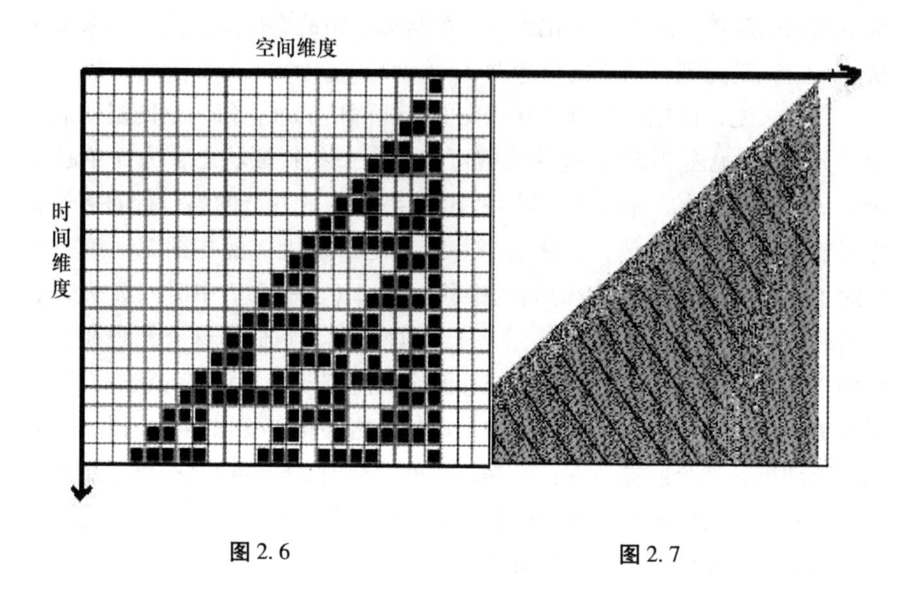

图 2.6　　　　图 2.7

沫带伸展到左边的最远处，然后或密或疏的黑色元胞区域周期性交替，它们向右移动，紧跟着黑色和白色元胞的混杂。这是沃尔弗拉姆结论的一个戏剧性的验证：即使是非常简单的规则和输入也会产生复杂的行为；超级简单的系统也能做极端复杂的计算，不需要先进的技术或是生物进化过程，就能使其做任意的计算。显然，这里计算的形式是迭代的，它表明运行的结果与最初的状态之间的关系是由规则决定的，它可以是因果关系①，也可以看作是非因果的"关联"，这是来自大数据时代对传统的因果关系的挑战。

根据元胞自动机模型的这些功能，我们曾经使用这类模型来对复杂系统中的突现现象进行了分析，形成了"基于元胞自动机模拟对突现的推理"为主题的论文。② 其中主要讨论了这样的一个问题：英国突现进化论者，例如 S. 亚历山大（1920）和 C. L. 摩根（1925）认为突现性质是完全不可导出也不可预言的，它是一种无情的经验事实迫使我们承认它，我们只能以对待自然的虔诚心来对待它。至于如何解释它，则无可奉告。但在

① 哲学教授比多（Mark A. Bedau）将这种因果关系看作"爬行因果关系"。

② Leilei Qi and Huaxia Zhang, "Reason out Emergence from Cellular Automata Modeling", In Model – Based Reasoning in Science, Technology and Medicine, L. Magnani, P. Li (eds.), Springer, *Studies in Computational Intelligence*, 2007, 64: 147 – 159.

20 世纪的最后一二十年，由于复杂性科学和计算机科学的发展，基于高速计算机和新的数学方法，特别是离散动力学的研究，我们已经有可能打开突现的黑箱，探求其中的形成过程、内部机制与结构，并将它模拟出来。该论文最初运用多层次的本体论，首先给“突现”概念建构一个描述性的定义，并对“模拟”这个概念作出形式化的说明，然后运用元胞自动机这种离散动力学的新的方法模拟几种典型突现现象和过程，包括康威的生命游戏、虚拟蚂蚁修建的高速公路以及朗顿的自繁殖环，来说明高层次上的突现现象是如何产生的，它们怎样由低层次的组成要素及其相互作用的简单规则经模拟迭代运算而演绎地推导出来。虽然某些典型的突现现象是演绎出来的，但它使用的方法却不是分析的、解析性的，而是计算机模拟的综合的方法。最后，通过元胞自动机模拟对突现各种现象的分析，我们推出这样的结论：从低层次的组成要素及其规则推出突现现象至少包括三个必要条件，（1）它们必须是可模拟的，能建立简化模型及其运算规则；（2）它们必须是可计算的，至少原则上是可计算的；（3）存在必要的高层次的构型函数与辅助假说。这些都说明“模拟导出”这种方法对于认识突现的局限性，并且由于系统的复杂性、层级性、不确定性和发展过程的适应性，大多数系统突现性质是不能确定地预测的。这就是说，我们实际上是用一种新的还原方法来证明用“还原方法理解突现现象”是不充分的。

在详细地讨论了科学中的模型的分类之后，我们还意识到技术与工程领域内对模型的使用也极为普遍，只不过在哲学上很少有学者对技术模型进行系统的讨论。因此，为了“模型的分类学研究”这个主题的完整性，接下来我们尝试着对技术模型进行梳理。

四　技术模型

工程师不仅关注人工物知识的发现过程，而且关注基于相同知识的目标导向的行为，这是技术区别于科学的最大特点。根据科学中模型的研究，相应地，模型是如何与行为联系在一起的？对行为的关注是如何影响技术中的模型的特性以及这些模型构建和应用的方式？

传统科学哲学家认为模型至少有三大重要特性：表征性、抽象性、模型或建模活动的目的性。表征性和抽象性主要针对自然科学领域内的模型展开讨论。① 模型的目的性揭示了技术模型的典型特征。② 在技术活动中，模型的终极目的是实现可靠的人工物或技术流程。因此，从技术的角度围绕模型的实用目的可以将模型分为三种类型：（1）作为认知工具的技术模型；（2）基于技术模型的推理；（3）技术解释模型。

（一）作为认知工具的技术模型

作为认知工具的技术模型（technological models as epistemic tools），主要从两种进路进行讨论：

（1）传统的科学哲学家认为技术无非就是应用的科学③，并因此对工程技术科学不感兴趣。然而，埃德温·莱顿（Edwin Layton）、约翰·斯塔迪梅尔（John Staudenmaier）和沃尔特·文森蒂（Walter Vincenti）对技术史的细致研究却得出了技术知识与科学知识之间关系甚微的结论。④ 技术的独立自主性对技术是一种应用科学的观念提出了挑战，这促使技术哲学家使用模型研究方法去探索工程知识是如何产生的。

（2）起源于人们对知识产生过程中模型的应用和功能问题的兴趣。摩根和莫里森最早对这个问题进行研究⑤，后来产生了许多关于模型和模型化功能与应用的有趣研究方法和非传统观点。但是，他们对模型研究兴趣的重新兴起仍然忽视了模型在具体技术中的应用，如设计和制造行为与在自然科学中进行应用的区别。⑥

---

① Patrick Suppes, *Representation and Invariance of Scientific Structures*, Standford University Press, 2002. 中译本：［美］帕特里克·苏佩斯：《科学结构的表征与不变性》，成素梅译，上海译文出版社 2011 年版；N. Cartwright, T. Shomar and M. Suárez, "The Tool – box of Science: Tools for the Building of models with a Superconductivity Example", *Poznan Studies in the Philosophy of the Sciences and the Humanities*, 1995, 44: 137 – 149; R. Frigg, Scientific Representation and the Semantic View of Theories, *Theoria*, 2006: 55.

② H. Stachowiak, *Allgemeine Modelltheorie*, Springer, Wien, 1973.

③ M. Bunge, Technology as Applied Science, *Technology and Culture*, 1966: 7.

④ Dov Gabbay, M. Paul Thagard and John Woods (General Editors), *Philosophy of Technology and Engineering Sciencesin Handbook of the Philosophy of Science*, North – Holland. Elsevier, 2009. 中译本：郭贵春、殷杰主编：《爱思唯尔科学哲学手册（技术与工程科学哲学分册）》，北京师范大学出版社 2016 年版。

⑤ M. S. Morgan and M. Morrison (eds.), *Models as mediators*, Cambridge University Press, 1999.

⑥ Roman Frigg& Stephan Hartmann, "Models in Science", *The Stanford Encyclopedia of Philosophy*, https: //plato. stanford. edu/entries/models – science/.

由于科学中的模型主要研究模型的表征与语义学中的模型，在借鉴、吸收科学中的模型的研究结果基础上，进一步地拓展到技术领域，这样的研究项目既有许多研究方法与资料是可以借鉴的，又有一些讨论是要对比进行的。具体研究的这类模型包括：

（1）技术中的表征模型：技术旨在提供理解人工创造的现象和理论或模型，而不是描绘早已存在的世界。

（2）技术中的认知模型：许多科学模型不应该首先被看作是一些目标系统的精确表征而应被当作认知工具。在技术操作语境下，这相当于发现如何生产、控制和干预或者避免材料的某些属性或流程和设备的运行。

（二）基于技术模型的推理

基于技术模型的推理（technological model - based reasoning），主要从两种进路进行讨论：

（1）从模型的内涵来阐述概念问题。罗兰·穆勒（Rolang Müller）对模型的概念进行了历史的回顾，考察了一系列被称作模型的词条，从辅助制造和设计产品的各种工具到不同类型的教学和数学模型均在他的考察范围内。霍奇对功能模型（functional modeling）和数学模型（mathematical models）进行了系统的分析。他认为在各种科学实践、技术实践的理论与系统之间，语义模型（semantic models）扮演着中介角色。[①] 学术界对模型兴趣的重新兴起部分与语义模型方法的重要地位以及宣称语义学方法无视模型的自主性的主张直接相关。

（2）从工程师们在设计或深化对技术现象的理解时所构建的模型的使用方面来说。[②] 米克·布恩（Mieke Boon）和塔里娅·科诺迪拉（Tarja Knuuttila）把工程科学中的模型设想为认知工具，并据此用他们的方法替代模型的语义学方法。他们从实用主义角度出发，主要关注的是建模活动

---

① Dov Gabbay，M. Paul Thagard and John Woods（General Editors），*Philosophy of Technology and Engineering Sciencesin Handbook of the Philosophy of Science*，North - Holland. Elsevier，2009. 郭贵春、殷杰主编：《爱思唯尔科学哲学手册（技术与工程科学哲学分册）》，北京师范大学出版社2016年版。

② Dov Gabbay，M. Paul Thagard and John Woods（General Editors），*Philosophy of Technology and Engineering Sciencesin Handbook of the Philosophy of Science*，North - Holland. Elsevier，2009. 中译本：郭贵春、殷杰主编：《爱思唯尔科学哲学手册（技术与工程科学哲学分册）》，北京师范大学出版社2016年版。

而非模型自身。南希·纳西希安（Nancy Nersessian，1999）[①] 和克里斯托弗·巴顿（Christopher Patton）研究了被称为“模型系统”（model – systems）的两个生物医学工程研究实验室（一个组织工程实验室和一个神经工程实验室）。他们认为形式推理与“基于模型的推理”有着显著的不同，因为形式推理只是根据形式逻辑推出，而“基于模型的推理”有时还需要根据内容来进行逻辑推出，并不是仅仅凭借着非单纯的形式演绎推理。马格纳尼（L. Magnani，2002，2012）提出了基于模型的推理，从事物的模型中推出事物的各种特征的推理逻辑。[②]

具体来说，可以作以下分类研究：

（1）语义模型在技术实践中的作用：以卡诺热机为例。

卡诺热机是受科学模型化支配的技术设备的经典案例。在对卡诺热机和生物工程领域内的模型进行典型案例分析的基础上，利用模型方法详细地分析卡诺和他的继承人如何发展卡诺的热机模型，概括出基于模型的推理方式的讨论结果，这是对技术模型进行语义学角度展开讨论的一个典型分析。

（2）生物医学工程中基于模型的推理：

生物医学工程研究常常面对的问题是直接在动物或人类主体上进行实验，这样的行为既不现实又不道德。从技术模型的角度考察一些在实验环境中受多方限制的系统，讨论操控装置和模型系统是如何实现“基于模型的推理”这一推理形式的，这是对实验生物学的有益补充。

（3）基于模型的推理与形式演绎推理：

结合上面两个学科的典型案例分析，并将这种研究方式与形式演绎推理进行比较，对基于模型的推理方式进行对比研究，分析两者的异同之处：

①它不同于通过处理命题表征进行推理的演绎逻辑推理。

②构建模型是为了想象和推理如何优化设备、流程或感兴趣的材料表现的目的。

---

① L. Magnani, N. J. Nersessian and P. Thagard (Eds.), *Model – based Reasoning in Scientific Discovery*, New York: Kluwer/Plenum, 1999.

② L. Magnani, P. Li (eds.), *Studies in Applied Philosophy, Epistemology and Rational Ethics*, Springer, 2012.

（三）技术解释模型

从科学解释模型获得研究进路，对技术解释模型（technical explanation models）展开具体的研究。

与科学解释不同，技术解释很少能吸引科学哲学家的关注。从两者的名称上看，很多人会猜想技术解释与科学解释相似，二者均关注解释自然现象或者技术人工物工作方式的物理过程。然而，约瑟夫·皮特（Joseph Pitt，2000）认为与科学解释相比，技术解释包含的内容更加丰富。[①]

在技术解释中，克罗斯（P. Kroes，1998）提出了技术解释，他在全面讨论了纽可门发明蒸汽机的案例基础上提出了技术解释模型。在克罗斯看来，目标系统的结构与技术功能之间的关系不是演绎推理解释，而是一种从实践上具有相互关联的因果关系。[②] 张华夏与张志林作为国内研究技术解释问题的较早提出者，改进了技术客体的结构解释，通过结构来解释技术的功能，并对技术解释模型进行了分类与创新性研究。[③] 吴国林从分析的技术哲学的角度，用他自己创新的理论：要素、结构、功能、意向性构成了技术人工物的四因素系统模型对技术哲学进行解释、分析。[④] 赵乐静从本体论解释学角度探索了解释学在何种意义与程度上适用于技术的问题，他以技术人工物的功能意向性为依据，研究了技术知识、技术活动和技术人工物的解释学。[⑤]

具体地说，技术解释模型可以借鉴科学解释模型以及功能模型的研究成果，围绕比较研究详细展开：技术解释模型从字面上看与科学解释模型有很大的相似之处，但在实际研究中却有很多不同的看法，如皮特认为技术解释模型的内容比科学解释模型包含的要多，这个问题值得我们关注。另外还要从系统的视域，将技术人工物从结构与功能的关系进行技术解释与功能解释模型分析。

① J. C. Pitt, *Thinking about Technology*, *Foundations of the Philosophy of Technology*, Seven Bridge Press, 2000.

② Peter Kroes, "Technological Explanations: The Relation between Structure and Function of Technological Objects", *Technè*, Spring, 1998, 3 (3).

③ 张华夏、张志林：《技术解释研究》，科学出版社 2005 年版。

④ 吴国林：《论分析技术哲学的可能进路》，《中国社会科学》2016 年第 11 期。

⑤ 赵乐静：《技术解释学》，科学出版社 2009 年版。

（1）技术解释模型与科学解释模型

①基于模型的技术解释可以从科学解释的模型进路中借鉴到什么？

②因为技术人工物的形成受到了包括社会因素在内的多种因素的影响，技术解释比科学解释包含的内容更加丰富。

（2）技术解释模型与功能模型

以系统科学对结构与功能理论的分析为出发点，通过回答“为何”和“如何”问题，区分技术解释模型与功能解释模型。技术解释理论提供了解释人工物是如何形成现在这样的途径；功能是人工物的另一个系统固有的属性：根据功能是什么、它是做什么的这些问题，对功能解释模型进行充分认识。人工物的功能仅能依据它是如何适应系统得以全面解释。

以上，从多个角度对模型进行了具体的分类讨论。从总体的角度，关于科学中的模型，最根本的两种还是如同我们这本书的题目所显示的：语义模型与表征模型。我们在第一章、第二章中的讨论是将两种大类的模型结合着展开的。接下来的第三章，将专门讨论“语义模型”。

第三章　科学理论结构的语义模型[①]

探讨“科学理论的结构”一直是科学哲学的主要目标，这个目标现在与探索科学的模型问题连在一起，我们称之为科学理论结构的语义模型论进路。这个相结合的研究进路的出发点源始于我们在第一章最后一部分讨论的模型与理论之分。在经过一轮一轮的发展，模型与理论、实验与理论的关系导致逻辑经验论和历史学派的观点出现许多问题，大多数科学哲学家不再支持他们的看法，因而逻辑经验论[②]的“公认观点”（the received view）（有时也称为主流观点 mainstream view）受到质疑是这个进路出现的直接导火线。

自逻辑经验论的“公认观点”宣布失败后，近年来具有逻辑与分析哲学倾向且对历史进路不满意的哲学家们不断尝试寻找一个新的进路，他们在状态空间理论中，将集合论作为分析科学理论的语义工具，把模型论看作是科学理论的核心。这种趋势逐渐占据了科学哲学对理论结构的分析，形成科学理论结构的语义模型进路，成为科学哲学的新的“公认观点”。

但是根据近来的发展趋势，语义模型论进路的发展也不是一帆风顺的。它的一个显著的困难来自如何处理“模型与理论”的关系，即如何理解科学理论的语义和语法关系以及模型在科学理论结构中的地位问题。为了解决语义模型进路的困难，在诸多新的改善进路中，科学理论与模型

---

① 本章的部分内容作为本书资助课题的前期研究成果和阶段性研究成果已发表，详见齐磊磊、张华夏《理论的结构与科学的模型》，《哲学研究》2013 年第 3 期；齐磊磊、张华夏《科学理论结构的语义模型进路》，《哲学动态》2013 年第 3 期；Leilei Qi and Huaxia Zhang. “From the Received View to the Model - Theoretic Approach”, in Philosophy and Cognitive Science. L. Magnani, P. Li (eds.) Springer. *Studies in Applied Philosophy, Epistemology and Rational Ethics*. 2012 (2): 143 - 154.

② 本书并不刻意区分逻辑经验主义、逻辑经验论、逻辑实证主义等学派的名称。

研究的语用进路是一种新的走向，所以，在分析了科学理论结构从语法进路到语义进路后，再继续讨论“语用进路”，虽然是一个艰难过程，但我们仍然尝试着给出解决困难的建议。

由此，本章的一个主要目的是梳理这段从语法到语义再到语用的过程，这样的一种分析既是对科学理论结构的语义模型过去发展历史的回顾，也是为了展望科学理论结构的语义模型的未来，更为主要的是介绍科学理论结构的语义模型当下的发展理论，并试图解决语义模型进路的困难。

一　科学理论结构的“公认观点”和“语法”进路

我们在学习科学哲学的过程中，首先接触到的是逻辑经验主义的观点，自然会形成这样的认识：“公认观点”是逻辑经验论的核心。所以，要讨论科学理论结构的语义模型论进路，首先从公认观点谈起。

对于逻辑经验主义的“公认观点”，直到现在，我们许多大学的科学哲学课程或自然辩证法课程都不加批判地沿用这种观点。那么，它的基本观点是什么以及它是怎样衰落和被取代的？了解这个发展情况显然是必要的，因为现在的科学理论的结构伴随着科学模型的研究已经走得很远，目前科学哲学家们正在讨论：否定“公认观点”的语义进路到底还有什么新困难？是否还要开辟更新的进路（如语用进路）来讨论科学的理论结构与实践结构？因此，在这种情况下，回到起点，首先来讨论“公认观点”的起源。

（一）“公认观点”的起源

逻辑实证主义的哲学家们对科学理论的结构的观点，自 20 世纪 30 年代到 60 年代一直是科学哲学的中心论题。他们在系统性地整合了穆尔（John S. Mill）的归纳主义、马赫（Ernst Mach）的实证论、弗雷格（Gottlob Frege）和罗素（Bertrand Russell）的逻辑理论后，致力于找寻科学理论的逻辑结构，提出了看待科学理论的完整观点。逻辑经验主义两位代表性人物卡尔纳普（Rudolf Carnap）和亨普尔（Carl G. Hempel）各自对科学理论进行了诠释，他们的观点在 20 世纪 60 年代前得到普遍的支持，被称作科学理论的“公认观点”（received view）或“标准说明”（standard account）。

什么叫作“公认观点”的科学理论结构观呢？简化起来表达：科学理论结构的公认观点是一种关于理论的陈述观点（statement view）[①]，或关于理论的语法观点，即把理论看作是语言实体，认为它们的特征是语法特征，一个典型的科学理论是由一个公理化理论系统和一组对应规则组成。公理系统乃是应用一阶逻辑语言（L）所表达的理论定律，所谓理论定律是指含有理论词（V_T）的普遍陈述，它们扮演公理系统中的基本公理角色。对应规则（C）是一组诠释规则，它连结理论词和观察词（V_o），透过观察词而提供经验意义，它的逻辑形式是：

$$(x)(F_x \equiv O_x)$$

这里 F_x 由 V_T 组成，O_x 是只包含来自 V_o 与可能的逻辑词汇的 L 表达式。

这样，所谓科学理论就是理论（T）加对应规则（C），即 TC。

有了这种逻辑上的表达，我们可以这样理解，科学理论结构的公认观点是在数理逻辑和分析哲学研究的成果的基础上将科学理论 T 看作是“一组被部分诠释（partially interpreted）了的抽象运算规则或推理体系”。众所周知，成熟的科学特别是物理学的理论通过一组很抽象的初始概念、公理或方程来表达，由一组不可观察的语词 V_T 经一定的运算规则组成一个演绎的语句或公式体系，叫作抽象运算 C_T。那么，这样抽象的东西的意义如何能够确定？“公认观点”认为，在科学中还有另外一些词汇，它是可观察的，叫作 V_O，通过一个对应规则 $C =(x)(V_T \equiv V_O)$ 将不可观察的理论词与观察词联系起来，人们就可以对理论加以理解。例如，在气体分子运动论中，分子的微观运动不可观察，就是通过将分子运动的平均动能（V_T）对应于可观察测量的气体温度（V_O），将分子运动对容器壁的冲量（V_T）对应于宏观世界的容器壁受到的压力（V_O），从而推出波义耳定律、查理定律、盖—吕萨克定律等经验定律来说明经验现象而为人们所理解。

其实，科学哲学家们后来自己也已经发现，“公认观点”从一开始就潜藏着危机，不过他们的缔造者亨普尔和卡尔纳普不断地自我批判、进行

① 萨普指出：对比语义和语法进路，有些人把后者称为“陈述观点”。这是一种误解，因为有些哲学家把陈述看作是包含语法的语言实体，而其他一些哲学家并不这样认为。

改进、自我反思、不断地完善。尽管他们如此努力，不断挽留，但是这种语法分析进路的科学理论结构论仍然有三大困难。

（二）“公认观点”的困难

科学理论结构的语法进路或者公认观点面临着三个方面的困难：(1) 语言根本不能区分为理论语言和观察语言两类。例如，“长度”这个语词是可观察的吗？一部汽车的长度可观察，一个原子的“长度”看得见吗？(2) 对应规则在大多数情况下不能成立。例如“夸克”用什么可观察的东西与它对应呢？“虚数”又对应于什么？我们每人有 10 个指头，有些人还有 11 个或 12 个，但谁有“虚指头”？分子运动中的“熵”“焓”又各自对应于什么？谁能给出它们的对应规则 R 呢？对应规则或者不能给出，或者同一个理论词能给出很多不同性质的对应规则，于是它的意义就成为“异质混淆”的东西。(3)“公认”的语法观点完全忽视模型在科学理论中的作用。逻辑经验主义创始人之一卡尔纳普说过：“重要的事情是要认识到模型的发现至多只有美学的、在课堂上说教的和启发的价值，不能成功地运用于物理理论。”① 一旦科学成熟，模型就退出历史舞台成为多余的东西。所以，语法进路的理论结构观可以如图 3. 1 所示。

图 3. 1 中可以看出理论 T = < C，R >，是理论语句加上对应规则，根本不包括科学模型。模型只在可观察的层次上起到可有可无的替代作用。

（三）逻辑经验主义的没落

随着科学哲学领域研究的深入，尽管逻辑经验主义者不断地完善他们的理论，但根本困难一直得不到真正解决，拿不出新的版本。卡尔·亨普尔于 1969 年 3 月 26 日召开的关于“科学理论结构的伊利诺伊州（Illinois）”会议上，发表了一篇长篇演讲，用今天的话来说，就是作基调报告。尽管大家都想听听亨普尔对“公认观点”有什么新看法，都希望他能提出公认观点的最新修订版本，但出人意料，他取而代之的却是公开宣布他为什么放弃公认观点以及对语法公理化失去了信任：“我全心全意专注

① R. Carnap, “Foundations of Logic and Mathematics”, 1939, in Newton C. A. et al., *Science and Partial Truth: A Unitary Approach to Models and Scientific Reasoning*, Oxford: Oxford University Press, 2003: 42 - 43.

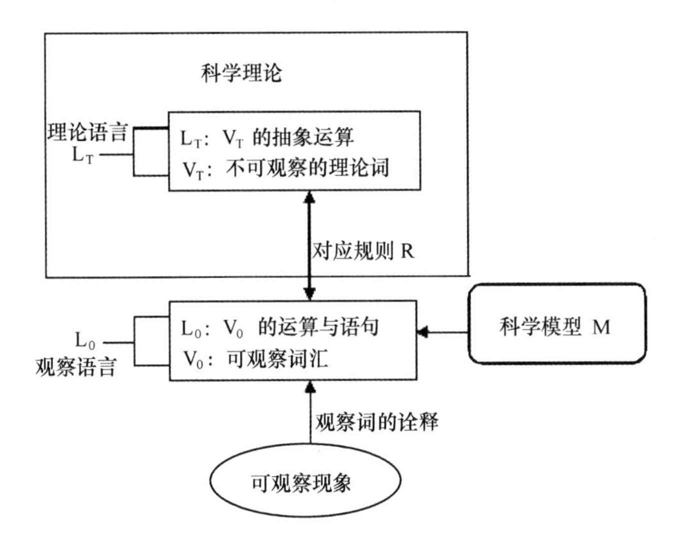

图 3.1　逻辑经验论的科学结构观示意图

于研究‘公认观点’长达40年，我的目的是想建立一个研究‘关于科学理论结构的科学哲学理论’，但是现在我不得不告诉大家的是，我们放弃公认观点吧。”①

就这样，亨普尔自己放弃了“公认观点”而且明确地宣布了它的“死亡”，这就等于逻辑经验主义创始人公开宣布解散“公认观点”学派。

对比“公认观点”的统治阶段，可以说今天的科学哲学群龙无首，进入一个春秋战国时代，群雄四起各霸一方。根据由 Dov Gabbay（英国）和 John Woods（加拿大）主编、北荷兰出版社出版的科学哲学手册将科学哲学划分为16个学科门类：物理学哲学、生物学哲学、数学哲学、逻辑哲学、化学与药理学哲学、统计哲学、信息哲学、技术与工程科学哲学、复杂系统哲学、地球系统科学哲学、心理学和认知科学哲学、经济学哲学、语言哲学、人类学和社会学哲学、医学哲学、生态学哲学。对此，我们设计了第17门：“一般科学哲学：科学理论的结构”。因为在我们看来，有一个贯穿许多焦点的科学哲学中心论题，那就是科学理论的结构问

① Carl G. Hempel, “Formulation and Formalization of Scientific Theories”, in Frederick Suppe. 2000, “Understanding Scientific Theories: An Assessment of Developments, 1969 - 1998”, *Philosophy of Science*, 1974, 67: 102 - 115.

题。而自“公认观点”没落后，目前兴起的新的“公认观点”，即科学理论结构的语义模型论进路，值得国内科学哲学界的关注。

二　语义模型论的兴起和它的基本观点

渐渐地，具有逻辑和分析哲学倾向且对历史进路不满意的哲学家们，不断尝试寻找一个新的进路与观点来取代历史学派的研究及逻辑经验论者的“公认观点”，他们在集合论和模型论中找到了出路，即把理论看作语言外的集合论结构的分析逐渐取代后实证主义对科学理论的理解，科学理论的结构的研究转向模型论进路。这里我们需要指出的是“公认观点”的另一个代表人物，英国哲学家艾耶尔（A. J. Ayer）对待“公认观点”更为彻底的失望，他甚至说：“我想逻辑经验主义的最重要的过失是……几乎所有的东西都错了。”（I suppose the most important [defect]... was that nearly all of it was false.）①

所以，随着库恩、费耶阿本德、亨普尔等几位科学哲学大师于1996—1997年相继去世，科学哲学研究的主题经历了一个从理论的抽象到实验的经验再到理论的抽象之间来回摆动的过程。近年来现代结构主义用集合论与模型论将自己武装起来，重树科学理论结构的旗帜，成为一种新的研究趋势。只不过这些新的研究者们依据自己不同的研究倾向提出了不同的研究主题称呼。

（一）语义模型论的不同名称

科学理论的模型观点的萌芽最早可追溯到20世纪30年代末美国科学家冯·诺伊曼（John Von Neumann）和数学家伯克霍夫（George David Birkhoff）。20世纪40年代末期荷兰哲学家、逻辑学家贝斯（Evert W. Beth）对逻辑学的研究，以及使用集合论技术分析几种特定的理论、推测语义分析的潜能，并倡导被放大了用法的语义学，可以说是模型论兴起的真正源头。贝斯的语义表格（Semantic tableaux）证明方法是一种形式系统，被很多人尤其是那些对逻辑学不熟悉的学生认为是直观又简单的。英

① Oswald Hanfling, “Logical Positivism”, In *Routledge History of Philosophy*, Routledge, 2003: 193.

国数学家、逻辑、语言与信息欧洲协会的会长霍奇，以研究模型论著称：1993 年，他的《模型论》（*Model Theory*）一经出版，迅速变成模型论的标准教科书之一；在他的导论性教科书《逻辑学》（*Logic*）中也介绍了语义表格。这样，随着逻辑学的发展，以及逻辑学家对形式语言的解释研究，最初的模型论作为数理逻辑学的一个分支而得到发展。

早期的模型论重蹈一阶逻辑公理系统的覆辙，仍遵循语法观点的形式化公理体系进路，排除了科学理论的非形式部分，试图将科学理论重建为一个公理系统。作为对它的完善与改进，结构主义又开辟了一条非公理化或非形式化的语义模型进路。

20 世纪 70 年代，一些哲学家开始使用科学理论的"模型观点"来进行理论结构的研究，代表人物有萨普（F. Suppe）、范·弗拉森（Bas c. Van Fraassen）以及苏佩斯（P. Suppes）与斯尼德（J. D. Sneed）学派。其中苏佩斯应该是最早的系统化发展者；范·弗拉森及萨普则致力于发展有别于逻辑公理化系统但却立足于逻辑公理化系统上的非形式概念，即非公理化语义模型进路或者称为状态空间语义模型进路。苏佩斯的学生，斯尼德则在综合苏佩斯"理论与观察"二分的方法和理论以及阿当斯（E. W. Adams）工作的基础上建构了一个非常精致的科学理论的公理化系统，创立了结构主义的科学理论观。

从对科学理论模型观点的研究著作来说，1989 年，萨普已清晰地介绍了模型观点的发展史，并扼要地分析了以上几位主要提倡者（包括萨普本人）之间的差异。[①] 1990 年，柯斯塔与弗伦奇（N. C. Da Costa & Steven French）也发表了一篇丰富且详尽的论文介绍模型论的发展及其基本观点。[②] 苏佩斯以及其他学者的学生，例如吉尔（R. Giere）的学生毕堤（Beatty 1980）、范·弗拉森的学生汤普森（Thompson 1982，1986）及劳埃德（Lloyd 1983，1984，1989）也将模型观点应用到生物学及达尔文的演化论中。斯尼德综合了多人的成果，建构了一个非常精致的科学理论的模型结构的公理化系统。斯泰格缪勒（W. Stegmüller）等人继承和发展了斯尼德的理论。特别是巴萨尔（W. Balzer）、穆林斯（C. U. Moulines）和

① Frederick Suppe, *The Semantic Concept of Theories and Scientific Realism*, Urbana: University of Illinois Press, 1989.

② N. C. Da Costa and Steven French, "The Model – Theoretic Approach", *Philosophy of Science*, 1990, 57: 248 – 265.

斯尼德三人合写的书《科学体系：结构主义的程序》（*An Architectonic for Science: The Structuralist Program*）宣告了这个理论走向成熟，并最终形成结构主义的科学语义模型观。从传播区域上说，这个学派的学说主要在德国和欧洲大陆流行，甚至进入了科学哲学专业学生的低年级课程，而在英语世界的真正走红，也只是近一二十年的事情。

所以，从现在科学理论结构的发展趋势来看，根据不同研究者的研究倾向，通常有诸如“非陈述观点”、萨普的“语义进路”“模型进路”、范·弗拉森（Van Fraassen 1972，1980）的科学新图景、结构模型论进路或者“状态空间的进路”[①]、苏佩斯（Suppes，1969）的“集合论进路”“结构主义”等不同的表达。同时还有斯尼德（Sneed，1971）、巴萨尔和穆林斯（Balzor & Monlins，1996）建立的“斯坦福学派”。之所以称之为“斯坦福学派”，因为他们三人倾向于对苏佩斯科学的理论结构思想的继承，又加上苏佩斯一直在美国斯坦福大学任教，而这个理论的主要奠基者斯尼德本人是苏佩斯的学生，所以有人将在这些新理论中强调苏佩斯作用的学者称为科学哲学的“斯坦福学派”，而特别突出强调斯尼德为研究重点的进路称为“斯尼德学派”。本书中我们倾向于采用大家用得最多的名称，叫作“语义模型论”进路。

（二）语义模型论的概念与基本观点

科学理论结构的模型论观点与逻辑经验主义的公认观点相反。它认为理论不是陈述的集合，不是一个语言实体，而是一个用集合论表达的超语言实体（extralinguistic entities）。这种观点的基本特征，就是否认理论是陈述，而主张通过给一个集合论谓词下定义的方法，使科学理论在集合论中公理化。在他们看来，如果一个理论通过一个集合论谓词而公理化，那么任何满足这个定义的东西都是这个理论的一个模型。

“语义模型论”是在集合论的基础上发展起来的，因此，要讨论科学哲学的理论结构的模型论的兴起，首先要讨论数学和逻辑学中模型论的兴起。

从集合论的观点上看什么是理论结构或模型？所谓集合就是我们要讨论的某类元素的总汇，而所谓模型，它包括基础集合 D 和发生在 D 上的

---

① Bas C. van Fraassen, *The Scientific Image*, Oxford: Clarendon Press, 1980: 67.

关系集 R，记作模型 M = < D，R >。当有一个形式语言 L 对它进行真实的描述时，M 结构就可以对 L 的符号和语句作出诠释，或者叫作 M 满足了这组语句。这就是 M 是 L 的模型。例如，我国家庭的组织有许多道德准则与法规，其中计划生育政策规定一对夫妻只生一个孩子就是一个法规。这样在我国，一个家庭就是一个集合 D，由 x，y，z 三个人（元素）组成。R 就是发生在 D 上的三元关系 D×D×D 的一个子集 R（x，y，z），表示了家庭中父、母、子（女）之间的关系。符号“×”称为笛卡尔积，即从旁边有“×”的多个集合中各取一个元素形成多元有序组而组成新的集合（积集）。模型 M 表示中国标准的两代人的家庭关系或结构。如果 L 的一组语句或公式 φ（例如“我们是标准的中国三人家庭……”）在结构 M 中是真的，我们就说 M 是 φ 的一个模型，记作：$M \models \varphi$，也可以说 M 满足（或诠释）了语句 φ，这里符号 ⊨ 表示满足。如果 T 是一个由 L 语言表达的理论（公认观点只是这样看理论），则当 T 的所有有效语句 φ 得到 M 满足时，我们称 M 是 T 的一个模型。这就是模型论和语义真理论的创始人塔斯基（A. Tarski）对模型的一个定义：“满足理论 T 的有效句子的一种可能实现，叫作 T 的一个模型。”（A possible realization in which all valid sentences of a theory T are satisfied is called a model of T. ）①

请注意，塔斯基所说的模型指的是符合一个理论的非语言实体，它是一个理论公理的可能实现的东西，不一定要直观存在的东西，或客观正确的东西。例如，玻尔的原子模型。它像是个太阳系，地球围绕太阳旋转，它确定了电子绕原子核旋转。电子与带正电的原子核有吸引作用，但电子绕原子核旋转有加速度，按经典电磁场理论它要发出电磁波，这就是原子的发光机制。它发出电磁波的频率应等于电子绕核旋转的频率，并一直连续地发光下去。如此一来就存在这样两个问题：第一，它发出连续线光谱，而不是间断的光谱；第二，它发出光线就损失能量，最后要坠落到原子核上面，也就是说原子的内部结构是不稳定的。但事实上却都不是这样。所以，它的可能实现是什么？这就是玻尔提出来的：

其一，电子并不是在所有轨道上运行，而只在其动量矩等于$\frac{h}{2\pi}$的整

① Alfred Tarski，“Contributions to the Theory of Models”，*Indagationes Mathematicae*，1954，16：56 -64.

数倍轨道上运行。即 $p = n\frac{h}{2\pi}$ 轨道上运行。

其二，在这轨道上运行，原子并不发光，这个能量 Wn 的状态叫作稳定运动状态。

其三，只有原子从较大能量的稳定状态划到较低能量稳定状态时才会发光。$r_{kn} = \frac{Wn}{n} - \frac{Wk}{n}$。

这个模型我们完全可以表达为集合论的语言，即有这些元素的集合，元素之间相互关系的集合，以及这些元素遵守一些什么样的运算，由此构成了有序的若干个元组。集合论是最能表示模型的，而且是多模型观的见解。所以，模型论就是这样研究模型的作用和理论的结构。

集合论是一切数学的基础，它的运算虽然简单，但所能构造的基础集合的类型和关系[①]却是如此丰富足可以将数学上甚至物理上的几乎一切结构表达出来。这使得语义学进路的创始人苏佩斯有把握地说，“公理化一个理论就是定义一个集合论谓词”，即说明“某理论是一个什么样的集合”[②]。为了说明这个问题，我们再举一个经典动量理论中的一个例子。

根据苏佩斯 1957 年的论证，经典质点力学，从语法上来说，它包括质量 m、质点集合 P、时间间隔 T、位置 S、二元函数 s（质点在时间 t 的位置）、三元函数 f（p，q，t）是质点 q 在时间 t 作用于质点 p 的内力、二元函数 g（p，t）是在 t 时作用于质点 p 的外力等这些初始概念。也包括质点的动量定律和质点系动量守恒定律，它是一组抽象的演算。从质点动量定律 $f_i dt \equiv q$ 推导出动量守恒定律 $\sum q_i = \sum m_i v_i =$ 常量 C，谁赋予这组抽象运算及其公式以意义呢？语法论者说，这是由一组观察语言通过对应规则给出这个理论的经验意义。但语义论者看出，实际的弹子球的实际运动有摩擦、球的形状有大小、空气也有阻力、运动也有快慢，所以观察的语言根本无法对应于经典动量理论的抽象概念。例如质点和抽象的理论定律，语义模型论者分析这些词汇（或概念）和这些定律的集合论基础，这里集合包括绳对理想的粒子弹子球的集合 B、时间集合 $T = \{t_1, t_2\}$ 区间、弹子球的质量 m_i、位置 P 和速度 v。这样，结构 $<P, T, R,$

---

① 如积集和幂集。

② Patrick Suppes, *Introduction to Logic*, Mineola and New York: Dover Publication, Inc, 1957. ［美］P. 苏佩斯：《逻辑导论》，宋文淦译，中国社会科学出版社 1984 年版，第 307 页。

m＞就是经典动量理论（记作 CM）的一个潜在的模型，一个结构的定型式，当且仅当存在着 t_1，t_2使得：

（1）质点 p 是有限的非空集合；

（2）瞬间集 $T=\{t_1, t_2\}$（这里只需两个瞬间元素的集合来表示）；

（3）速度函数 $V: P\times T\to R^3$（V 为有两个变量的矢量函数，R^3是实数集的笛卡尔积 $R\times R\times R$，“→”为映射）；

（4）质量函数 $m: P\to R^+$（质量为粒子的有正值的实数值函数）。

这里（1）和（2）属于域 D_i，（3）和（4）属于关系 R_i。这就决定了 CM 的一个框架条件或定型式，于是就可以确定潜在模型 M_p（CM）。

现在我们只需补充一个质点动量定律和质点系动量定律的现实规律，便可以得到经典动量理论的实在模型 M（CM）。形式地说：

（1）$<P, T, R, V, m> \in M_p$（CM）

（2）$F=\frac{m_i v_i}{dt}$为质点动量守恒定律，$\sum_{p\in p} m(P)\cdot V(P, t_1) = \sum_{p\in p} m(P)\cdot V(P, t_2)$，这就是笛卡尔动量守恒定律。

于是，x 是经典质点力学的可能模型 M_p（CPM）当且仅当存在着 P，T，S，s，m，f，g 使得：

（1）$x=<P, T, S, N, R, s, m, f, g>$（其中 N 为自然数，R 为实数）；

（2）P，T，S 是非空集，P 是有限的；

（3）$f: P\times P\times T\to R^3$与 $g: P\times T\to R^2$（R^2 是实数集的笛卡尔积 $R\times R$，R^3是实数集的笛卡尔积 $R\times R\times R$，“→”为映射）；

（4）$s: P\times T\to S$ 以及它对于所有的 $t\in T$ 是可微的；

（5）$m: P\to R^+$（质量为粒子的有正值的实数值函数）。

这样，结构$<P, T, S, N, R, s, m, f, g>$就是经典质点力学的可能模型（possible model）或潜在模型（potential model），因为它只决定了 CPM 的一个框架条件或定型式（typification），于是就可以确定经典质点力学理论的潜在模型 M_p（CPM）。所谓潜在模型说明理论的一个框架或论域，一种可能的世界的状态，只要不超出这个论域，什么可能的事都会发生。

现在我们只需补充一个牛顿质点动力学第二定律的现实规律，便可以得到经典质点力学的实际模型（actual model）M（CPM）。这样粒子系统只能在一定的规律下行动，所以它是实际模型。形式地说，x 是经典力学动量理论，当且仅当存在着 P，T，S，N，R，s，m，f，g 使得：

（1）$x = \langle P, T, S, N, R, s, m, f, g \rangle \in M_p$（CPM）；

（2）对于 P 中的 p 和 T 中的 t，质点动力学牛顿第二定律 $m(p) D^2 s_p(t) = \sum_{q \in P} f(p,q,t) + g(p,t)$。①

当科学结构理论的语义观创始人苏佩斯于 1957 年创立这个观点时，他已经发现从数学集合论的观点出发提出论点（1），即这里叫作可能模型的东西②，只是问题的一个方面。力学不是数学，它是理论定义和理论假说的结合，所以不但要用定义的模型来表现，而且要规定模型的应用域，必须补充了第（2）论点才能表达受到实际定律约束的实际模型③，使得理论模型有了经验内容。

综合上面的案例表明，科学理论分析的基本单元是模型。只不过，在苏佩斯、斯尼德以及法国数学家团体布尔巴基都给出了不同的研究分支，但大的方向是一致的，那就是坚持科学理论的核心是集合论谓词、是集合论、是模型类。

（三）不同研究者对语义模型论的认识

对于语义模型论这一研究进路，如范·弗拉森及萨普致力于发展有别于逻辑公理化系统但却立足于逻辑公理化系统上的非形式概念，萨普自称为语义学进路，范·弗拉森叫作科学新图景，自称为“状态空间的语义模型进路”，苏佩斯自称为集合论进路。不过在我们看来，“非陈述观点”的术语是个否定性的名称，不是以正面方式表达它的基本特征，而“结构主义”则是一个太一般的用语也不能表达它的科学哲学的研究进路的基本内容。我们赞同范·弗拉森对两种不同的研究路线所明确表示的，他说；“对于物理理论的结构，我注意到了两种不同的研究路线，一个是从塔斯基那里派生出来的，并由苏佩斯以及他的合作者所发展的（集合论

---

① $D^2 f$ 表示 f 在 T 上二次可微。这个公式是用集合论写出的 F = ma。

② Patrick Suppes, *Introduction to Logic*, Mineola and New York: Dover Publication, Inc, 1957.

③ Ronald N. Giere, “Constructive realism”, in Paul M. Churchland & Clifford A. Hooker (eds.), *Images of Science: Essays on Realism and Empiricism, with a Reply from Bas C. Van Fraassen*, Chicago: The University of Chicago Press, 1985: 75 – 98.

结构进路）；另一个则来源于数学家魏尔（C. H. Hermann Weyl），并且为埃弗特·贝斯（Evert W. Beth）所发展（状态空间进路）。”[①] 接下来，我们将具体介绍目前比较有影响力的几位代表性哲学家的理论。

1. 萨普和范·弗拉森的状态空间模型

或许是担心与类比模型的概念混淆，萨普并不喜欢使用“模型观点”，而经常用“理论的语义概念”来称呼自己对科学理论的理解。他认为科学理论本身就是一个结构，一个在模型论意义上的抽象结构。因为它是一种关系性的结构而且容许各种不同的语言句式来描述它，所以是非语言实体，萨普也称其为“集合论实体”。萨普的整个语义模型观点可概括为：其一，科学理论是集合论意义下的结构，是一种集合论实体，它的域是由科学家为了回答各种问题而选择出来的。其二，理论结构透过物理系统的媒介而阐释了现象系统的行为。其三，物理系统是现象系统的“摹本”（replica），它并不企图回答在它的域中的所有问题，而是抽象出少数一些参量的系统，这些参量是现象系统性质的理想化复制品。其四，物理系统的一个特别构型就是实体的状态，于是这些参量的一组值就表现为状态。其五，计算某一时刻所有参数的数值可以得到理论引导的物理系统类（class of theory - induced physical system）。如果“理论引导的物理系统类”与“物理系统类”是同一的，则理论为真。其六，描述理论结构的语言本身不是理论的一部分，表达理论结构的集合关系式、理论结构、物理系统、现象系统之间有着错综复杂的关系。[②]

范·弗拉森提出理解科学的新图景，他认为，一个科学理论包括四个方面：其一，表征一个理论就是刻画（to specify）一个结构家族（a family of structures），亦即理论的诸模型——它们都满足某一组公理。其二，刻画这些模型（结构）的特定部分，即作为经验子结构（empirical substructures）的模型，使它们作为可观察现象的直接表现（direct representation）。其三，理论和现象的关系不是真假问题，而是经验适当性（empirical adequacy）问题。如果一个理论有某些模型使得所有的表象（appearances）同构（isomorphic）于该模型的经验子结构，则它是经验地适当

---

① Bas C. van Fraassen, *The Scientific Image*, Oxford: Clarendon Press, 1980: 67.

② F. Suppe, *The Structure of Scientific Theories*, Edited with a critical introduction by Frederick Suppe, University of Illinois Press, 1977: 221.

的，其中所谓的表象是在实验与测量报告中所描述的结构。① 其四，一个物理理论典型地运用数学模型来表现一定种类物理系统的行为。一个物理系统被想象为能有一定的各种状态的集合，这些状态由一定的数学空间的元素来表现。特别的实例是在经典力学中用欧几里得的 2n 空间作为相空间，而在量子力学中用希尔伯特空间。② 这幅经验适当性模型的图像可表示如图 3.2 所示。③

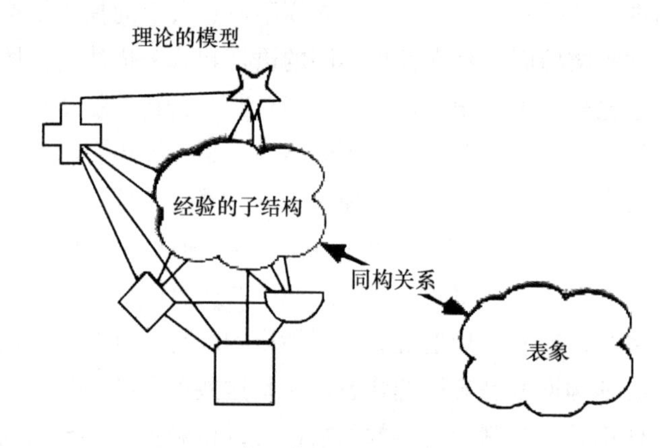

图 3.2　范·弗拉森的状态空间模型

不过范·弗拉森的建构经验主义状态空间模型只是状态空间模型中的一个学派，还有其他的学派，他们的一般观点是：

（1）科学理论有它的主题，就是它试图在其中解决问题的现象的类，这是它的预期的应用领域（intended scope of the theory），但它并不直接研究现象，并不描述这些现象的所有的方面。

（2）科学理论第一步从它预期应用的现象中提取出为数不多的抽象参量（abstracted parameters）。它采取隔离开现象的实验条件和在实验控制下抽象出，选择出这些参量。第二步：将条件理想化，使这些参量是在孤立的、抽象的、简化了的、理想化了的甚至是虚构了的条件中起作用。第三步：由此建立物理系统。因为一个参量用一维坐标表示，n 个参量就

① Bas C. van Fraassen, *The Scientific Image*, Oxford: Clarendon Press, 1980: 64 – 65.

② Bas C. van Fraassen, On the Extension of Beth's Semantics of Physical Theories, *Philosophy of Science*, 1970, 37 (3): 328.

③ Bradley Monton, "Constructive Empiricism", *Stanford Encyclopedia of Philosophy 2008*, http: //plato. stanford. edu/entries/constructive – empiricism/.

用 n 维坐标来表示。于是它就组成一个 n 维的状态空间，例如描述一个质点的力学的系统，就有 6 个维度：点的位置有空间三维 $q=(q_x, q_y, q_z)$，质点的动量矢量又要三维 $p=(p_x, p_y, p_z)$，由此组成 6 维状态空间 $(q_x, q_y, q_z, p_x, p_y, p_z)$。要研究两个质点就要有 12 个维度的状态空间。这就是质点的物理系统，它是现象世界的一个复本。n 维参量在状态空间中，一个个体在某一时刻在 n 维空间中是一个点，这个点在时间过程中的变化组成状态空间一条行为轨线。这就是物理系统的行为。在这里，物理系统一词并不是指现象世界，而是从现象世界中建构出来的状态空间中各种参量的变化和相互关系的模型系统。理论的语义和本体论承诺就在这里，它研究的客体的模型也在这里。

（3）由于作为模型的物理系统的各种参量是可以在现象世界（现实世界）中测量的，这就有一个这些模型与现实世界的关系问题。测量出来的资料要经过转换才能与作为模型的物理系统所预言的结果进行比较，来检查模型是否预言了现象世界和被现象世界所确证。

这便有了三者的关系：理论的语言表述，理论的模型语义内容，现实世界，构成语句、语义、实在三足鼎立的图像，它可用图 3.3 来表示。

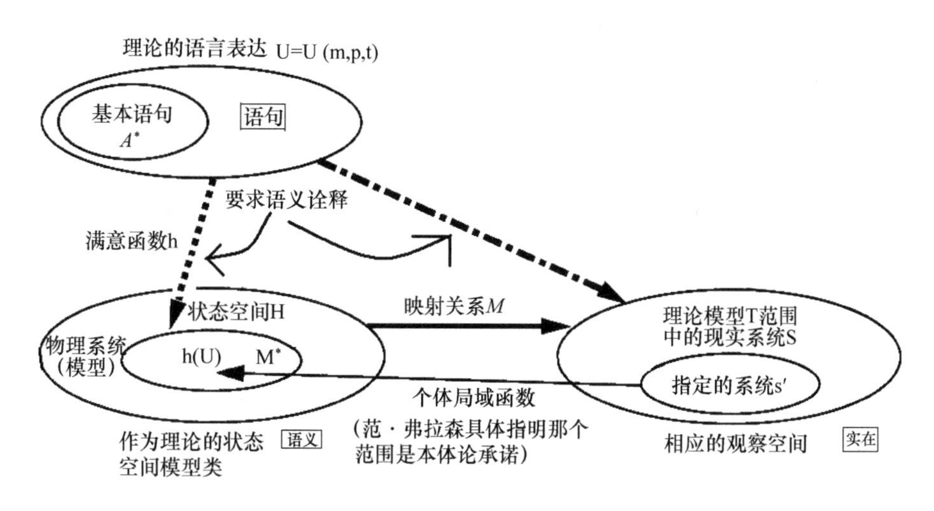

图 3.3　语句、语义与实在的关系模型

这里，理论结构 T 精确地由构成 U 的语义性诠释（H）组成。注意，理论表达语言 U 没有预设观察—理论的二分，也没有对应规则做理论语句的组成部分。理论结构 T 提供表达语言 U 的完全的物理系统状态空间模型的语义诠释，而U也指称T的范围中的现实系统（实在）。理论与实在的关系由模型系统H到现实系统S的映射关系M来表示。从实在论的观点看，M是同态关系。从萨普的半实在论的观点看，M为反事实关系，指明现实系统在T以外的变量影响隔离后的行为是怎样的。而从范·弗拉森的建构经验主义的观点看，M是现实世界的一个子集S'与它在个体局域函数下的意象M*之间的映射。当M* 包含于T，则T是经验地适当的。局域函数指明T的本体论承诺。从苏佩斯的观点看，映射关系M由包括实验的资料模型在内的模型层级做中间媒介。它们虽然不是理论的一部分，但用以确定映射M的成立。

2. 苏佩斯的集合论语义模型

与状态空间模型不同，苏佩斯认为理论的主要模型工具就是非语言的集合论结构；他的一句名言就是“通过定义一个集合论谓词来公理化一个理论来发现它的结构”[①]。他在一本逻辑学教材中写道：“把各种理论在集合论中公理化的程序的核心，可以很简单地描述为：把一个理论公理化就是用集合的概念定义一个谓词。这样定义的谓词叫作集合谓语。”[②] 这就是说，所谓集合论谓词就是用集合论术语来表达的谓词。例如，“x是一个群”“x是决策论”“x是经典力学”，如果都能用集合论语言表达，它们都是集合论谓词。于是满足这个特定谓词的集合论实体就成了这个理论的模型。所以苏佩斯的语义进路就是集合论语义模型的进路，范·弗拉森支持苏佩斯的观点，并将它称为“语义学的进路”。[③] 而这种用集合论的语言来重构和公理化一个理论实质上就是法国布尔巴基（BOURBAKI）学派的“结构种”概念，下面我们概要地说明布尔巴基的结构种的理论。

布尔巴基不是一个人，而是一个数学家群体。这个学派在世界上影响很大，它自1935年成立以来，全世界有四分之三的顶尖级的数学奖由这个学派获得。这个学派从1939年开始出版的巨著《数学原理》（*Elements of Mathematics*）涉及整个数学的基础，其目标：一是统一数学；二是对各

---

① Patrick Suppes, *Introduction to Logic*, Mineola and New York: Dover Publication, Inc, 1957: 249.

② Patrick Suppes, *Introduction to Logic*, Mineola and New York: Dover Publication, Inc, 1957: 30.

③ Patrick Suppes, *Introduction to Logic*, Mineola and New York: Dover Publication, Inc, 1957: 30.

门数学进行公理化；三是集中研究数学结构这个概念。他们认为数学本身就是研究抽象结构的科学，而集合论是整个数学中最基础的结构，因此要运用集合论来分析结构和结构种的概念。按照布尔巴基的原著，一个数学理论的核心就是它的结构种，就像“人不是猪，不是牛”，是因为人有它的人种而不是牛种或猪种。在数学上不同数学理论有不同的数学结构种，它的组成元素或形成的程序有下列四个：

（1）一定数目的集合 E_1，…，E_n，它称为组成某个理论的主要基础集（Principal base sets），它是组成这个理论结构种 Σ 的主要基础材料，就像建筑物的砖块那样。

（2）在该理论中，还有一定数目的集合 A_1，…，A_m，它称为建构结构种 Σ 的辅助基础集（Auxiliary base sets），例如实数集，自然数集等等。结构种可能不一定需要辅助基础集，但必须要有基础集做建筑材料。

（3）一个定型图式（Typification）

$T(E, s) = s \in S(E_1, \cdots, E_n, A_1, \cdots, A_m)$，其中集合 $E = \{E_1, \cdots E_n\}$

在这里 S 是建立在上述 n + m 项基础集和辅助基础集上的梯阵建构图式（Echelon construction schema）。它是以 E 集为基本材料建构结构种的一连串的归纳步骤，每一步从前一步获得的两个集中（例如 E 与 F）取笛卡儿积（$E \times F$）或其中一个的幂集（例如 $P_o(E)$）组成，其最后一步称为梯阵建构图式。T（E，s）被称为结构种 Σ 的型特征（typical characterization），并进一步对图式 S 进行规范扩展（canonical extension）。

（4）有一种关系 R（E，s），它相对于定型图式 T 是可传输的（Transportable）。

这个 R 就叫作结构种 Σ 的公理。

集合论的笛卡儿积集和幂集如此丰富，它的各种组合几乎可以表达一切数学。所以，集合论理论家常常说集合论语言是通用语言，运用它可以重构所有数学并实际上可以表达一切科学思想。这就是为什么语义进路如此重要，因为如果我们能以这种方式公理化我们的理论，我们就能够掌握数学与科学的基础。中山大学的张华夏教授曾说过：他的父亲就读广东高等师范学堂（中山大学和华南师范大学的前身）数学系时用的高等数学教材是 19 世纪末的英国教材，这本教材后来被改头换面，在苏联一直被用到 20 世纪 60 年代，这本教材在从英国到苏联使用的过程中，只有一个改动就是在前面加了一章实数集，不仅将微积分建立在极限论的基础上，而且将极限论建立在实数集合的基础上。这样集合论的模型便可以解释用微分方程表达的各种自然规律和经济规律。至于计算机科学所用的基础数学是离散数学也是建立在集合论的基础上这是不争的事实。哲学家托雷蒂（R. Torretti）在他的一本重要著作《物理学哲学》中写道："不妨想象一个（布尔巴基）超人智力妖（a demon of uncommon intelligence）来研究物理学，集合论的层级如此丰富，以至于他从集合论中建立结构种，而一切自然界的复杂性不过是它的实例。"①当然，科学的公理化有很大的局限性，但集合论模型不失为分析科学理论结构的一个很好的工具。

3. 斯尼德学派的模型论研究进路

斯尼德创立结构主义的科学结构理论的原著是他在1977年写成的《数学物理学的逻辑结构》②。尽管他获得这个结构主义理论是通过"修正兰姆西语句"而达到的，但其中心思想认为科学理论的基本载体是模型，模型类就是这些结构的种，要认识一门科学就是要分析这些模型的类，而分析模型类的主要工具就是布尔巴基的结构种。

具体来说，这里有几个问题，一是通过集合论方法公理化一个理论怎样能够将一个理论的结构分析出来呢？对于这个问题，斯尼德学派主要是从能够公理化的物理学理论开始展开讨论，认为"科学理论分析的基本单元是模型，而不是陈述"③，模型是经验知识的主要载体。二是一个理论可以有许多许多模型，如何研究它呢？答案就是，要找出它的共同结构，于是经验科学就成为研究模型类或模型的同构类的学问。三是作为科学理论核心的模型是一种什么样的结构呢？斯尼德学派认为，科学模型的结构或模型的类 x 是这样一个模型结构：$x = <D_1, \cdots, D_m, R_1, \cdots, R_n>$，当且仅当有下列公理 A_1（$D_1, \cdots, D_m, R_1, \cdots, R_n$），…… A_K（$D_1, \cdots, D_m, R_1, \cdots, R_K$）成立。这里 $D_1, \cdots, D_m$ 是基础集。包括主要基础集 E 和辅助基础集 A^*（为了不与上式的 A_i 相混淆，在辅助基础集上加（ * ）号）。$R_1, \cdots, R_n$ 是建立在 D_i 上的关系集。A_i（$D_1, \cdots, D_m$，

① Roberto Torretti, *The Philosophy of Physics*, Cambridge: Cambridge University Press, 1999: 415.

② J. D. Sneed, *The Logical Structure of Mathematical Physics*, Dordrecht: D. Reidel, 1981.

③ W. Balzer, C. U. Moulines, J. D. Sneed, *An Architectonic for Science*, Dordrecht: D. Reidel, 1987: xxi – xxii, 1 – 2.

R_1，…，R_n）是第 i 个公理，它用集合论语言来表达并且括号里的 D_1，…，D_m，R_1，…，R_n必须满足这个公理。

需要说明的是，这种模型类并不只是数学形式，而是有经验内容的，是有物理系统应用于这个数学结构的。用这个学派的话说就是："物理学理论就是结构种加上它在物理系统中应用的经验断言。"①

显然，斯尼德等人的"模型类"概念有两个含义：一是属于对象科学的层次；二是属于元科学的层次。前者指的是与布尔巴基结构种相对应的模型类，正是这个结构种揭示物理学公理体系中的模型类。巴尔萨、穆林和斯尼德在《科学的结构》一书中写道："我们关于知识结构的说明要求某种比陈述和陈述之间的逻辑关系更多的东西，我们要集中注意展示出知识的命题性质所忽视的那种东西"，"我们的模型论进路"就是将经验科学及其规律"不是作为语言实体而是作为模型论实体即集合论的结构的类进行刻画"，"无论一个科学理论达到何种成熟的程度和概念确定的程度，我们都可以识别出它所处理的模型。科学理论分析的基本单元不是其他的有关科学基础所研究进路所说的那样是陈述，而是模型"，"一个理论常规地有许多模型……这些模型共有着相同的结构"②，而成为模型的一个类。因此我们又将斯尼德学派的进路叫作"集合论进路"或"模型论进路"，这个学派对模型语义学研究最为系统，其在理论与客观世界之间，分析了部分可能模型、可能模型、实在模型、模型之间的模型、不同理论模型之间的模型、粗糙的模型等等，恰恰与苏佩斯研究的实验、资料模型联系起来，成为元科学的各种模型类。这些模型类的结构以及它们之间的关系体现了科学的理论结构和基于模型的推理。用经典碰撞弹力学模型（CCM）来解释：

M_p是可能模型类，它是理论的概念框架（在 CCM 中，包括作为粒子的弹子球的集合 P，时间集 T = $\{t_1, t_2\}$ 弹子球（billiard - ball）的质量 m，位置 p 和速度 v 等等）。

M 是实在模型类，它除了可能模型外，主要包括理论的经验规律（在 CCM 中这个规律就是动量守恒定律）。

---

① R. Torretti, *The Philosophy of Physics*, Cambridge University Press, 1999: 413.

② W. Balzer, C. U. Moulines, J. D. Sneed, *An Architectonic for Science*, Dordrecht: D. Reidel, 1987: xxi - xxii, 1 - 2.

M_{pp}是部分可能模型类，是理论的非理论基础（在 CCM 中只包括作为时间函数的位置和速度，质量是理论词）。

C 是一种约束类，是联系同一理论的不同模型的条件（在 CCM 中，它是质量守恒的约束和质量加和的约束）。

L 叫作连接：它是不同理论模型联系的条件（在 CCM 中，它是与运动学的联系与经典力学的联系，与相对论碰撞力学的联系等等）。

A：它是粗糙的模型类［在 CCM 中，它是实验用的有可容许的近似程度（degrees of approximation）的模型］。

这样公理化 CCM 就提出 CCM 的模型论和集合论表达式：

CCM 是经典碰撞弹力学，当且仅当存在着 t_1，t_2，使得集合论：

（1）P 是一个有限的非空集合

（2）$T = \{t_1, t_2\}$

（3）$v: P \times T \to IR^3$这里 IR 表示实数

（4）$m: P \to IR^+$

（5）$\sum_{p \in P} m(P) \cdot V(P, t_1) = \sum_{p \in P} m(P) \cdot V(P, t_2)$

于是，通过在集合论中公理化一个理论就能分析出科学理论的组成部分，它由各种不同的模型类组成，一个理论的核心 K 就是 $K = < M_p, M, M_{pp}, C, L, A >$，而理论 T 就是 $T = < K, I >$。这里 I 就是预期应用的域。斯尼德学派还通过这种模型论进路分析了理论与非理论的相对划分问题、什么是理论的“定型”、什么是理论的“定律”问题，以及理论的还原与突现问题、科学的多样性和统一性问题。在这里，模型论取得了不少的进步，而公认观点在这些问题面前一筹莫展。现在在斯尼德学派的影响下有学者正在组织“新维也纳学派”，这是值得我们特别关注的一个发展趋势。

综合以上讨论的几种模型进路的关系：状态空间模型表达了事物在“空间”中的行为轨线，容易给出图像做“图标模型”（icon models），而集合论模型给出严格的数量关系，说明自然界的数学规律，容易作为数学模型（mathematic models）使用，斯尼德模型类则兼有两者的优点。

（四）语义模型进路的科学理论结构

根据上一小节的分析，我们知道，语义模型论进路有两种不同的研究路线，一是直接从塔斯基那里派生出来的“集合论模型研究路线”。这个理论在欧洲大陆一些哲学系中成了学习和研究科学理论的标准教材，特别是斯尼德（Joseph D. Sneed，1977），斯泰格缪勒（W. Stegmüller，1976），巴萨尔、穆林斯与斯尼德（W. Balzer，C. U. Mouline & J. D. Sneed，1987）的著作就是其中优秀的教材。这个学派被称为“新维也纳学派”，本章第二节前面部分讲的就是集合论的研究路线。二是由埃弗特·贝斯发展起来，萨普（F. Suppe）、范·弗拉森（Bas c. Van Fraassen）继承下来的进路，被称为状态空间研究路线。上一小节我们已具体介绍了这几位代表性哲学家的理论，下面我们在简述其中的要领的基础上，概括出语义模型进路的科学理论结构。

概括以上讨论，范·弗拉森认为，一个科学理论的新图景有几个一般特征。他说：“我已经建议一幅新图景来引导讨论科学理论的最一般特征。表征一个理论就是刻画一个结构的族，亦即它的一组模型；其次，刻画这些模型的特定部分，即作为经验子结构，使它们作为可观察现象的直接表征的候选者；那些可以在实验与测量报告中加以描述的结构，我们称之为表象：如果一个理论有某些模型使得所有的表象同构于该模型的经验子结构，则它是经验地适当的。”[①] 牛顿的天体运动理论有一套抽象概念与公理，绝对空间、绝对时间、万有引力等等。依这套语言，他刻画了一个结构的族，即天体运动的理论模型：天体在绝对时空中依理想轨道围绕不动的太阳做绝对运动的图景。在这个图景中，有一个模型的特定部分，“经验的子结构”（这里没有绝对时空的概念），它就是各行星运动的轨道，它与我们看到的行星运动的表象（如行星有顺行也有逆行）是不同的，但二者是同构的。同样 20 世纪初的几何学有欧几里得的几何，也有非欧几何，二者在数学上一样正确。但如果说到物理空间，情况就不一样，它有一个“经验子结构”，就是非欧几何的光线的结构，它与光线在水星近日点的弯曲同构。注意，建构经验论者范·弗拉森当时称作“表象”的东西就是实在论者叫作“客观现象”或“实在现象”的东西。很明显，范·弗拉森也是将理论的基本载体看作是模型类 M 而不是形式语句 L，而且这个模型类有一个子集与现象世界（或范·弗拉森称作“表象”的世界）同构，这就给抽象的模型世界或结构嵌入了经验内容，集合论的实际模型引进了规律就像给模型引进了经验内容一样（如图 3.4

---

① Bas C. van Fraassen, *The Scientific Image*, Oxford: Clarendon Press, 1980: 64.

所示）。这一点是否成立非常重要，它给语义观将来会发生危机埋下伏笔。

范·弗拉森和萨普对于科学理论模型的分析着重说明了这些模型是抽象理论实体的抽象行为，它依赖于建模者选择什么参量而排除其他参量来确定它的经验意义，所以不要将这种语义模型与那些直观可见的物理模型、类比模型、比例模型、数据模型等混淆起来。范·弗拉森对于科学理论的语义模型如图 3.4 所示。

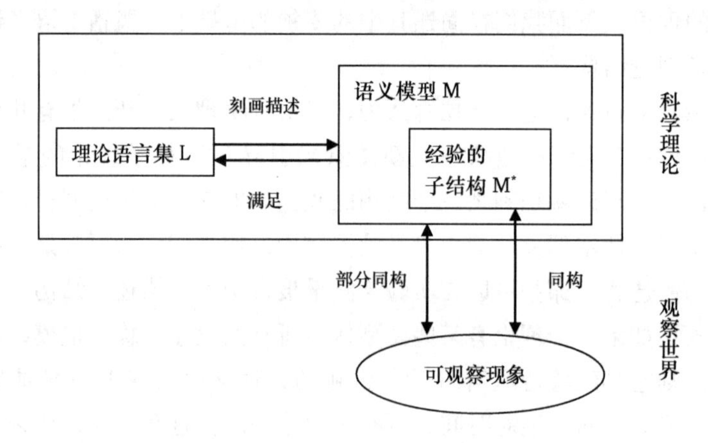

图 3.4　语义模型进路的科学理论结构

这个模型也适用于集合论进路的理论结构，因为它们都将语义模型看作是科学理论的主体。现在来回答为什么这又叫作状态空间模型呢？因为它从它预期应用的客观现象中提取出为数不多的抽象参量（abstracted parameters），隔离开现象的其他参量，选择出这些参量。在状态空间中，一个参量用一维坐标表示，n 个参量就用 n 维坐标来表示。于是它就组成一个 n 维的状态空间，例如描述一个质点的力学系统有 6 个维度：点的位置有空间三维，质点的动量矢量又要三维，由此组成 6 维状态空间，要研究两个质点就要有 12 个维度的状态空间。这就是质点的物理（模型）系统，它是现象世界的一个摹本。对于 n 维参量在状态空间来说，一个个体在某一时刻在 n 维空间中是一个点，这个点在时间过程中的变化组成状态空间一条行为轨线，这就是物理（模型）系统的抽象实体的行为。由于作为语义模型的物理（模型）系统的各种参量，是可以在现象世界（现实世界）中测量的，这就有一个这些模型与现实世界的关系问题。测量出来的资料要经过转换才能与作为模型的物理系统所预言的结果进行比较，来检查模型是否预言了现象世界和被现象世界所确证。

（五）结论

逻辑经验论的主要问题在于只采取语言和语法的方法对理论进行形式化的分析，解决这个问题或者替代的方法就是提供语义的和模型论的进路。作为一种全新的研究进路，虽然它并不完全否定科学理论结构的陈述观点和语法（syntax）进路，但开创了一个语义的非陈述的或集合论、模型论的进路来研究经验科学的逻辑结构和模型结构，取得了一系列显著的成果，成为一个科学哲学界不可忽视的学派。

科学哲学的斯坦福学派首创者是苏佩斯，而斯尼德的研究建立了一个比较完整的元理论体系，使这个学派走向成熟。斯尼德学派还通过这种模型论进路分析了理论与非理论的相对划分问题，什么是理论的"定型"、什么是理论的"定律"问题，以及理论的还原与突现问题、科学的多样性和统一性问题。在这里模型论取得了不小的进步，而公认观点在这些问题面前一筹莫展。现在在斯尼德学派的影响下，有学者正在组织"新维也纳学派"，这是值得我们特别关注的问题。

三　语义模型进路的优点及面临的困难和出路

科学理论结构的语义模型论进路自 20 世纪 70 年代开始占支配地位，到现在又成为新的"公认观点"①，只是由于它在学习与理解上的难度，我国科学哲学界还没有进行系统的研究和充分批判性的探讨。但这个学派在"分析"与"综合"（对他们来说是潜在模型与实在模型）的关系、"理论与经验"的关系，理论与模型的关系、模型之间的关系、理论之间的关系以及还原与突现的关系，数学与经验科学的关系，常规科学和科学革命的关系等一系列重大问题上提出了自己的新观点，具有语法进路或公认观点等其他研究学派所不具有的优点。

① Gabriele Contessa, "Introduction", *Synthese*, 2010 (172): 193.

（一）语义模型进路的优点

科学理论结构的语义模型进路相对于语法进路有下列优点：

第一，语义模型进路无论是集合论进路还是状态空间进路，都以科学理论的语义结构为研究重点，都符合塔斯基的定义："理论 T 所有有效的语句都得到满足的可能实现，都被称为理论 T 的模型。"① 它不再预设、不再认同观察语言与理论语言的二分以及对应规则的成立，这就克服了"公认观点"的致命弱点。而通过模型，特别是通过理论与现实之间的一系列模型，它同样可以说明抽象的理论和具体的观察经验之间的语义关系和实践关系。

第二，语义模型进路的研究，有一个"自下而上"（bottom up）的彻底分析或"分析到底"的研究思路。语法观点只注意理论的语言表达以及这种语言表达的形式推理结构，然后用一些经验的东西来诠释它，这是一种自上而下（top down）的分析，但却不注意它的逻辑根基在什么地方。而语义分析指出这个推理的根基不过就是基本元素的集合和集合之间的内部关系和外部关系，它的基础就是塔斯基的"类推理"。成熟的、能公理化的科学理论的数学基础不过就是集合论和实数理论，它在一定程度上还可运用于其他不甚成熟的科学。有了这种分析，就为科学中运用数学敞开大门。所以，语义模型进路比语法模型进路更加本质。②

第三，语义模型进路比较注重各种科学模型在科学研究中的作用，不像语法进路，完全忽视模型，把它看作形象化的工具和可有可无的东西。在语义模型中，由于具体描述了理论中的理想实体（特别是在集合论模型中）和理想行为（特别是在状态空间模型中），这就比较容易地与认识论中的实际模型（即所谓表征模型）的形成和发展联系起来。力学中的弹子球模型、玻尔的原子模型、沃森和克拉克的 DNA 分子结构模型都可以看作相应的语义模型在三维空间中的表现和发展，尽管在语义模型和表征模型的区别与联系上目前还存在关键性的激烈争论，但语义观的理论结构对自然科学和社会科学的建模实践活动起到重大作用这一点则是毋庸置

① Tarski，A.，"Contributions to the Theory of Models"，*Indagationes Mathematicae*，16（1954）：572 - 588，and 17（1955）：56 - 64，http：//www. jstor. org/stable/pdfplus/20114347. pdf? acceptTC = true

② Frederick Suppe，*The Structure of Scientific Theories*，Urbana Chicago London：University of Illinois Press，1977：82.

疑的。

（二）语义模型进路面临的困难和出路

尽管语义模型进路有它的许多优点，但它目前遇到两个重大问题有待解决。它的创始人苏佩斯和范·弗拉森即使进入晚年仍在努力解决这些问题，改进他们的研究进路。

第一个问题是语义模型论的科学理论观与语法论的科学理论观的关系问题。在语法论和语义论的争论中，我们已经看到语法论者否认科学模型，认为理论只不过是抽象运算（C）与对应规则（R）的合取，即 $T = <C, R>$，模型在理论中没有地位。而语义论者认为理论是“模型类”或“结构种”，“一个模型是一个理论的非语言实体”[①]，即 $T = M = <D, R>$。但实际的情况并不完全是这样截然分开的，语法结构与语义结构是相互关联的。语义学家霍奇在《技术与工程科学的哲学》（*Philosophy of Technology and Engineering Sciences*）一书中写道：“比较重要的是，人们拥有理论的主要目的就是我们能够在杂志论文中或计算机程序中将它写出来，我们不能用模型类来写作。为了思考模型类或结构种，我们也必须用词或图将它描述出来，这样我们就要返回到语言的语句中。”[②] 因此在这个问题上，我们比较赞成刘闯教授的看法，他主张建立一种能将语法论题整合进来的“混杂语义观点”（hybrid semantic view）。他说：“我不仅要区别理论 T 与模型 M，而且要平等地对待它们……现实的问题是，语法观在高层理论语句上从不考虑模型，理论推理被看作只通过语法规则进行直到它获得解，然后进行实验检验。这样自然为不充分决定性问题而苦恼。减轻这些苦恼并不在于放弃语言而是严肃地对待模型，要通过模型对高层理论与实验的关系进行研究。”[③]

刘闯在 1997 年就提出这种意见是有先见之明的。现在，语法观与语义观的混合观和整合观，作为一种可能替代科学理论结构的语义进路观

---

① Patrick Suppes, *Representation and Invariance of Scientific Structures*, Stanford: Stanford University Press, 2002: 20.

② Wilfrid Hodges, “Functional Modeling and Mathematical Models: A Semantic Analysis”, in Meijers, Anthonie (ed.), *Philosophy of Technology and Engineering Sciences*, North Holland: Elsevier, 2009: 689.

③ Liu Chuang, “Models and Theories: The Semantic View Revisited”, *International Studies in the Philosophy of Science*, 1997, 11 (2): 161.

点，正在兴起，而且将语义观与语法观等同者大有人在。但我们还没有发现在科学哲学上有比刘闯提出"混合进路"更早的文献。而且刘闯的提法妙就妙在他提出的仍然是"语义观点"，他从语义上揭示理论的结构，同时认为语言表达还有相当的重要性，但又提防重新走回已经过时的纯语法进路，即逻辑经验主义。

语义模型进路的第二个重大问题就是在一个相当长的时间里，它只从集合论和模型论的数理逻辑概念来分析理论的语义，局限在"模型类"和"结构种"与比它直观一些的状态空间概念来讨论科学模型。这种分析虽然具有前面我们讲过的三大优点，但是它与我们在科学理论和科学实践中的广泛应用的模型概念有一定的距离：它未能恰如其分地将科学中常用的模型概念，即前面所说的表征模型，适当地联系到科学理论的语义模型中进行分析。塔斯基和艾迪逊等人在1965年合编的一本书中这样写道："这里被考察的模型是关于理论特定的结构，而不是旨在解释世界上特定现象的领域。"[①] 由于这种区别，权威的语义学家霍奇在讨论科学理论的语义模型时，不得不要求读者先进行"洗脑"。他很客气地说："请原谅我请大家注意，不要把平日看作具体的可感觉的，例如风力马达那样的模型叫作语义模型，而且语义模型对被模型者（理论语句）没有一种同构或类似的关系。"[②]

这两个缺点是很要命的，所以有些对语义模型进路持批判的学者甚至认为语义模型进路是用错了"模型"这个词。其实这个词是塔斯基1954年建立数学模型论时提出来的，他在20世纪30年代创立语义真理论时只提到"结构系统"。范·弗拉森直到1980年还只提"关系结构"。霍奇说，塔斯基之所以用这个词是来自历史，不是来自"精确的"。而穆勒（Rolland Müller）甚至说："如果当年有不同的'模型论'术语，那么'模型论'在20世纪下半叶的发展可能是非常不同的。"[③] 尽管历史不能

① J. W. Addison, L. Henkin and A. Tarski (eds.), "The Theory of Models", in *Proceedings of the 1963 International Symposium at Berkeley*, North-Holland, 1965: 438.

② Wilfrid Hodges, "Functional Modeling and Mathematical Models: A Semantic Analysis", in Meijers, Anthonie (ed.), *Philosophy of Technology and Engineering Sciences*, North Holland: Elsevier, 2009: 669.

③ Wilfrid Hodges, "Functional Modeling and Mathematical Models: A Semantic Analysis", in Meijers, Anthonie (ed.), *Philosophy of Technology and Engineering Sciences*, North Holland: Elsevier, 2009: 669.

改写，但是概念却不能混淆。我们刚才讲到，科学上常用的案例所谈到的具有表征功能的科学模型应该另外给它起个名字。我们的意见是称作科学表征模型或科学认识模型，它包括数学模型、尺度模型、类比模型、图标模型、现象模型、资料模型、实验模型等等。它们是要给世界的客观对象建模，并一步一步地由抽象到具体的应用。科学的目的是要发现自然现象的规律性和因果机制，用以解释世界事物的行为，预言它的特征与发展。科学理论是一组语言表达系统和语义模型系统 T，而现实世界是我们所要研究的目标系统 W，在 T 与 W 之间存在着逻辑的、认识论的和实践论的鸿沟。我们已经将语义模型置于 T 的陈述与 W 之间的适当位置，我们现在的问题是为何将语义模型进路缺失的认识论模型植入这个 T 与 W 之间的空白区，成为从理论到实践的中间环节。为此，我们建立了图 3.5（a）和图 3.5（b）以修正语义模型进路，补上它缺失了的环节。

这里，为什么会有两个图来表示“科学模型”呢？图 3.5（a）和图 3.5（b）实际上代表了我们在具体分析语义模型与表征模型或认识模型或认知模型（图中用认知模型或认识模型进行表示）之间的关系时，不同的侧重点和先后出现的思路上的变化。其中，3.5（a）是我们把技术科学模型也一起考虑进来，认为语义模型与认知模型还有技术科学模型一样，与可观察对象之间是同构或相似的关系。因为模型的分类中包含了技

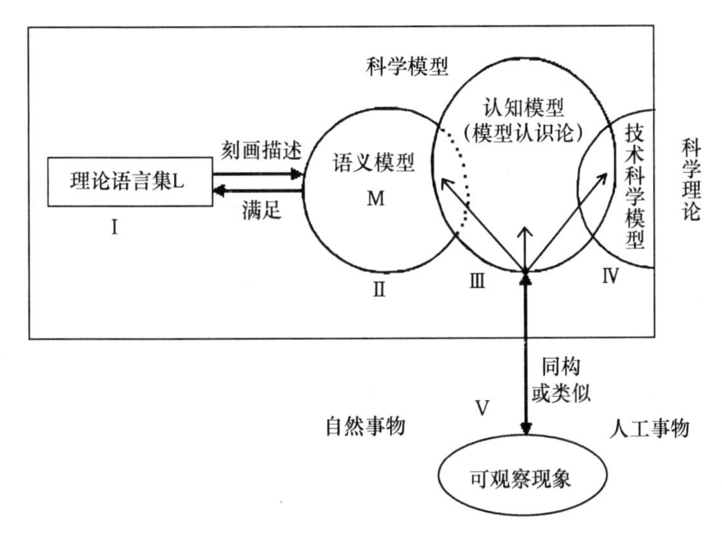

图 3.5（a）　科学模型（语义模型与认识模型）进路的科学理论结构示意图一

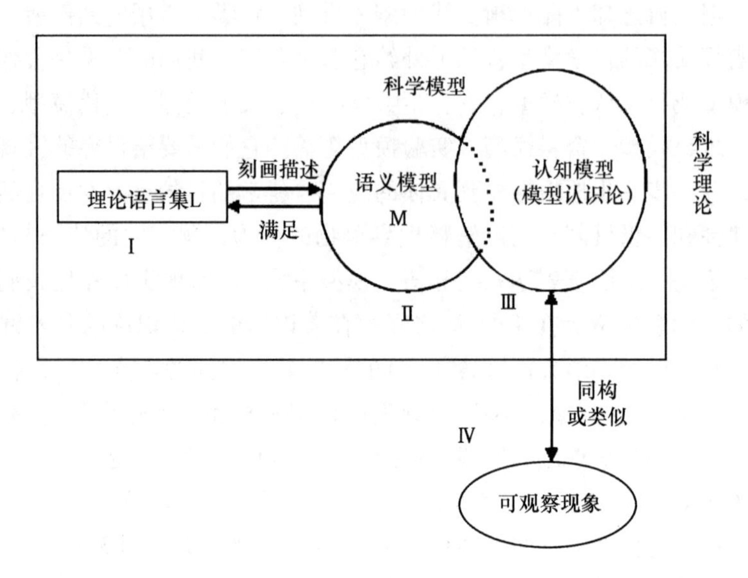

图 3.5（b） 科学模型（语义模型与认知模型）进路的科学理论结构示意图二

术科学模型，所以在可观察世界的分类中，我们也相应地区分了自然事物和人工事物。

除了考虑模型种类的范围不同之外，图 3.5（a）和图 3.5（b）基本上具有一个相似的框架。

以图 3.5（b）的模式为例，这个图揭示了一个比较全面的关于科学模型的理论结构的研究：它包括的 I 代表了语法进路；它包含的 II 代表了语义模型进路；它包括的 III 代表了认识模型（表征模型、认知模型）的进路。在语义模型与认识论模型中有一个交叉的领域和模糊的边界（用虚线表示）。在这里，模型有双重的任务：(1) 模型表征被选择的世界的一部分。这个任务在图 3.4 中主要由语义模型本身来执行，因为在图 3.4 中缺失了认识模型（图中的 III），而在图 3.5（b）中主要是由认识模型，特别是现象模型和资料模型来执行。(2) 模型表征了理论，特别是诠释理论的公理和定律这个任务主要由语义模型来执行。表征世界和表征理论并不是不相容的，它可以同时具有两种功能。

总结以上，我们从科学模型论的进路来讨论科学的理论结构问题。首先分析了传统的语法论进路存在的问题，以及它是怎样为语义模型进路所代替。但语义模型进路的发展过程中同样发现自身存在着许多困难。主要的困难是，单从语义观点进路讨论理论结构在视野上受到了很大的局限。一是不能吸收和整合语法进路的优点，二是不能从认识论上讨论各种理论模型的特点及其在科学中的重要作用。因而，我们不但需要将语义进路与语法进路二者结合起来，而且要纠正语义模型和认知模型的混淆，并分析它们的区别、补充在语义模型论进路中缺失的环节，开展对科学模型论的全面研究。

另外，由于这里存在一个表面上的鸿沟，这使得近十年来兴起了一个取代语义进路的新研究。主要代表人物是南茜·卡特赖特（Cartwright，1999）、M. 摩根和 M. 莫里森（Morgan & Morrison，1999）提出了一种观点，主张模型有自己的自主性，科学理论并不是模型的集合；相反，科学理论是科学家用以建构模型的工具箱，而模型是抽象理论世界与具体系统之间的中间人（models – as – mediators）。[①] 这种观点的一个明显特点是，不管他们怎样看待理论与模型，科学模型在科学理论与实践中仍然占着中心的地位，但是他们用中间模型论来反对理论结构的语义观则是一个重大问题。

（三）语义模型论对质疑的回应

下面，我们看看科学理论的语义论观点的创始人和倡导者如何回应对方的质疑。

第一，引进表征概念，拓宽科学理论的语义模型。

在语义模型观点创立的初期，他们的创始人集中在科学理论的各个分支上，如在物理学、生物学、经济学上寻找各种案例说明科学理论本质上是各种模型的类或模型的族。但模型类的意义从哪里来，他们没有仔细研究。根据塔斯基 1933 年的语义学和真理论，科学理论的公式与语句由于有模型满足它，所以它是真的。但这是一个关于形式真的定义，因为他又用真来定义满足。塔斯基的真理论对语句如何表征世界无所言说，它是“符合论”还是“实用（真理）论”也无所论证。只是到了 1954 年，塔斯基修改了它的真理定义，将满足看作原始概念，认为对象语言中已经包含了某种意义或可赋予某种意义的东西而不是纯粹形式的东西，这些原始

① 详见本书第一章“模型与理论”部分的介绍。

概念的意义可以通过模型或“结构”用集合来合理地加以给出。[①] 正是认识到这一点，苏佩斯和范·弗拉森才有可能将物理学家的典型物理模型所用的粒子、时间、空间、速度、质量与力的概念赋予集合论表述的“可能模型 Mp”中，又将物理基本定律看作对集合和状态空间的约束而成为有经验内容的“实际模型 M”或状态空间的“经验子结构”。于是，集合论的语义模型概念和物理学家所常用的物理模型就在相当大的程度上统一与协调起来，不必“洗脑”。科学模型可以同时具有两种基本功能，著名科学哲学家 R. 吉尔如是说，模型第一是例示（instantiation）或诠释（interpretation）概念体系，可满足理论对它为“真描述”；第二是表征客观世界，自身可以成为“现实真”或经验地适当的。[②] 关于这个问题塔斯基 20 世纪 50 年代已经“洗了脑”。苏佩斯在 2002 年出版的《科学结构的表征与不变性》中重申了这一点：只要我们用物理模型的元素来定义集合论模型中的对象就行了……塔斯基意义上的模型概念可以被用来摘取物理学、生物学、社会科学、应用数学等所有科学的基本概念。在这个意义上，苏佩斯断言模型概念在数学上和在科学上的含义是一样的。[③] 他认为力学中的弹子球模型、玻尔的原子模型、DNA 分子结构模型等都可以作这种处理。他说：“争论 Model 这个词的哪一种用法在经验意义上更基本或更适当，似乎是无用的。我自己的论点是，集合的用法更为基本。”[④] 苏佩斯的论证虽然是有力的，他强调的是逻辑学家的语义模型理念与理论物理学家的物理模型概念的一致性。不过事实上，他达到这种一致主要取决于他引进了表征的概念，并准备更详细地使用表征这个概念。范·弗拉森特别注意模型表征世界的功能。他早在 20 世纪 80 年代就引进表征概念，语义模型中的“经验子结构”就是用来表征世界的。和苏佩斯一样，范·弗拉森在 1991 年和 2002 年的论著中重新申明语义模型有表征世界的

---

① Wilfrid Hodges, “Functional Modeling and Mathematical Models: A Semantic Analysis”, in Meijers, Anthonie (ed.), *Philosophy of Technology and Engineering Sciences*, North Holland: Elsevier, 2009: 668.

② Ronald N. Giere, “Using Models to Represent Reality”, L. Magnani, N. J. Nersessian and P. Thagard (eds.), *Model – Based Reasoning in Scientific Discovery*, New York: Kluwer/Plenum, 1999: 41 – 42.

③ ［美］P. 苏佩斯：《逻辑导论》，宋文淦译，中国社会科学出版社 1984 年版，第 30 页。

④ Patrick Suppes, *Representation and Invariance of Scientific Structures*, Stanford: Stanford University Press, 2002: 21 – 23.

功能。他说："明显地，适当表达的现实世界是你的理论的一个模型。"①我们的立场也是支持理论的语义模型论，但同时我们也承认语义模型和表征模型是两种不同性质的模型，表征模型不是语义模型的子集，但它们有一定的交叉重叠（如图3.5（a）或图3.5（b）所示）。因为通过模型对世界进行研究，其成果自然可以放进和改进原初的科学理论和它的语义模型。总之，不管怎样，科学哲学的语义学派的创始人和倡导者现在运用科学表征的概念拓宽了塔斯基的集合论语义模型的概念，使它更能反映模型在科学研究中的中心作用。不过它还留下了一个如何用统一的观点来处理实验模型、资料数据模型和粗糙的类比模型的问题。

第二，分析模型的层级，注重模型与现象的关系。

在科学理论中，我们不仅要注意"纯"理论的科学模型。事实上任何一本理论性的教科书，都必定包含对一个理论成立来说是关键性的科学实验模型和资料分析模型。因此在2002年的那本巨著中，苏佩斯说道："提供一个理论的经验解释的必要性与阐述这个理论的形式问题恰好是同样重要的……如果有人问'一个科学理论是什么？'似乎对我来说，根本给不出一个简单的回答。但我们将会把为了检验理论而精心构想的统计方法论作为理论的一部分包括进来……我们也一定在更详细的理论描述中包括设计实验、评价参量和检验理论模型适合度的方法论……重要的是承认，存在着由检验基本理论的实验方法论所产生的理论的层次结构，这是任何一门精致科学的学科的一个基本要素。"② 语义学家苏佩斯如此重视科学实验是出人意料的，他将模型层级划分为基本理论或原理模型、实验模型（规定试验次数，参量的选择）、资料数据模型（规定同质的、稳定的，以及与经验参量相一致等原则，这类模型与原理模型的巨大差别是：它是离散的，不是连续的，我们不可能在理论曲线的所有点上获得数据）、实验设计（统计技术，随机取样等）和其他情况均同的条件模型。他重申了他在1962年的观点，在这里每一个层次上都有自己的理论，它的经验的意义是由与此相关联的低一级层次给出的，而层次之间的形式关

① Bas C. van Fraassen, *Quantum Mechanics: An Empiricist View*, Oxford: Oxford University Press, 1991: 8.

② Patrick Suppes, *Representation and Invariance of Scientific Structures*, Stanford: Stanford University Press, 2002: 7-8.

系是用集合论来说明。[1] 这个层次结构是通过一系列模型来解决许多问题：从基本的抽象理论到具体、完整的实验经验的复杂相互关系问题。它既解决了语法观点将科学结构看作形式运算加对应规则诠释的简单化理解的问题，又回应了科学结构的后语义进路研究者对语义观没有把科学模型概括进来而引起的多样性的批评。

第三，有了科学模型的双重功能和模型层级多样性的见解，南茜·卡特赖特和莫里森的科学模型的自主性和中介性的见解就不会对科学理论结构的语义观构成很大的威胁，语义进路的模型多样性足够吸收和消化南茜·卡特赖特等人的科学模型独立性和多样性的见解。关于这一点，本书第一章"模型与理论"部分已经概括性地给予讨论。

对比"公认观点"与结构主义，"公认观点"大势已去，结构主义正蓬勃发展。在我们看来，采取公理化的方法来研究科学理论的进路并没有错，因为它可以用最典型的方式厘清理论的基本概念、基本组成和结构，并进行理论之间的比较，研究理论的还原与突现，科学之间的统一性和多样性，并引进数学的方法来分析这些问题。问题在于逻辑经验论只采取语言和语法的方法对理论进行形式化的分析，而替代的方法就是提供语义的和模型论的进路。所以，我们的观点是，两种理论相互竞争和相互补充，大大丰富了科学哲学对科学理论结构的研究。当然，科学理论结构的语义模型论进路在面对自己无法解决的困难时，不得不走向一条新的研究进路。

四　科学理论研究的语用进路

语用学是语言哲学的一个分支，它集中研究语言在不同情景（context）下的运用，以及在不同情景的运用下的不同意义，这个不同情景包括何人，在何时何地企图用何种语言方式表达何种意思给何人听，以达到何种目的。科学理论研究的语用进路特别注意理论的意义怎样随着不同情景的变化而发生变化，但它不注意指称、真理和表达的类型（type）问

---

① Patrick Suppes, "Models of Data", in Nagel, Suppes and Tarski (eds.), *Logic Methodology and Philosophy of Science: Proceedings of the 1960 International Congress*, Standford: Standford University Press, 1962: 259.

题，而恰好后者是语义模型进路的实质。因此，理论结构的语义模型进路研究者一方面想吸收语用论者的新语义观，另一方面对它有相当大的保留。

（一）语用模型的主要观点

吉尔吸收语用论的某些观点，将模型表征的活动看作不是模型与世界的二元关系，而是四元关系，即有意向（P）的主体（S）通过模型等表征形式（X）来表征世界（W）。吉尔的公式是："S 运用 X 表征 W 以达到目的 P。""在这里 S 可以是一个个体科学家、一个科学家小组或一个更大的科学共同体，W 是现实世界的一个方面……而变量 X 的值域主要是以模型为基础的科学理论。"① 科学家怎样能运用模型表征世界呢？是因为模型自身类似于世界的某一方面吗？不是！"任何事物都有无数方面类似于别的事物，但并不是任何事物表征任何事物。并不是模型本身给出这种表征，而是科学家从模型中选出特别的特征来表征被科学家设计好的客观世界的类似特征。"② 例如，分子生物学家沃森（James Watson）用他的薄铁条和厚纸板制造成 DNA 大分子模型，他的确没有说 DNA 分子结构就像他所切割出来的厚纸板和薄铁皮那样。他是从他的模型中选出相关的类似特征，即双螺旋结构来表征 DNA 分子结构。这里吉尔突出了科学家主体性和目的性在模型表征中的作用。

范·弗拉森的科学模型语用观的侧重点则有所不同，他强调的是运用方式的概念。范·弗拉森所说的公式表征就是：S 运用 X 以 C 的方式将 W 表征为 F。他说："什么是被表征，以及它是怎样被表征，这大部分取决于或者有时唯一地取决于，X 被运用的方式。在这里'运用'被了解为包括许多情景因素：创造者的意向以及习惯上（语言）共同体存在着什么样的译码、听者或看者采取什么方式听和看、被表征的对象以什么方式展示出来等等。因此，要了解表征，我们必须认真研究表征的实践（practice）……除非有某种事物（some things）被运用，被制成或被取来这样或那样地表现（represent）某些事物，否则就没有什

① Ronald N. Giere, "How Models Are Used to Represent Reality", *Philosophy of Science*, 2004, 71 (5): 743－744.

② Ronald N. Giere, "How Models Are Used to Represent Reality", *Philosophy of Science*, 2004, 71 (5): 747－748.

么表征。"[①] 这里他特别强调表征的实践性和哈贝马斯所说的社会交往合理性。

（二）语用模型观的发展示意图

由于语义是语言的一种结构形式，而语用是语言的一种实践的活动，这种活动方式的结果确定了它此时此地的语义。因此，我们不可能用一个静态的图式将语义和语用的区分和联系表达出来。那么当我们想要给出一个从语法到语义再到语用进路的科学理论的结构和科学模型的表达，如果使它们之间界限分明，尝试的结果是有很大的困难的，所以图 3.6 给出的是一个示意图。

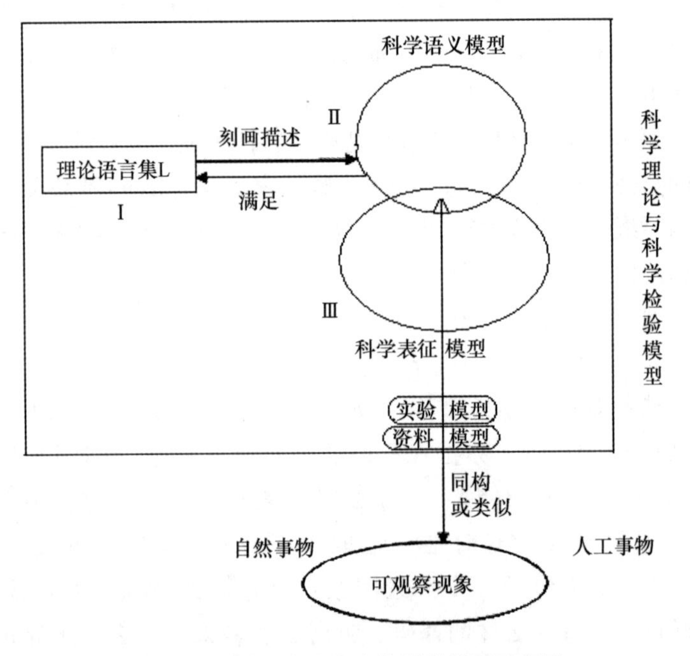

图 3.6　科学理论结构中的科学模型示意图

相对于图 3.5（a）和图 3.5（b），图 3.6 把建模者的意图，即语用模型结合进来，添加了"资料模型"和"实验模型"，尝试着示意一个比

① Bas C. van Fraassen, *Scientific Representation: Paradoxes of Perspective*, Oxford: Oxford University Press, 2008: 25.

较全面的科学理论结构的研究：它包含的 I 代表了语法进路；它包含的 II 代表了语义模型进路或科学模型的语义方面；它包含的 III 表示科学模型的语用方面没有画出，它起到作为背景帮助界定语义模型、表征模型（认识模型和认知模型）和实验资料模型的作用。总之，科学模型有双重的任务：（1）模型表征被选择的世界的一部分，它要通过科学的实验模型和资料数据模型与现象世界相联系；（2）模型例示了理论语句，特别是诠释理论的公理和定律，这个任务主要由语义模型来执行。表征世界和“表征”理论并不是不相容的，模型可以同时具有这两种功能。

进一步地，如果在图 3.6 的基础上把技术科学模型考虑进来，我们又得到一个细节有些许差异，但框架与图 3.6 大致相同的模型示意图，如图 3.7 所示。

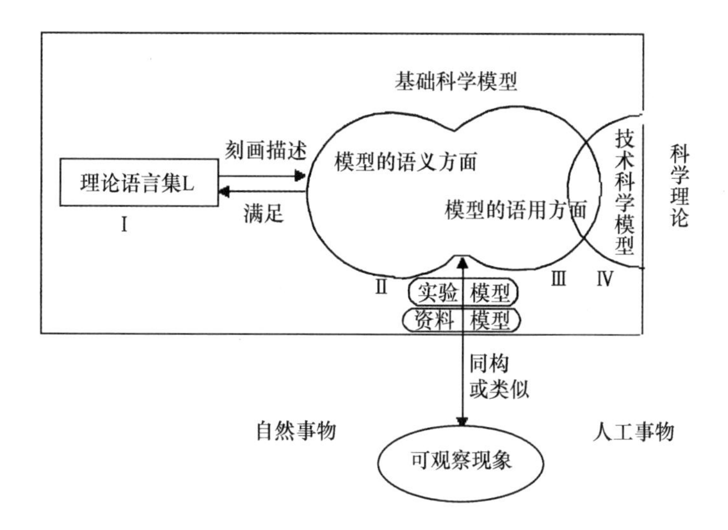

图 3.7　科学理论结构中的科学模型（语义模型和语用模型）示意图

相对于图 3.6 而言，图 3.7 这个模式示意的是：“它包含的 I 代表了语法进路；它包含的 II 代表了语义模型进路或科学模型的语义方面；它包含的 III 代表了语用模型的进路或科学模型的语用方面。二者没有一个明确的界限。IV 进入了技术和技术科学哲学的领域。科学模型是人工事物，它不是自然事物也不是心灵世界里的东西，如感觉、意念、想象这些东西，这个人工事物的概念就是从技术哲学中取来的。总之，科学模型有双重的任务：（1）模型表征被选择的世界的一部分。它要通过科学的实验模型和资料数据模型与现象世界相联系；（2）模型例示了理论语句，特别是诠释理论的公理和定律这个任务主要由语义模型来执行。表征世界和‘表征’理论并不是不相容的，它可以是同时具有两种功能。”①

（三）结论

大多数语义进路的研究者对语用进路持保留态度，部分地是因为它已超出了理论结构的范围而在讨论科学实践的结构，部分地是因为它的理论不成熟。苏佩斯说：“现代逻辑的语义分析还远不足以对语言的认知用法给出说明，因为它没有对言说者和著作者与听众和读者对语言刺激的产生和接受作出明确和仔细的思考……在一般情况下，用这种行为主义方式考虑理论或语言是有很大吸引力的。然而，当前它所缺乏的是充分的科学的深刻性和明确性，以便能作为一种真正的选择来替代现代逻辑和数学的进路。”② 所以，尽管科学理论结构的语义进路存在着前面所说的一些困难，但目前还没有出现一种形势像20世纪60年代迫使语法进路崩溃那样迫使语义进路退位。语义进路这种“新的公认观点”还有生命力，它或者通过丰富和修正自己的某些观点来消除某种新进路（例如南茜·卡特赖特的新经验主义）所提出的反例，或者它兼容某种新进路（例如语用学进路）的一些观点而发展自己。

综合以上对语法与语义模型再到语用模型的分析，一个很大的感受是，笔者通过对语义模型的认识与学习，提供了从一个新的角度看待问题的途径，比如说语义模型促进了笔者更好地理解“突现与还原”的相关问题。

五　语义模型：突现与还原的新认识

以集合论为表现形式的语义模型不仅仅是科学哲学家们在逻辑形式上研究的主题，它对科学理论的发展具有强大推动作用的同时也以斯尼德的

---

① 张华夏：《科学的结构：后逻辑经验主义的科学哲学探索》，社会科学文献出版社2016年版，第209页。

② Patrick Suppes，*Representation and Invariance of Scientific Structures*，Stanford：Standford University Press. 2002；9－10.

“模型类”和布尔巴基的“结构种”体现出来。[①] 除此之外，对于笔者个人而言，通过科学哲学中对语义模型的学习与研究，还有另外的一大收获：语义模型解决了笔者对系统科学哲学中“突现与还原”的困惑、推进了笔者对“突现与还原”的认识。这个“解惑”的过程说是一个意外的惊喜也好，说是对“语义模型”研究的“附加赠品”也好，总之它解决了在笔者的学习与研究背景中很早之前就埋下的“疑问的种子”。因此，借本章专门介绍语义模型的机会，系统地梳理笔者的困惑与解惑的来龙去脉，分享一下笔者根据语义模型的研究成果对“突现与还原”产生的新认识的过程。

（一）突现与还原的困惑

自从2003年开始接触系统科学哲学以来，笔者一直有一个困惑，那就是所读到的关于复杂系统和复杂性科学方面的书和相关资料中，许多专家学者在提及复杂系统或系统复杂性的概念、在介绍说明复杂性的特点时，大部分都是不加说明地把“不可还原”当作它的特征之一，而笔者也理所当然地按照“不可还原”的表面意思进行理解，片面地认为他们所说的“不可还原”针对的是牛顿力学机械论中的“不可还原”或者是根据突现理论的论证来看待“不可还原”。的确，如果只考虑这两个方面，笔者也赞同复杂性或复杂系统具有不可还原的特征。毫无疑问，一方面从笔者所读到的许多有关复杂性的图书及杂志上的观点来看，他们对复杂性界定的特征已明确地把不可还原作为复杂性的一个特点。另一方面从笔者自己对复杂性的理解这个角度来看，也笼统地认为不可还原的确是复杂性的一个特征。

但是当笔者在阅读中山大学林定夷教授的“论科学理论之还原”和“复杂性与还原论”[②] 两篇论文中有关“还原论”的相关说法时，笔者的思想中和看法上产生了一个很大的“问号”。首先是题目本身：一直以来，认为复杂性因为具有突现性而不可还原，难道“突现与还原”之间还有其他的解释？带着这个疑问，研读林定夷教授用专业的科学哲学术语

① 关于斯尼德的“模型类”和布尔巴基的“结构种”的详细介绍参见张华夏《科学的结构：后逻辑经验主义的科学哲学探索》，社会科学文献出版社2016年版，第138—180页。

② 林定夷：《科学逻辑与科学方法论》，电子科技大学出版社2003年版，第366页。

对这一概念的解释和划分以及严谨的论证和恰当的例示，使我产生了这样的想法：林教授所持的观点无疑也是有一定的道理的，它的论证说明确实也是无懈可击的。如此一来，有两种不同的说法同时摆在笔者的面前，而它们之间又存在相应的联系与区别，孰对孰错？这些疑问促使笔者想要找到问题的答案。

（二）来自系统科学哲学的分析

通过查找、阅读相关的资料，经过进一步分析，笔者以前对还原论认识的一个重大误区在于没有对“可还原”和“不可还原”这两个术语进行界定，尤其是没有进行有区别地进行分类，并划分出它们在使用时所注意的适用范围。认为它是适合于任何学科的一个放之四海而皆可使用的一个术语，现在看来这个观点是不正确的。

1. 机械还原论与活力反还原论

剖析以前自己的认识发现：牛顿力学的机械还原论并不等同于我们所说的还原论，仅从力学学科领域的角度来说牛顿力学的还原论是成立的，但它只是还原论众多分类中的一种，它的观点并不能普及到所有学科领域内，所以它所代表的观点并不能涵盖还原论的观点，也就是说我们并不能窥“机械论的论证”而知“还原论”的观点。同样，与机械论相对立的活力论也只是局限于生物学学科领域内的一种反还原论，生物学是活力论的适用领域。只有在生物学科的背景下，活力论所提出的反还原论论点才是正确的，抛去这个前提，它同样也是不能全面地代表反还原论的一些观点，所以我们也不能仅凭活力论所说明的某些现象来反驳不可还原论的观点。

2. 传统还原论与突现反还原论

随着历史的发展，进入21世纪以后，复杂性科学作为系统科学发展的前沿阶段被称为“21世纪的科学”，研究它的学者们赋予它整体性和突现性的标志，并以要素间和层次间复杂的非线性关系为依据突出强调它的不可还原性。在笔者看来，他们所强调的“不可还原”是针对组成系统的子系统间的线性和非线性关系而言的，他们反对牛顿力学中的传统还原论，是因为他们认为牛顿力学中的机械还原论只是孤立地研究某个组成部分或某个子系统，并没有考虑到它们之间相互作用的整体行为，这样的研究方式只适用于各个部分相加之和等于整体行为的系统，也就是系统的组成部分之间存在线性关系时，它才是有效的。而对于我们生活中所面临的复杂的非线性系统，特别是在生命、行为、社会和环境科学以及现代技术或医学的应用领域中（例如癌症的研究，衰老研究）涉及非常重要的复杂性的问题领域时，由于这些领域内的非线性系统并不遵循叠加原理，即使我们把非线性的复杂系统分解成我们能够认知的简单子系统，但由于众多的子系统之间存在着相互作用，这使得系统的整体行为要比各个子系统的行为复杂得多，这也正是突现论者所说的整体行为并不能由其组成部分的性质与规律推出来，即英国哲学家刘易斯（Henry Lewes）所说的“异质因果效应”。由此我们可以看出，在一个系统中，能否用低层次事物（子系统）的性质和规律解释高层次的整体行为是突现论者反对还原论的一个重要的出发点，这也是两者之间最激烈的争论点。对于这一个争论，逻辑经验主义者内格尔（Ernest Nagel）试图用逻辑分析的方法加以解决。他认为，如果我们获得了低层次目标系统的性质与规律，而且我们也知道这些低层次的事物是如何组成高层次的目标系统，那么我们就可以在这样两个前提条件下把高层次目标系统的性质和规律推导出来。同时，他还把还原论进一步划分为解释的还原和理论上的还原，并认为解释的和理论上的还原都是可能的。只要我们知道了高、低层次之间的联系方式，就可以用低层次事物的性质和规律解释高层次事物的性质和规律。[①] 很明显，相对于突现论者的观点，内格尔也是主张系统之中是遵循着还原论的，只不过这里的“还原”术语指的是具有“外延性定义的还原”，也就是说，“外延性定义”是一个经验的过程，一旦找到还原论者所主张的理论术语的外延性定义就可以说它是可还原的。与之相反，反还原论者认为高低层次之间的联系方式并不是严格遵循着决定论的，随着层次复杂性的提高，同样的结果却可以还原为由许多种不同的原因形成的，这也就是现代突现论者所认为的复杂系统中存在着下向因果关系所产生的作用使然。

3. 还原论的分析范式和基于主体的思维范式

在笔者看来，还原论者与反还原论者之所以持有相反的意见，一个重要的方面是由于他们看待事物、思考问题的思维范式不同，也就是人们在

---

① E. Nagel, *The Structure of Science: Problems in the Logic of Scientific Explanation*, New York: Harcourt, Brace & World, Inc, 1961；［美］欧内斯特·内格尔：《科学的结构》，徐向东译，上海译文出版社 2005 年版，第 379 页。

认识事物时会用还原论的分析范式和基于主体的思维范式这两种截然不同的分析方法对它进行研究，由此就相应地产生了还原论和反还原论这两种不同的论点。长期以来，人们一旦遇到自然现象和社会现象中的复杂的整体事物，就会试图去了解、去理解它们，当他们在了解了这些复杂的事物的表面特征后，接下来就想进一步认识它们。在认识的过程中，人们首先会习惯性地深入到事物的内部去，也就是将一个整体事物还原分解为若干易于认识、易于比较、易于研究的组成元素，如果划分后的小的组成部分仍然无法分析，那么就继续划分下去，直至划分到可以认识、可以获得目标系统的性质与规律的层次为止。显而易见，这种分析的范式就是一种传统的还原论的思维方式。特别是从近代以来，由于研究的目标系统大多数是简单的系统，所以这种思维方式适用于一个学科领域在最初建立的阶段使用，在具体的指导科学研究时也发挥出分析还原这种思维范式的重要作用与价值。与传统的分析还原的思维方式不同，我们在第二章中讨论过的基于主体的系统所引发的思维范式则是考虑主体与主体之间的非线性相互作用关系，在这种相互作用的影响下，目标系统会“突现”出整体的行为与模式。分析范式是把整体分解为各种组成部分，相对于它的这种自上而下的方式来说，基于主体的思维范式采取的是自下而上的综合的或合成的方式，这种思维范式恰恰弥补了还原论分析范式对研究对象的过于简化的描述和对突现现象的忽视等不足，这种思维方式从系统的局部行为和整体行为的联系出发，强调如何从局部过渡到整体。由此可见，分析性的还原论曾经并将继续推动科学的发展，而基于主体的思维方式又是研究复杂系统的主要策略，所以从思维范式上来说我们在科学领域内进行研究时要将两者结合起来，也就是说还原论与反还原论并不是完全对立的，它们是研究科学的两种不同的方法，我们要根据它们各自的特点有选择地使用它们，而不能在对待它们其中的某种论点上采取完全否定的态度，只有这样才能真正体现出分析与综合的有机统一。

4. 结论与启示

显然，我们在谈论还原与不可还原的问题时，并不能一概而论，也就是说，在不同的语境下，“还原与不可还原”所指称的对象是不相同的：如在化学中所说的“不可还原”指的有可能是氧化反应后所生成的氧化物不能还原为生成它的组成成分；而在哲学中，如蒯因所说的“还原”指的是逻辑经验主义所主张的所有的有意义的语句陈述与陈述所指称的可以知觉经验或实验检验的指称对象为基础的逻辑构造。也就是说，他只是试图把一种理论陈述还原为一种观察陈述；依次类推，在复杂性科学中所涉及的“还原”是指从系统结构的角度所说的系统的高、低层次之间的解释说明关系或者是整体与部分之间的加和关系。所以，在笔者看来，还原论与不可还原论之间对立的另一个重要的原因在于人们淡化了它们之间的种类划分，或者是由于没有厘清概念而混淆了各自的描述，基于这样的现象，我们也试着对还原论进行总结划分，将其分为以下几种类别：

（1）强还原和弱还原，这里的“强”与“弱”指的是理论与理论之间还原的程度不同。

①强还原：如果一个理论的所有概念、所有定律与规律都可以不附加任何条件和规则就可以还原为另一个理论的概念和定律，这个过程体现的是一种无条件的、绝对的、完全的还原观点。笔者认为，这种类别的还原应属于平常我们所说的“不可还原”范围。

②弱还原：一种理论的概念与规律如果在附加上一些条件或桥接原理后可以还原为另外一种理论的相应概念与规律，它体现的是一种有条件的、相对的、部分的还原观念。这就是说，只要我们找到两个理论之间的附加条件或桥接原理，通过这些附加条件与桥接原理，就可以说一个理论是可以还原为另一个理论，两个理论之间是可还原的。从这个意义上说，弱还原表明的与科学理论还原的实际状况更加相似，我们说大多数科学理论的还原都属于弱还原。

（2）本体论还原和方法论还原，这是根据还原论层级之间的本体论运动形式和方法论运动形式所做的一个划分标准。

①本体论还原：在不同的运动形式间，如果一个事物或理论的高级运动形式可以用一个事物或理论的低级运动形式表示出来，或者是同一个运动形式内的高级运动形式可以用低级运动形式表示出来，那么这个事物或理论之间具有本体论上的还原。

②方法论还原：如果一个理论或事物的较高级的物质运动层次和较复杂的物质运动形式可以用较低级的物质运动层次和较简单的物质运动形式来认识、分析，并表达出来，我们说这个理论或事物之间具有方法论上的还原。

作为当时的初学者，笔者使用以上分析方式，试图厘清“突现与还原”的关系，最后的结论是：由于对还原论分类不同，理解也就不相同，所以得出的结论也不会相同，只有这样，才不至于造成语义上的混淆。但是后来随着学习与研究的进一步深入，笔者认识到这样的分析过程与结论，还似乎停留在问题的表面，并没有触及问题的实质：如何更为根本地把握“突现与还原”的关系？从科学哲学的核心问题之一，即语义模型的研究过程中，尤其是结构主义者穆林斯（C. Ulises Moulines）给出的严谨的、形式化的辨析中，笔者对“突现与还原”有了新的、形式化的认识。

（三）穆林斯：突现与还原的形式说明①

结构主义者穆林斯的理论，本章第二节已简单介绍过，下面主要简述穆林斯从语义模型的进路对突现与还原进行的界定：

假定由模型类 M［T］确定的理论 T. 其模型有如下的结构：

$m = < D_1, \cdots, D_m, (A_1, \cdots, A_n), R_1, \cdots, R_p >$,

这里 D_i，为模型的基集，即理论的论域；A_j 为辅助的基集，大多数情况下指的是数学实体；R_k 为定义在这些基集之上的关系或函数，表示理论中特别的经验关系和/或数量。模型类 M 中所有元素的共性是由 m 决定的，它们共同的特征是具有同样的结构类型并满足同样的公理。用布尔巴基的话说，就是“象征”（typified）同样的方式。

现在，假定有一个特别的经验域，称之为 F，即包含于 m 型结构下并满足某个公理被期望运用了 T 的五官及仪器的感觉。但 F 通常不用 T 词描述，而用模糊日常语言或已很好建立的理论 T′ 词来描述。当试图把 F 划归入 T，那么就相应地会有三个操作：

（F1）：用 T 词重新概念化（re - conceptualize），F 意味着重新诠释（re - interpret）F 成为 m 型结构的子结构，即重构 F 为 T 的数据模型（model of data），这实际上是用理论上想要得到应用的子结构词来重构经验。其认同标准并不清楚。

（F2）：通过适当选择变量 $D_1, \cdots, R_p$ 的特殊值，它不必是经验的副本 F，此时扩展子结构 d 为全结构 m。这样建构的经验域 F 便成为一种结构，它是 T 的模型，而成为 M［T］的潜在因素。如果要检测它不仅是潜

① C. Ulises Moulines, “Ontology, Reduction, Emergence: A General Frame”, *Synthese*, 2006, 151 (3): 320 - 322.

在因素，而且是现实因素，那么就要求进行操作 F3。

（F3）：查明所选择的 m 实际上满足 T′的公理，即变量 D_1，…，R_p的选值协调地组成 T 的模型。

现在假定操作（F1）—（F3）已成功地得到实现，这在本体论上意味着什么？答案很简单：你确证了经验后的真实事物并放在某些理论模型 M［T］域 D_1，…，D_m中，它包含了给定的经验域 F。用蒯因（W. Van Orman Quine）的话说，D_1，…，D_m代表了理论的“本体论承诺”（ontological commitments）。这就以自然的方式给出了还原与突现的形式说明。假定你直觉地怀疑 C 类事物可还原为 D 类事物，要使 C 与 D 的关系陈述有意义，必须保证这两类是可比拟的。按数学的观点，我们必须比较两个理论，其中 C 作为一个理论的基本域，D 是另一个理论的基本域。如此比较，这两个理论必须包含同样的或类似的经验域，否则这种比较就是假的，至少是与经验知识无关的。我们称这两个理论为“TC”与“TD”，假定有一个经验域 F 在（F1）—（F3）操作的意义上包含于 TC 与 TD 模型中。

这样，C 与 D 的还原问题变成两个理论 TC 与 TD 之间的关系问题。比较精确地说，域 C 可还原为域等价，同时还可以说理论 TC 有“本体论还原连接”于 TD 。

一般科学哲学理论中，内格尔的桥接原理学说必须由还原理论的基本概念来定义，这是理论还原的本体论维度（又称为“本体论还原连接”（ontological reductive links），简称为 ORL），它相当于将本体论承诺从一个理论转移到另一个理论。另外，内格尔还原的可推出原理是“律则维度”，也就是将律则从一个理论转移到另一个理论。

用集合论来形式地说明用一个集合来建构另一个集合，意思是说，被建构的集合是建构的集合的梯阵集合（echelon - set）。集合 A 是集合 B_1，…，B_n的梯阵集合，当且仅当 A 连续地运用幂集的集合理论的操作来形成 B_1，…，B_n及其笛卡尔积。

$A = B$ 或 $A \subset B$，这种形式是梯阵集合比较简单的表示情况。而比较复杂一点的常用形式是 A 被重新诠释为 B 的幂集的子集，即 $A \subset \wp(B)$，或等价地表示为：$A \in \wp\wp(B)$；直觉地，它对应于一个理论域的实体被看作是另一个理论域的实体集。最后，更复杂的情况是一个域被重构为另一个理论域的关系结构（“复合”）。在这里笛卡尔积起了关键的作用。一般说来域 A 可被还原域 B_1，…，B_n，重构乃是：

［ORL］ A ∈ ℘…（［℘］ B_1 ×…× ［℘］ B_n）

这里 n≥1，“［℘］”表示幂集操作可以运用也可以不运用于单个 Bi。

如果给定的 TC 的 A 与 B_1，…，B_n，有这样的关系结构，则我们说“TC 本体论地还原为 TD”。

理论间还原的“律则维度”（律则还原）也很容易译成模型理论的语言。这就是：包含相关经验域 F 的 TC（通过重构 C 为梯阵集合而本体论还原连接到 TD）对应于一个结构，这个结构证明它自己本身是一个包含同样的经验域的 TD 的特化模型。[①]

因此，还原的共同核心是：对于 A 和 B_1，…，B_n类，ρ（A；B_1，…，B_n）[②]

当且仅当：存在着理论 T，T′使得：

（R1）A 呈现为 T 的模型的基本域；

（R2）类似地，各个 B_i呈现为 T′的模型的基本域；

（R3）包含于 T 的经验域 F 是一个对应于 T′的域的子域；

（R4）相对于由 A 到 B_1，…，B_n存在着由 T 到 T′的本体论还原的连接；

（R5）T 律则地可还原为 T′。

以上表示的具有还原理论性质的语义模型论的具体案例有：

（1）刚体力学还原为牛顿的粒子力学；

（2）笛卡儿碰撞力学还原为牛顿的粒子力学；[③]

（3）开普勒的行星的理论（近似地）还原为牛顿的粒子力学；

（4）牛顿力学（近似地）还原为特殊相对论力学；

（5）孟德尔遗传学还原为分子生物学。

假定有两个理论 T 与 T′，使得 T 包含一个经验域 F，它是 T′所包含的总体域的一个子域。进一步地，假定 T 满足本体论还原到 T′而不满足律则还原，相反，当运用于子域 F 时，T 的定律比 T′的定律更加精确而且具有高度的预言力。在这种情况下，T 所研究的系统相对于 T′来说是导出

---

① 一个 TD 的“特化”是模型 M［TD］类的一个子集——用传统的术语来说是一个满足 TD 基本规律加上一定的特殊条件的结构集合，我们需要“导出”TC 的基本规律。

② ρ（A；B_1，…，B_n）读作“A 可还原为 B_1，…，B_n”。

③ 本章第二节的第二部分和第三部分已经分析过这个案例。

的，因为它是作为后者的梯阵集合而建构起来的。尽管如此，它们还是具有某种律则自主性：它们被后者所假定的定律解释得好一些，这些定律是逻辑地独立于基本理论的定律。一个日常的例子也可以说明这个问题：在一定的情况下，汽车的运动可以成功地被归入经典力学的定律之下，特别是当它们在高速公路上无障碍地、平滑地运动的时候。但大量汽车拥堵在城市交通中心的时候，作为结果的系统虽然可通过本体论还原为单个的汽车，但最好归入不同于经典力学的理论，或者说可以归入混沌理论和流体力学的联合应用。在这种情况下，我们需要说，交通拥堵系统从个体汽车组成的系统中突现出来。尽管交通拥堵系统本体论地与单个汽车相关联，这个系统却呈现出自己的一种自主性，主要是因为它满足不同于经典力学的规律。比较精确地说，这个表现了交通拥堵系统的理论模型既不等同于、也不相似于、也不同构甚至不同态于经典力学实在模型的一个子集。概括这些简单的例子，穆林斯说，他们首次得出跨理论关系的突现的精确概念：

对于任意类 A 与 B_1，…，B_n，ε（A；B_1，…，B_n）[1] 当且仅当：存在着理论 T 与 T’ 使得：

（E1）＝（R1），即 A 呈现为 T 的模型的基本域；

（E2）＝（R2），即类似地，各个 B_i 呈现为 T′的模型的基本域；

（E3）＝（R3），即包含于 T 的经验域 F 是一个对应于 T′的域的子域；

（E4）＝（R4）$\wedge$ $\forall i$（$1 \leqslant i \leqslant n \rightarrow A \not\subset B_i$）；

（E5）T 并不能以律则的形式还原于 T′。

通过以上的界定与分析，穆林斯给出了三个结论：

第一，条件（E3）难以置信地强：有人认为突现的兴趣就在这里。被包含于 T 的经验域并不是包含于 T′的经验域的子域，它有不同的性质。对于这个异议可以这样回答：T 与 T’ 的域不是必须经验意义上相同，没有人会主张生命是从实数中突现的，因为进化论模型中的域不会把生命定义为实数的笛卡儿积和幂集。所以我们要弱化条件（E3），即假定相关域是交叠与类似的。

第二，附加到（E4）保证突现域 A 不在它所突现的理论的域的集合

---

① ε（A；B_1，…，B_n）读作“A 从 B_1，…，B_n中突现”。

中。这就是我们所期望突现出来的东西以及突现关系的不对称性。

第三，建议突现满足的形式条件：双值的、不对称的并且它是可变迁的。相对来说，条件（E5）必须加强。

在穆林斯看来，交通拥堵的案例虽然比较呆板，但它可以看作是“突现”的范例。当人们说化学的“性质”从一定的物理系统的组合中“突现”或生物的“性质”从一定的化学的组合中“突现”的时候，穆林斯建议用如下的话来加以理解：这里我们有两个理论，一个是生物理论，另一个是化学理论。经验相关的生物理论模型的基础域可被建构为经验相关的化学理论模型的某些域的梯阵集合。不过生物理论模型中的关系与化学模型中的关系是如此不同，以至于我们没有希望建立这两个模型的集合之间的律则还原。这样，我们可以说生物模型中的域可以表现为突现的事物，或者相对于化学事物来说它归属于一种突现。①

同样，在我们比较心理学和生理学时，尤其是论及心灵是身体的突现时，穆林斯的这种“突现与还原”的形式化解释也一样适用。

以上这一部分，主要是从笔者自己在学习与研究经历的过程中，以及结合若干个案例来说明，科学理论结构的语义模型理论是科学哲学研究的一个核心问题，这个理论可以提供一个新的视角看待问题，而且在帮助我们分析问题时由于使用集合论的表达而能力巨大、清晰明了，是一个相当有发展前途的研究领域，值得大家关注。

---

① C. Ulises Moulines, “Ontology, Reduction, Emergence: A General Frame”, *Synthese*, 2006, 151 (3): 313－323.

第四章　科学表征模型的认识论基础

根据前面三章的介绍，模型具有描述世界、表征世界的功能，模型可以指导我们认识事物的本质。关于模型的功能以及模型与世界的关系，在前面介绍的基础上，我们还需要思考两个问题：

第一，当我们有了关于模型的知识，这些知识是如何被“翻译”成关于目标系统的知识？这个问题涉及：模型的描述、表征功能如果是通过学习途径获得的，那么就会有不同种类的学习。这就是说，如果我们有一个用于进行现实描述的模型，那么关于对模型描述的知识从模型到目标的转移是以不同的方式得以实现的。进一步地，我们还要追问：这些不同的学习方式是什么？本书第二章讨论的类比模型中的类比推理过程、“基于模型的推理”以及第五章中多个经典案例的研究虽然已经说明了某些具体的模型是如何工作的，但迄今为止仍然没有给出一个一般性的回答。知识从一个模型到它的目标的转移是如何实现的，这是一个难题，希望我们以后的研究可以给出一个统一的答案。

第二，模型是根据世界中要研究的事物或现象的基本特征而建立起来的，其认识论基础是什么？关于这个问题，本书第一章已经从模型与虚构、模型与表征方面阐述了模型与世界的关系：模型与世界之间有不同类型的描述，如类比、同构、理想化等。所以，接下来我们会在本章中进一步对科学表征模型的认识论基础进行分析，也就是要阐述清楚模型的“抽象性”与现实世界（模型的目标系统）的“具体性”之间的关系如何？“同构”或“部分同构”的观点是不是仍然有效？

对于第二个问题的回答，无论英美哲学还是欧陆哲学都种类繁多，学派各异。虽然大多数学者认为模型表征世界不是用语言来描述世界，是非语言实体的表征，但是科学表征模型的实质是什么，以及模型与被观察的客观世界、它与所依赖的理论是什么关系？对于这些问题仍存在很大的争论。例如：

（1）罗素早在1912年就已经明确说明人的知觉与被知觉的物理世界之间有一种同构的关系；

（2）在科学的实在论与反实在论的争论中，沃勒尔博取两家所长，创新性地提出了结构实在论，尤其是该理论中使用的以太假说模型、菲涅尔的光的波动理论模型等案例引发了对科学模型理论中的“同构”或“结构”的再思考；

（3）弗伦奇和科斯塔（S. French & N. C. Da Costa，2003）认为模型的表征与现实世界是一种同构或部分同构的关系；而弗里格（R. Frigg，2006）反对这种看法，认为表征模型与它的目标系统（所需研究的对象）不是同构关系，因为同构是对称的，而表征模型与世界的关系不是对称的，等等，他认为结构本身不能表征世界，必须加上起决定作用的建模者的物理设计才能配合起来组成模型来表征世界。

所以本章首先梳理“同构”的基本概念，然后从以上三个方面围绕几位研究学者对“同构”的不同观点，梳理“同构”实在论的历史，阐述清楚科学表征模型的认识论基础，最后提出弱的“同构”观点，即认为模型与实在的关系是同态对应或部分同构。

一 同构，同构，还是同构

从笔者自己的学习与研究经历来说，从最初接触科学哲学的一般问题的认识到对系统科学哲学中各类问题的了解，再到基于计算机模拟方法对复杂系统的推理，然后再回到传统的科学哲学对模型与模拟问题的分析，不管哪个阶段，不管什么具体研究领域，也不管是不是跨学科的研究，总有一个绕不过去的问题，那就是对同构问题的讨论，“同构”是一个遍及笔者所遇到的多个研究主题的共同框架。

（一）“同构”的概念

同构（isomorphism），又称为同型（形）或同态（homomorphisms）。根据维基百科，同构一词最初来自古希腊语，ἴ σος isos表示“平等”，μορφήmorphe表示“形式”或“形状”的意思。在抽象代数中，同构是一个双射对应 f，因此 f 和它的反函数 f^{-1} 是同态的，即结构上保持映射关系。在生物学中，它主要用同态性或同形性来表示，指的是形式上的相似性，如由不同的上代个体所产生的有机体的相似性。

通俗地说，同构是物体之间的一种映射，这种映射表明了两种属性或运算之间的一种关系。如果在两种结构之间存在同构性，我们称这两个结构是同构的。如果你决定忽视可能由“它们是如何界定”引起的更加精细化的差异，在某种意义上，同构结构指的是在结构上完全相同。

1. 同构的数学形式

在数学中研究同构是为了从一种现象扩展到另一种现象：如果两个物体是同构的，那么由同构所保留的任何性质，其中一个物体真实具有，另一个物体也会真实地具备一样的性质。如果两个对象是同构的，那么由同构保持的任何性质对另一个对象也是正确的。具体地说，同构的数学形式有几种表达方式：

（1）设（G，·）和（H，×）是两个群，ϕ 是集 G 到集 H 上的一个一一对应。如果对任意 $x, y \in G$ 有 $\Phi(x \cdot y) = \phi(x) \times \phi(y)$，

则称 ϕ 是群（G，·）到（H，×）的一个同构对应，此时称群（G，·）同构于群（H，×），记作（G·）$\cong$（H，×）

（2）按照这种方式，同态的定义是：

给定（G，·）和群（H，×），称集 G 到集 H 的一个映射 $\phi: G \to H$ 是群 G 到 H 的一个同态映射（简称同态），如果对任意 $g1, g2 \in G$ 有 $\phi(g1 \cdot g2) = \phi(g1) \times \phi(g2)$，当 ϕ 是单（满）射时，称 ϕ 是单（满）同态。①

根据数学上的定义与划分，按照函数的定义域（domain）和上域或陪域（codomain）的关联方式，可以将函数分为三类：单射、双射和满射。

①单射，也称一对一关系：指的是将所有不同的变量映射到所有不同的值的函数。

②双射，也称一一对应关系：这里“双射”的“双”指的既是单射又是满射的函数。所以，对于一个双射函数来说，变量之间形成一个映射关系，不仅每一个输入变量值刚好有一个输出变量值而且每一个输出变量值也刚好有一个输入变量值，这就是“一一”对应的意思。

---

① 刘绍学：《近世代数基础》，高等教育出版社 1999 年版，第 14、38 页。

③满射：指的是上域或陪域与值域完全映射的函数。也就是说对上域或陪域中的任何一个变量，映射到定义域中至少存在着一个变量与之对应。

按照第二章中对模型的分类，图形是一类图像模型，它的特点是简单直观，例如下图用排列组合的方式清晰地表现了变量 X、Y 组成的函数中单射、双射和满射三个概念之间的关系：

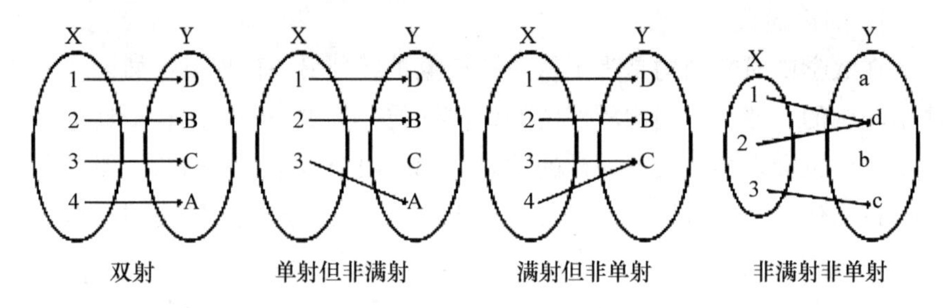

双射　单射但非满射　满射但非单射　非满射非单射

（3）普通代数中对同构的界定：

考虑对数函数：对于任意固定基底 b，对数函数 $\log_b$ 从正实数$\mathbb{R}^+$映射到实数$\mathbb{R}$；形式上为：$\log_b$：$\mathbb{R}^+ \to \mathbb{R}$。

这个映射是一对一的，也就是说，它是对数函数从定义域到上域或陪域的双射。对数函数除了是集合的同构外，还保留某些运算。

具体地，考虑一般乘法下的一组正实数（$\mathbb{R}^+$，x）。对数函数遵循下列恒等式：$\log_b(x \times y) = \log_b x + \log_b y$，但是加法下的实数也构成一组。所以对数函数实际上是群（$\mathbb{R}^+$，×）到群（$\mathbb{R}$，+）的同构。

现在思考这样一个问题：很多人通常认为同态包含了同构。通过以上分析与概念界定，我们认为，同态与同构是两个不同的概念，不能决定性地将两个概念简单地理解为包含关系。之所以很多人认为同态包含了同构，恰恰是只看到了他们在映射关系上，同构指的是一一对应关系（数学中既是单射又是满射的函数），同态指的是一对多的关系。所以从简单的形式看，同态包含了同构，同构是同态的一种特例：同态的对应函数为双射时称为同构。但严格地追究起来，两者不能简单地理解为包含关系，包含关系只有在特定的情况下才成立。例如同时考虑关系群和阿贝尔（Able）群的情况下，同构针对的是对应关系群，指的是关系规则中的约等于，即上面数学形式定义中的这样表示：（G·）$\cong$（H，×）。同态指的是在某种关系的限定下，两个群之间因为存在这一关系特征而具有的关系。所以严格意义上说，同态和同构是两个有相似点但也有区别的概念。

2. 维基百科“同构”词条中给出的一些有关同构结构的常见例子：

（1）一副由52张扑克牌组成的标准纸牌，上面有四种花色：红心、方块、黑桃和梅花；一副由52张扑克牌组成的标准纸牌，上面有四种花色：三角形、圆形、正方形和五边形；尽管每副牌的花色各不相同，但它们在结构上是同构的——如果我们想玩牌，选择哪副牌并不重要。

（2）伦敦的钟楼（里面有大本钟）和一块手表；虽然钟的大小差别很大，但它们计算时间的机制是同构的。

（3）选择一个有六个面的骰子和一个标识了从1到6的袋子，虽然获取数字的方法不同，但它们产生随机数的能力是同构的。这是一个函数同构的例子，而不是几何同构的假设。

（4）井字游戏是同构的，但在表面上看起来完全不同。玩家轮流说出1到9之间的数字，数字不能重复。两名玩家的目标是说出加起来是15的三个数字。在一个3×3的魔方上绘制这些数字将揭示出与井字游戏的准确对应关系，因为三个数字将被安排在一条直线上，当且仅当它们加起来是15时。

根据以上分析以及维基百科中对“同构”的总结，我们对同构的概念有了数学上的认识：如果两个数学对象之间存在同构，它们就是同构的。自同构（automorphism）是指源与目标重合的同构。同构的有趣之处在于两个同构的物体不能仅用过去定义的态射（morphisms）的性质来区分。因此，只要考虑了这些性质及其后果，就可以认为同构对象是相同的。对于大多数代数结构，包括群和环，同态是当且仅当它是双射时的同构。在拓扑中，态射是连续函数，同构也被称为同胚（homeomorphisms）或双连续函数。在数学分析中，态射是可微分的函数，同构也称为微分同构。①

除了数学上对同构的深入讨论，系统科学或者系统哲学对同构也有较详细的阐述，因为在系统科学家们看来，系统科学或者系统哲学所倡导的跨学科研究本身就是一门关于“同构的科学”。系统哲学家们认为：在不同的物理领域中，同构理论指导他们形成一种新的关于系统的思维方式，是系统科学中“跨学科”研究方式的基石，不承认跨学科

① https：//encyclopedia. thefreedictionary. com/Isomorphism.

的同构就是不承认本体论的哲学。不管是科学家还是哲学家，探讨系统科学都是要以同构性为基础；不管为了研究什么系统哲学问题，同构都是牵引的主线。可以说，“同构”是体现系统科学和系统哲学“跨学科”研究的重要标志。

（二）系统哲学视角下的“同构”①

根据数学中对同构或同态的界定，“同构”指的是两组元素的一一对应的关系，这种关系使得对其中一组元素进行运算的结果对应于对它们在另一组中的像进行类似的运算所得的结果；在交叉学科或跨学科领域中，同构性的研究对描述不同物理现象的系统之间的认识更是起到了积极的作用：一旦一种相应的同构性在两个或更多的物理领域建立起来，那么，在一个领域中发展起来的方法就很容易应用到相应的其他领域中。这样，对同构性的抽象和提升促进了交叉学科的发展。

系统科学是跨学科性的。就像阿基米德需要一个支点一样，系统科学建立的宗旨本身就是基于同构理论。作为系统科学的代表人物，美籍奥地利生物学家贝塔朗菲（L. von Bertalanffy）是同构性的鼓吹者。他最初采用以观察者为导向的系统方法，认为不同领域的规律在形式上相同或具有同构性。当贝塔朗菲建立后来称为系统科学的一般系统论时，他旨在通过发现不同科学领域的同构性规律而达到科学的统一。② 可以说，“一般系统论”是贝塔朗菲确信各种科学中都有相似的系统规律的结果。同时，他提出的组织、整体性、有序性、目的论和变异等概念极大地推动了系统领域内的研究。对于他的贡献，比利时系统科学家佛朗科斯（Ch. O. François）认为，贝塔朗菲创立“一般系统理论”的前提除了要拥有足够的知识之外，拥有最先创建系统观点所需要的诀窍，即正确的世界观也是必不可少的。佛朗科斯是这样评论的：“贝塔朗菲的角色就像最早的订书机或者是市场商人，虽然他本人并没有发展很多的系统概念和模型，但他的新的系统观念是独一无二的……有人曾经用评价哥伦布的话来评价贝塔

---

① 此小节讨论的部分观点已发表，详见齐磊磊《系统科学、复杂性科学与复杂系统科学哲学》，《系统科学学报》2012 年第 3 期。

② Ludwig von Bertalanffy, *General System Theory: Foundations, Development, Applications*, New York: George Braziller, Inc, 1973: 87.

朗菲在系统复杂性上所做的贡献：在他之后，发现‘美洲’不再是必要的。”①

除了贝塔朗菲对系统科学的同构性观点有巨大贡献以外，另一个影响更深、成就更大的当属包尔丁（K. E. Boulding）的系统层级同构观。

作为一般系统论创始人之一，包尔丁于1956年在“一般系统理论——科学的骨架”（General System Theory：The Skeleton of Science）一文中指出，一般系统理论是用来描述存在于高度抽象的纯数学建构和专业领域的具体理论之间的理论建模的一个层次。按照他的理解，由于在某种意义上说数学包含了所有的理论，那么也可以说它什么也没有包含；它只是描述理论的语言，却不能提供任何内容。而另一方面，我们有分门别类的学科和科目，它们都有各自的一套理论。每一学科都对应着经验世界的某一部分，发展着仅适用于那一部分的理论。在这种情况下是需要建构一门系统理论知识，来讨论经验世界的普遍关系，这正是一般系统理论所要探究的领域。② 即一般系统理论是沟通数学理论与具体专业领域之间具有同构意义的一座桥梁。

在包尔丁看来，一般系统理论并不谋求建立一套包含一切的、用以代替具体学科特殊理论的普遍理论，因为这样的理论将是空洞乏味的。他认为在没有意义的具体化和没有内容的普遍化之间，必定存在一个最优的普遍程度。而选择最优到什么程度则决定了一般系统理论要实现的最高和最低目标，即他所说的：“雄心最低而信心最高的目标就是要指出存在于各个学科之中的相似性，进而建构出至少应用于两个不同研究领域的理论模型。雄心较高而信心较低的目标，是希望发展一系列的理论，即一个关于系统的系统，能够在理论建构中起到‘格式塔’的作用。”③

所以，与贝塔朗菲的同构性或跨学科研究的思路如出一辙，包尔丁意识到科学发展中的这样一种现状：“科学家如同深宅大院中的修士，每个人口中都念念有词，念诵的都是只有他自己才能理解的私人言语。”“科

---

① Ch. O François, “History and Philosophy of the Systems Sciences”, http：//wwwu. uni – klu. ac. at/gossimit/ifsr/francois/papers/history_ and_ philosophy. pdf.

② K. E. Boulding, “General System Theory：The Skeleton of Science”, In George J. Klir, *Facets of Systems Science*, Second Edition Kluwer Academic/Plenum Publishers, 2001：289.

③ K. E. Boulding, “General System Theory：The Skeleton of Science”, In George J. Klir, *Facets of Systems Science*, Second Edition Kluwer Academic/Plenum Publishers, 2001：289.

学的分支越多，学科之间的交流就越少，那么由于缺乏相关交流而导致整个知识进程放缓的可能性就越大。由专业化而导致的科学家失聪就意味着那些应该了解别人知道的东西的人，由于缺乏一双触类旁通的耳朵，而无法听到其他的声音。”[①] 在他看来，培养这种触类旁通的耳朵是一般系统理论的主要目标之一。同时，他还注意到跨学科很容易蜕变为无学科，而跨学科运动要想保持其形式与结构的辨识力，即包含在各个学科中的“学科性”，那它就应该发展一套属于它自己的结构。所以他认为这也是一般系统理论的神圣使命。

为了实现这样的目标或神圣使命，包尔丁认为一般系统理论形成的最明显的可能途径有两种：第一种途径是仔细审视经验世界，从中挑选出某些出现在很多领域中的普遍现象，然后再想方设法建立与这些现象相适应的普遍的理论模型；第二种途径是按照基本行为单位组织的复杂程度将经验世界分成不同等级，然后再对每一层级分别进行抽象研究。[②] 对于这两种相互补充而非相互排斥的途径，他严格按照以上两种不同的分类模式作了详细说明。

按照包尔丁的划分标准，贝塔朗菲的研究应该属于他所说的第一种途径。例如，他用系统微分方程组作为一种数学模型研究生长、竞争、分化发育、中央控制系统的形成、目的性（等终性）等一般系统规律。而包尔丁本人则采用第二种途径，按照系统的复杂性程度划分为不同的“种”“类”进行研究。根据今天的分类标准，系统大体可以划分为静态系统、动态决定性和随机性的系统、开放系统、控制系统、自组织系统、植物、动物和人类的复杂适应系统等，但不管哪种系统都是对自然界中存在物体的映射反应，是一种实物模型或者称为物质模型。第一种途径因将贝塔朗菲的生长方程迭代研究，而进入混沌与复杂系统的研究；第二种途径也因研究复杂系统而将各个系统类的特征总结起来。

系统哲学家邦格（M. Bunge）、克利尔（G. Klir）等人对贝塔朗菲的“一般系统论”也都持肯定态度，他们的研究内容都是按照贝塔朗菲的研究进路展开的，即坚信不同学科之间具有普遍的同构性。

---

① K. E. Boulding, “General System Theory: The Skeleton of Science”, In George J. Klir, *Facets of Systems Science*, Second Edition Kluwer Academic/Plenum Publishers, 2001: 289.

② K. E. Boulding, “General System Theory: The Skeleton of Science”, In George J. Klir, *Facets of Systems Science*, Second Edition Kluwer Academic/Plenum Publishers, 2001: 289.

目前，系统科学已进入集中研究复杂性和复杂系统的阶段。从系统科学到复杂性科学，是对同构的一种发展，再到系统哲学，同样也是同构性研究的继承。所以，从学科发展的角度，贯穿的主线仍然是同构性。因为对于复杂系统，从不同的维度看有不同的同构形式和同构规律，也正因如此，通常就有这样的说法：复杂系统科学是多维度的、多侧面的。

毋庸置疑，不管是从贝塔朗菲到包尔丁等人对系统科学的研究，还是各个复杂系统学派对复杂性科学进行的研究，他们都遵循着同一个研究宗旨，那就是在不同系统的不同模型中寻找某种结构或功能上的相似性。也就是发现系统或者更为重要的是系统模型间的同构性。坚持不同学科、不同系统模型之间具有同构性的信念势必会倡导跨学科的研究方法，而这种类似缠结在一起的跨学科的研究方法不仅会丰富世界观和辩证法的研究，对于整个哲学的研究或许也是意义重大的。同样，在跨学科研究方法论的指导下，复杂系统科学哲学或许也会成为与诸如物理哲学、数学哲学等科学哲学研究门类相并列的二级研究学科。

根据目前已有的复杂系统科学哲学的研究成果，我们已经论证：不同系统之间、不同学科领域之间的同构性的存在与研究是系统科学的生命线，也是复杂性研究和复杂系统科学研究的生命线。复杂系统科学的目标就是通过这种研究寻找和确认这种同构性，从而发现复杂系统的普遍规律、范畴、模型以及它们存在和运行的机制与条件。这里所谓的系统同构性是指不同系统和不同学科领域间具有相同或相似的结构，不同系统的元素之间进行相互作用时所遵循的规则具有某种一一对应的关系。根据我们的论证：对不同系统的复杂性产生条件的研究中已经看出了这种同构性，如图 4.1 所示。①

系统哲学家和系统科学家因为他们秉持的跨学科的思维方式对同构的观点以及对科学模型的认识论方面有极大的影响，心理学家和一些早期的哲学家对同构也有许多深入的研究，他们的观点简述如下。

（三）哲学家和心理学家：表征就是同构

亚里士多德在他的《灵魂论》（*De Anima*）中说：我们必须把通常情

---

① 详细介绍参见齐磊磊、颜泽贤《混沌边缘的复杂性探析——对不同领域内复杂性产生条件的同构性分析》，《自然辩证法通讯》2009 年第 2 期。

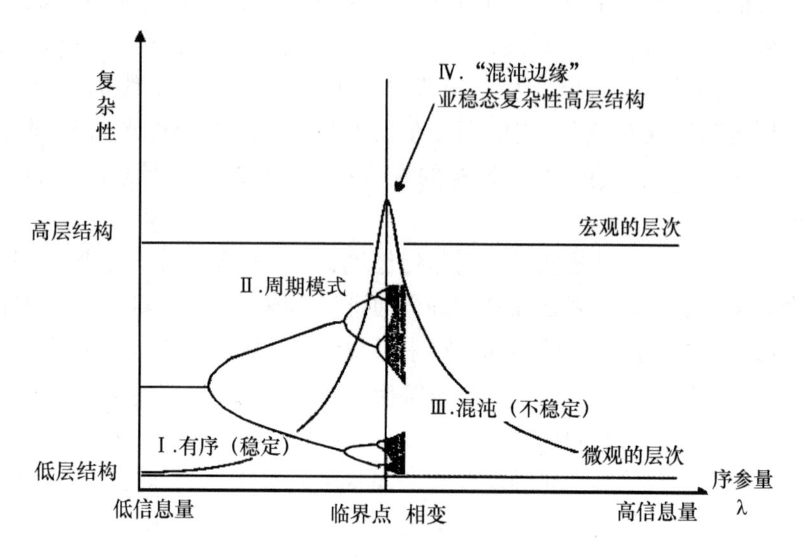

图 4.1　复杂性产生条件的同构图

况下的每一种感觉都理解为是真的。这种感觉是，在没有质料的条件下，善于接受可感知对象的形式，正如蜡制的印章是接受了没有铁或金的环状物的印象和接受了金或青铜的印象，而不是接受金或青铜本身；因此，在每一种情况下，感觉都会受到颜色或气味或声音的影响，但据此，不是作为拥有一种特殊的同一性，而是作为拥有一定的性质和借助于它的形式结构。① 对灵魂进行认识和思考，尽管是被动的，但这部分必须善于接受一个对象的形式，灵魂是形式的处所，除了这不适用于作为整体的灵魂但只应用于它的思考能力方面之外，并且，这些形式不是现实地而只是潜在地占据了灵魂。②

笛卡尔在《论灵魂的激情》（*Passions of the Soul*）中描述说：如果我们看见某个动物向我们走近，从动物身上反射出来的光描绘了它的两个图像，在我们的每一只眼里都有一个图像……（经过同构传递）……这个

① Patrick Suppes, *Representation and Invariance of Scientific Structures*, Stanford: Stanford University Press, 2002: 81.

② Patrick Suppes, *Representation and Invariance of Scientific Structures*, Stanford: Stanford University Press, 2002: 82.

图像立即作用于灵魂，促成了看到这个动物的形式。[①]

心理学家詹姆士（William James）认为同构是表征的中心概念的精华。[②]

芬克（R. A. Finke）对心理学文献的概述讨论了结构等价性原理："心理意象的结构对应于实际感知体的结构。"[③]

分析了系统科学与系统哲学家、早期哲学家以及心理学家们关于同构的观点以及对科学模型的认识论方面的影响后，我们把目光转向科学哲学家们对同构问题的研究：在科学实在论和反实在论的长期的反复的哲学争论中，最近二十年，兴起了一种被称为结构实在论（Structural realism）的学说。"它是科学实在论最有辩护力的形式"[④]，"近年来重新进入科学哲学的主流"[⑤]。作为结构实在论的创始人，著名哲学家罗素给予物质世界的结构一贯的支持态度。在罗素看来，世界中的客观事物，尤其是那些不可观察的客观事物的内部属性是不可能被认识到的，但是这些目标系统的结构是可以通过同构关系被人们的感性经验和科学模型认识。由于研究的背景与立场，我们对事物内部性质的不可知持一种保留态度，但对罗素的通过同构关系认识物质世界的结构持一种赞成的态度，并依罗素的主张将这个观点称为同构实在论。

二　罗素的同构实在论

关于模型与现实事物之间是否具有"同构"（isomorphism）关系的争论由来已久。罗素早在《哲学问题》（*The Problems of Philosophy*，1912）和《人类的知识》（1948）中就已经明确说明人的知觉与被知觉的物理世

---

① Patrick Suppes, *Representation and Invariance of Scientific Structures*, Stanford: Stanford University Press, 2002: 83.

② Robert A. Wilson, Frank C. Keil (eds.), *The MIT Encyclopedia of the Cognitive Science*, Cambridge, MA: MIT Press, 1999: 763.

③ Patrick Suppes, *Representation and Invariance of Scientific Structures*, Stanford: Stanford University Press, 2002: 94–95.

④ James Ladyman, "Structural Realism", In *the Stanford Encyclopaedia of Philosophy*, http://plato.stanford.edu/entries/structural-realism, 2009.

⑤ Anjan Chakravartty, "Structuralism As a Form of Scientific Realism", *International Studies in the Philosophy of Science*, 2004, 18: 151.

界之间有一种同构的关系。罗素为此与著名数学家马克斯·纽曼展开激烈的辩论。因此，这里有必要对罗素的"同构"观进行讨论，在讨论之前，先说明一下讨论问题的由来和背景。

（一）问题的提出背景

本书作者的博士学位论文题目是《复杂系统研究与计算机模拟方法》，当中特别讨论到计算机模拟的哲学基础、模型的认识论状态和本体论承诺，它的基本思想是："模型与真实世界或原型之间的关系并不是一种符合的关系，而是一种对应关系即对原型系统状态对模型的一种同态映射。从这种意义上说，模型的认识论状态并不属于实在论的反映论。但模型也不仅是预言新的感性经验或观察陈述的'方便工具'与'虚构'，只有'经验上的适当性'，它的中心概念在物理世界中有指称或对应物，所以它也不是工具主义的，因为我们建构的模型与我们感知世界或经验世界中某一事物的状态是同态对应的，并运用于我们的行动中取得成功，即与我们的预言与预期相一致。所以，我们有信心认为模型世界与实在世界之间有某种对应关系，在这个意义上，我是同态实在论者。"①

在论文答辩中，有答辩委员提出："同态实在论"或"同构实在论"这是关系到主客观关系的一个重大认识论问题的提法，请问有哪一些哲学家提过这个概念？对于这个问题，本书作者以及后来请教的几位科学哲学研究者都无法回答这个问题，因为对西方哲学史及其争论的细节，我们并不是太熟悉，对于结构实在论已进入21世纪科学哲学争论的主流并无察觉。后来笔者接触到当代结构实在论的大论战，就发现20世纪初大哲学家罗素在提出结构实在论的背景下首先论述了感知现象与物理客体的同构关系的实在性及其在认识论中的重要地位。② 随后一大批哲学家和自然科学家如卡尔纳普、石里克（Friedrich Albert Moritz Schlick）、爱丁顿以及比罗素还早的彭加莱都有类似的思想。

罗素的这个理论后来遇到了一些困难，便沉静了下来。但是自从1989年伦敦经济学院哲学家沃勒尔（John Worrall）重提结构实在论，

---

① 齐磊磊：《科学哲学视野中的复杂系统与模拟方法》，中国社会科学出版社2017年版，第73—74页。

② Bertrand Russell, *The Problems of Philosophy*, London: Williams and Norgate, 1912; Bertrand Russell, *The Analysis of Matter*, London: Kegan Paul, Trench, Trubner, 1927.

成了实在论与反实在论在21世纪的新的争论的焦点[①]，于是罗素又旧案重提，他成为结构实在论和同构实在性命题的创始人。他提出的问题在当代涉及本体论哲学、数学哲学、科学哲学和量子物理学哲学的重大问题。

本小节的目的是在罗素论述的基础上首先从认识论基本问题的角度讨论同构实在论，阐明它与实在论的反映论和经验主义的建构论相区别的基本立场。然后从现象世界与客观世界的同构关系，同态对应在科学理论的模型中的作用，以及在这个基础上运用同构实在论讨论模型在科学理论认识及其变革中的作用。最后为罗素的同构实在论和由此决定的认识论辩护，并将它改进为同态实在论，以便更好地说明模型的认识论。由此，这里主要讨论以下四个问题。

（二）罗素：模型是认识论上的一种同构或同态关系[②]

由于笔者从读硕士开始，直至现在，在很长一段时间里学习和研究复杂系统科学的模型问题，特别是美国圣菲研究所的计算机模拟问题，从他们那里明白了模型与模拟实质上是一个同构对应或同态对应的问题。另外，基于我们的科学哲学基础，这样的一种认识与科学哲学中卡特赖特与赫西等人解释的模型论进路（将解释看作寻找适当的模型）与语义的模型论进路（理论术语的语义通过模型与隐喻来给出）结合起来，正好可以找到科学模型与现实世界之间的同构关系的更深层的哲学认识论根源。尤其是科学哲学中实在论与反实在论的一场新的争论：关于结构实在论的争论，引发我们意识到，原来结构实在论的创始人罗素早在20世纪初就提出了同构实在论的命题，这个命题可以将结构实在论的讨论与模型论的讨论贯串起来。

罗素的结构实在论中，什么是结构呢？一个事物或一个系统的结构就是它的各个组成部分（元素）之间的相对稳定的相互关系。假定你现在研究解剖学，你明白人体的每根骨头的名称和形状之后，你进一步明白了各根骨头之间的位置关系和相互作用关系，你便明白了人体骨骼的结构。

---

① J. Worrall, "Structural Realism: the Best of Both Worlds?", *Dialectica*, 1989, 43: 99-124.

② 此部分讨论的部分观点已发表，详见齐磊磊、张华夏《同构实在论与模型认识论——为罗素的结构实在论辩护》，《自然辩证法通讯》2010年第6期。

又假定你现在学习的是一门英语，你会发现，一个句子的结构就是它的组成部分即单词之间的一种有意义的相互关系，它书写出来表现为由左至右的空间关系，它朗读出来表现为单词发声的先后关系等。所以结构由关系组成是元素相互关系中的核心和稳定的部分。什么叫作结构上相同或“同构”呢？假设我们将一个句子的单词代换为别的单词，这样组成的一个有意义的新句子就与原来的句子结构上相同。例如将旧句子“孟子爱孔子”的单词“孟子”代换为“荆轲”，“爱”代换成“刺（杀）”、孔子代换为“秦王”，则组成新句“荆轲刺秦王”与原句具有相同的结构：“主谓结构”，主谓结构就是“孟子爱孔子”和“荆轲刺秦王”两个句子的同构关系的形式。再来用一个更复杂一点的例子来说明同构关系。除非录音带与音乐之间有某种同构的关系，否则这盘录音带是放不出音乐来的。这种同构关系可以把声音关系转化为空间关系和磁带的磁性强度关系，又从磁带的磁场强度关系转化为声音旋律的关系。例如磁带中靠近中心的部分相当于音乐中演唱时间较后的部分等等。不过这种同构关系需要有许多元素之间的许多相互关系才能表达清楚。

这样，我们便可以追随罗素，将同构关系形式地简略表示如下：我们说一个元素间有 P 关系的元素 $x_i \in X$（其中 $i=1, 2, 3, \cdots, m$）的集合同一个元素间有 Q 关系的元素 $y_i \in Y$（其中 $i=1, 2, 3, \cdots, m$）的集合是同构的，当且仅当每一个 x_i都有唯一一个 y_i跟它相对应并且 x_i中元素与元素（如 x_1，x_2）之间发生 P 关系，则其对应元素，例如 y_1，y_2之间就发生 Q 关系。这里同构关系是两个系统之间的元素一一对应和元素之间的关系一一对应。至于同态关系，它是一种放宽了标准的同构关系，它并不要求一一对应，而是 x_i与 y_i之间的可以多一对应，以及某些元素 y_i无元素 x_i与之相对应。所以同态关系有时被称为“部分的同构关系”。有关这种形式化的论证我们已经在前面章节给出了较为严格的数学表达式。不过接下来要首先分析的是，如何将同构关系或同态关系的概念（它可发生在任何事物和事物之间、任何现象之间）推广运用到处理感知的经验与外在世界的关系中去，来解决基本认识论问题。

模型是认识论上的一种同构或同态关系。如果被认识的对象与用来认识对象的事物发生同构或同态关系，则后者成为前者的模型，在这个意义上感觉、知觉、图像、语言和理论对于被认识事物来说都是一种模型。关于这个问题，罗素说得很清楚：“我们可以把这些（同构的）例子普遍化，这样就可以处理我们的知觉经验与外在世界的关系。收音机把电磁波转化为声波；人体又把声波转化为听觉。其电磁波与声波在结构上有着某种相似关系，同样，我们可以假定，声波与听觉在结构上也有着这种关系。只要一种复合结构产生另外一种复合结构，在原因和结果两方面就一定有着几乎完全相同的结构，就像唱片与它放出的音乐这个实例所表明的那样。如果我们承认'同样的原因产生同样的结果'这句格言及其推论'不同的结果产生于不同的原因'，那么上面这种说法就显得很有道理。如果认为这个原则正确，那么我们就可以从一个复合的感觉或一系列感觉推论出其物理原因的结构……这个论点还需要加以发展；目前我不过是先提一下，为的是表明这个结构概念的重要应用之一。"①

（三）现象世界与客观世界的同构关系

从前面的说明中已经可以看出，罗素的结构实在论有两个基本观点：

第一，人们只能认识客观事物（他称为事件）的结构，不能认识客观事物的实体或内部性质。他说我们可以"推知物理世界的结构，但不是物理世界的内部性质"②。其实罗素早在 1912 年就明确表达了这个思想。他说："我们能够知道保留在感觉资料相对应所要求的关系的性质（properties of relations），但我们不能知道使这些关系成立的事项的性质是什么。"③ 对于这个观点绝大多数的结构实在论者持一种支持的态度。但我们对这个问题持保留意见，觉得事物内部性质不可知总是个问题，但认为它有合理的地方。这个问题比较复杂，与我们此处讨论的主题相关度不是太密切，以后再另行其文进行讨论。

第二，现象世界与物理世界之间具有同构关系。人们正是通过现象世界与物理世界的同构关系来认识事物的结构的。对于这个问题，由于罗素提出同构实在性论题后受到著名数学家纽曼（M. H. A. Newman）的强有力的驳斥。④ 不少结构实在论者持不同意见，但我们对这个问题却持一种

---

① Bertrand Russell, *Human Knowledge: Its Scope and Limits*, London: George Allen & Unwin, 1948；［英］罗素：《人类的知识》，张金言译，商务印书馆 1983 年版，第 254—255 页。

② Bertrand Russell, *The Analysis of Matter*, London: Kegan Paul, Trench, Trubner, 1927: 400.

③ Bertrand Russell, *The Problems of Philosophy*, London: Williams and Norgate, 1912: 16.

④ M. H. A. Newman, "Mr. Russell's Causal Theory of Perception", *Mind*, 1928, 37 (146): 137 - 148.

赞成和支持的态度。认为现象世界与物理世界之间的同构关系，是我们一切认识的基础与出发点，人们之所以能够认识世界就是通过这种同构关系而达到的，罗素这个观点基本上是正确的。现代科学哲学也已经将类比、隐喻、模型看作是人类认识世界的基本形式与基本途径。不过现在我们得先看看罗素是怎样分析这个问题的。

罗素在他的《数学哲学引论》中写道："如果结构的重要性及其背后的思辨困难得到认识和解决，就可避免大量的传统的哲学思辨。我们常常说时空是主观的，但是它有客观的复本（objective counterparts），或者说，现象是主观的，但它由物自身（things in themselves）引起的，这些物自身必有着各种差异对应着它们所引起的现象间的各种差异。在这里，凡作出这样的假定的学说的，一般都认为我们对于客观的复本了解得很少。然而事实上，如果我们所陈述的这些假说是正确的，则客观的复本必定形成一个和现象世界具有同样结构（same structure）的世界，并且凡可用抽象术语陈述出来，又已知对于各种现象为真的命题，客观的复本允许我们从现象中推出（infer）它们的真实性。如果现象世界具有三个维度，则现象背后的世界也有三个维度；如果现象世界是欧几里得的，则现象后面的世界也是欧氏空间的，等等。总之，具有可交流意义的所有命题，在两个世界之间必定同样为真或同样为假：唯一不同的只在于那个个体性的本质总是难以名状，而正是因此，它无关科学。"① 自从 1912 年罗素提出同构（Similarity Structure，即今天的 isomorphism）的概念开始，一直到 1968 年他发表的《自传》止，在这个半世纪多的时期里他都强调通过同构关系来认识事物的重要性。但是最基本的认识论问题还在于我们的感知（现象世界）怎样与被感觉的外部世界发生同构关系，从而通过这种同构关系认识外部世界的结构。

（四）罗素的同构实在论思想

罗素在上述的这段话中以及在其他著作的论述中，他的同构实论思想可以概括为下列三点：

第一，被认识的物理事件与人们的感觉之间存在着一条因果链。物理

① Bertrand Russell, *Introduction to Mathematical Philosophy*, London: George Allen & Unwin, 1919: 61.

事件是“人的感觉器官之外的东西”，它是造成感觉的原因。而不同的原因引起不同的结果。而按照德国物理学家黑尔姆霍兹的研究：“感觉和表象是对象对我们的神经系统和我们的意识所发生的作用。”[①] “我们证实，当提供我们不同的感觉（perceptions）时，我们能得出，它的背后有不同的条件。”[②] 所以相同的原因产生相同的结果，不同的原因产生不同的结果是这条因果链的特征。

第二，在这个从物理事件到感觉的因果链条中，有一种共同的结构保存下来，罗素称之为有“因果系列中的结构不变原理”在认识过程中成立。[③] 他说：“当我们研究因果序列时，我们发现一个事件的性质可能在这类序列的进程中完全改变，而唯一不变的就是结构。”[④] 他举的例子是一个报告人的讲话，经扩音器、空间无线电传播，再被收音机进行复杂的中间转换被人收听的例子。然后说：“这条因果链的中间环节除了结构之外，并不和讲话人发出声音相似。”[⑤] “总的看来，如果A与B是两个复合的结构，并且A能够产生B，则在A与B之间必然存在着某种程度的结构相同，正是由于这个原理，一个感觉组成的复合才能让我们知道那个产生这些感觉的复合。”[⑥] 用现代的语言来表达，对客观事物的感觉过程，是一个因果链条的过程。这个过程又是一个信息传递的过程。通过同构关系在信息传导的终端（感觉）保存了外部世界（信源）的结构信息。

第三，罗素所说的从现象结构推知被感觉的事物结构的这个推理（inference）肯定不是单纯的演绎推理。所以罗素不用演绎推出（deductive inference）这个词来表达。罗素在《人类的知识》一书中对这个问题作了相当广泛的研究。研究这个推出的过程不是本章节讨论的重点，不过

---

① 《列宁选集》第2卷，人民出版社1972年版，第238页。

② Stathis Psillos, “Is Structural Realism Possible?”, *Philosophy of Science*, 2001, 68（3）: S14.

③ Bertrand Russell, *Human Knowledge: Its Scope and Limits*, London: George Allen & Unwin, 1948；［英］罗素：《人类的知识》，张金言译，商务印书馆1983年版，第472页。

④ Bertrand Russell, *Human Knowledge: Its Scope and Limits*, London: George Allen & Unwin, 1948；［英］罗素：《人类的知识》，张金言译，商务印书馆1983年版，第467页。

⑤ Bertrand Russell, *Human Knowledge: Its Scope and Limits*, London: George Allen & Unwin, 1948；［英］罗素：《人类的知识》，张金言译，商务印书馆1983年版，第467页。

⑥ Bertrand Russell, *Human Knowledge: Its Scope and Limits*, London: George Allen & Unwin, 1948；［英］罗素：《人类的知识》，张金言译，商务印书馆1983年版，第468页。

我们可以大体上用以下一个图式（见图 4.2）来加以表示①：

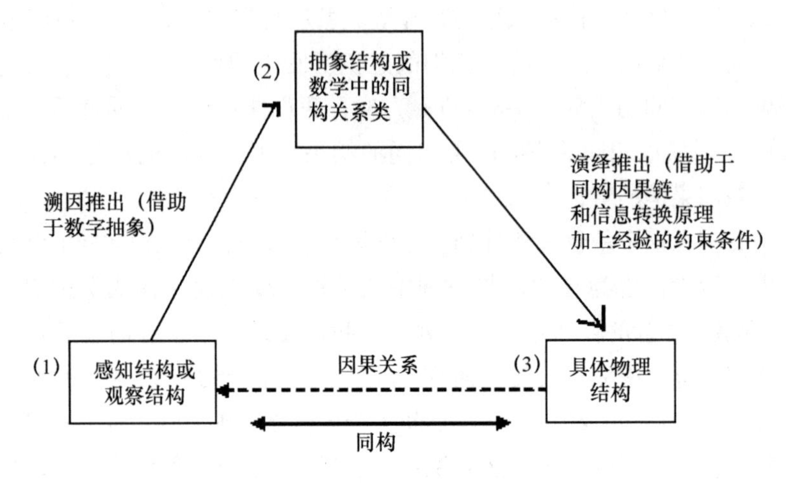

图 4.2　同构实在与从现象结构推知事物结构的过程

图 4.2 表示了认识一个具体的物理结构的过程，大体说来，经过下列三个步骤：（1）通常在分析感觉、感知或者可观察的结构时具有某种关系模式，这是一个发现和假说（discover and postulate）的过程。（2）在这种关系模式下，可以通过溯因推理（abductive reasoning），从观察结构中推理出一个抽象的结构或数学上的形式化结构，这就是可观察的结构与物理上的实体结构之间共有的一种同构关系类（the same isomorphism class）。（3）诉诸上述同构因果链和信息转换认识论原理，从同构关系类加上其他经验的约束条件推出具体物理结构，它是一种具有某种物理意义的方程组等等。这就是罗素运用同构关系的本体论基础而导出对物理结构的认识的过程，对于科学哲学来说是一个很有启发性的论证。现在让我们还是回到感觉与实在之间的基本认识问题上来。

依据同构实在论的上述三个观点，感觉与被感觉的实在之间的关系是反映（reflection）的关系吗？同构实在论和同构认识论认为不是的。什么是实在在感觉中的反映呢？唯物主义的反映论认为，“感觉是物质世界的直接的完整的映象”，“客观实在为我们的感觉所复写、摄影、反映”，

① 张华夏：《科学实在论和结构实在论——它们的内容、意义和问题》，《科学技术哲学研究》2009 年第 6 期。

“模写与镜像”[①]，所以它必须直接地完整地与对象相“符合”或“相似”，就像身份证的相片与本人相似一样。所以反映论者极力反对人们的感觉和意识是对象的“记号、符号和象形文字”的观点[②]，因为符号和对象可以没有相似之处，这是反映论接受不了的。但同构实在论关于感觉与它所相应的客观对象之间只看作一种同构对应（correspondence）关系，它是一种函数、映射（mapping）的关系，两个集合、两个系统之间包括感觉系统（现象世界）与对象系统（物理世界）之间只要有某种同构的对应关系，它在其他方面就不必相似、不必符合。所以它与容纳感觉和对象之间是记号、符号和象形文字之间的关系。一盘录音带与一本书以及在空间传播着的电磁波之间和大脑神经系统的活动在实体元素与质料上可以完全不同，完全不相似，但只要传达了相同的信息，它们之间就是同构对应关系。感觉与实在之间本质上就是这种关系而不是死板的“反映”。所以同构实在论和同构认识论并不是唯物主义的反映论。那么感觉是不是仅仅为了我们的行动取得成功的实用信号而与实在没有任何相似呢？不是的。从同构实在论的观点看，感觉表象的实体与元素和外部世界的实体与元素可以完全不同、完全不像。但它们之间的某种结构是相同的或相似的或相对应的。所以同构实在论和同构认识论也不是工具主义的和不可知论的，它明确宣布外部世界是客观实在的，并且它的结构是可知的。

这些就是同构实在论和同构认识论在认识论上基本问题的立场。一旦这样的认识论问题解决了，模型在感知世界中的作用、模型在科学理论中的作用、模型在科学变革中的作用以及更复杂的问题，便可以得到顺利的解决。

（五）同态关系与科学的理论模型

罗素的感知世界与客观世界的同构对应关系，曾受到著名科学哲学家、英国布里斯托大学哲学系斯塔蒂斯·普西洛斯（Stathis Psillos）教授的质疑[③]，他指出罗素所运用的“黑尔姆霍兹原理在强度上不足以产生同构关系。这个原理所说的只是单向度的：同样的外部刺激，对应着同样的

① 《列宁选集》第2卷，人民出版社1972年版，第128、238页。

② 《列宁选集》第2卷，人民出版社1972年版，第241页。

③ Stathis Psillos, “Is Structural Realism Possible?”, *Philosophy of Science*, 2001, 68 (3): S13 - 24.

感知，但是同构却要求有反向的黑尔姆霍兹原理，即相同的感觉对应相同的刺激。”[①] 他认为罗素并没有这个反向的黑尔姆霍兹原理，因为罗素说过“粗糙地说，它们大体上是一一对应的”，这就等于说不同的刺激可以产生相同的感觉（the stimuli overdetermine the percepts）。[②] 这就是说黑尔姆霍兹原理不能保证感觉与实在是一一对应的，它可以是多一对应。这是第一个责难。

第二个责难是普西洛斯质疑在客观实在中，肯定有一些结构未被感觉表现出来，或有一些感觉没有外部刺激与之相对应，而成了一种“额外的结构”（extra structure）。[③] 普西洛斯对罗素的同构实在论提出这两个责难之后得出结论：“因此有更多的理由认为（感觉与实在之间的）一多对应的进路不能容纳由现象的结构推出不可观察世界的结构的过程了。”[④]

不过我们认为“多一对应”与“额外结构”的存在，对罗素的同构实在论的威胁不是颠覆性的，承认二者反而可以使罗素的同构实在论更精确化。严格说来，认识与实在之间不是数学上严格意义的同构关系，而是同态关系。一旦我们将同构对应的概念精确化为同态对应的概念，“多一对应”和“额外结构”便得到非常好的兼容与安置。

根据以上分析，我们的结论是：物理世界的结构是客观存在的，物理事件之间的同构关系（或同态关系）也是客观存在的，认识可能而且必须通过事物之间以及事件与感觉之间的同构和同态关系来探明和推论出物质世界的结构，这种观点就是罗素的同构实在论。罗素的同构实在论正好切中了当代模型认识论的本质。人类的认识是一个建立构型、通过模型来解释和预言世界状态的过程，也是通过模型来检验我们的模型的过程。同构实在论，或更准确地说，同态实在论就是模型认识论的基础和依据。以上，我们力图从数学学科、系统科学学科、科学哲学学科和认知科学学科的跨学科研究上作出这个结论。

---

① Stathis Psillos, “Is Structural Realism Possible?”, *Philosophy of Science*, 2001, 68（3）: S15.

② Stathis Psillos, “Is Structural Realism Possible?”, *Philosophy of Science*, 2001, 68（3）: S14.

③ Stathis Psillos, “Is Structural Realism Possible?”, *Philosophy of Science*, 2001, 68（3）: S15.

④ Stathis Psillos, “Is Structural Realism Possible?”, *Philosophy of Science*, 2001, 68（3）: S16.

三　沃勒尔的结构实在论

20 世纪 80 年代后，在实在论与反实在论的争论中，英国伦敦经济学院沃勒尔（J. Worrall）为了打破两者相持的局面，同时汲取科学实在论与反实在论各自的优点，重新建立了一个为科学实在论进行辩护的最好的理论，即结构实在论（structural realism）。结构实在论主张在理论的变迁中物理的结构可以是持续的、同构的和积累性的，就像其他新的理论一样，结构实在论的观点一经提出，立即就成为被科学哲学家们广泛讨论的一种新的实在论理论，成为实在论与反实在论争论的一个突破口，推动了新理论的发展。对于大多数科学哲学研究人员来说，实在论与反实在论的观点是大家都比较熟悉的理论，但问题是当我们把重点从实在论与反实在论的争论转移到模型时，对争论问题的实质性讨论也会随之改变。所以，为了讨论的连贯性，在分析结构实在论的观点之前，首先非常简要地介绍一下：什么是科学实在论？实在论与反实在论的观点以及它们争论的焦点。

（一）实在论与反实在论之争

所谓科学实在论是指我们把一个命题或假说看作是一个理论的评价标准：是否相信该理论是真的。具体来说，科学实在论的观点可以概括为：当我们接受一个理论时，有这样的四个因素需要考虑：（1）这个理论所预设的不可观察实体是不是客观存在的？（2）这个理论的理论词是不是有指称的？（3）这个理论对应的理论命题和假设是否为真？（4）这个理论如果是一个成熟的理论，那么它是否因其不断成熟程度而不断逼近真理？

对于这四个方面的疑问，科学实在论都给出了肯定的回答。所以，科学实在论学派通常的看法是：成熟的、成功的或理想的科学理论，有着一些真实的客体与它相对应，即本体论承诺。科学实在论的本体论承诺表明这些成熟的、成功的或理想的科学理论本身可以描述现实世界中的真实客体。这样我们便可以从这些成熟的、成功的或理想的科学理论中区分出语义学的承诺和认识论的承诺。如此一来，科学的发展不但解决了越来越多的问题，而且越来越逼近客观的真理，这就是所谓对科学进步的承诺。

与科学实在论“针锋相对”，反实在论者，例如库恩和范·弗拉森，对以上四个方面的疑问都给出否定的回答，反对科学实在论的观点，认为一个理论之所以被大家所接受，它并不需要假定不可观察的对象是存在的；建立科学的目标并不是为了描述可观察或不可观察的实体及其性质，更主要的目的是要对感性事实进行详细的描述；理论作为一种有用的工具，其目的是用尽可能少的语句来归纳和描述大量的经验事实；一个理论是否为真与这个理论是否能很好地描述经验事实并不是一回事；一个成功的理论不过是“拯救现象”“预言现象的成功”而已，即使一个在经验上或先验中成功地描述了现实事实的理论，它也不一定是一个真理性的理论。

实在论与反实在论进行了旷日持久的大论战，到了 20 世纪末和 21 世纪初，持续在科学实在论和反实在论的激烈的争论中，有一种被称为结构实在论的理论打破了它们争论的僵局，形成一种新的本体论和认识论的学说。这种结构实在论“与本体论哲学，物理学哲学，数学哲学以及一般的自然科学哲学和社会科学哲学都有密切的联系”[①]。

结构实在论从提出来就广受关注，被认为是“结构实在论被许多实在论者和反实在论者看作是科学实在论中最有辩护力的形式”[②]。《科学哲学的国际研究》（*International Studies in the Philosophy of Science*）杂志也给出这样的定位：“结构实在论近年来重新进入科学哲学的主流讨论。”[③] 科学实在论的主要论据是最佳解释推理（inference to the best explanation）和无奇迹论证（no miracle argument），所谓最佳解释就是该理论实体被科学从各个方面（例如分子运动论、X 光衍射以及化学变化等等）指明有一种对应的客体存在（例如分子存在），而如果说它们只是碰巧符合这种客体存在，那简直是“奇迹”。而奇迹是不存在的，所以科学理论有它的现实的客体作为它的基础。

可是反实在论提出相反论证，推出科学理论取得成功的客体，随着科学的发展，它的本体论承诺和理论词的指称都一个个地被推翻。科学的历

---

① 张华夏：《科学的结构：后逻辑经验主义的科学哲学探索》，社会科学文献出版社 2016 年版，第 81 页。

② James Ladyman, “Structural Realism”, In *the Stanford Encyclopaedia of Philosophy*, http://plato.stanford.edu/entries/structural-realism, 2009.

③ Anjan Chakravartty, “Structuralism as a form of Scientific Realism”, *International Studies in the Philosophy of Science*, 2004, 18: 151.

史可以看作一部“不充分决定性”（under - determination）论证和“悲观的元归纳”（pessimistic metainduction）论证的历史。①

“不充分决定性”论证的一个极有影响力的讨论来自范·弗拉森，他在《科学的形象》这本书中表达了这样的看法：“如果两个理论在观察上是不可分辨的或经验等价的，即从两者可推出完全相同的经验后承，那么它们在认识上也是不可区分的，两者都能被经验同等地证明。所以，我们没有理由认为其中一个为真而另一个为假。如果我们用理论的近似为真来解释理论取得经验成功，那么两个在本体论上不相容而经验等价的理论，就会被认为是同时为真，就会构成逻辑矛盾，这显然是不合理的。”② 所以，关于“不充分决定性论证”方面，反实在论的主要观点是：科学理论之间并不仅仅以理论的真假之分为评价标准，而是以经验上是否适当（empirically adequate）或不适当。决定接受一个理论而不是另一个理论，通常根据理论是否经验适当，而不是根据理论的真假。

正如本书第三章中所阐述的，在范·弗拉森所主张的建构经验理论中，科学理论的表述与经验现象的模型建构是相符合的，假如一个科学理论能“拯救现象”，能正确地描述出经验现象的本质，完美地解释与预测经验到的事实与实验的成果，那么就可以说这个科学理论在经验上是适当的。因此范·弗拉森强调，一个科学理论的成功并不是因为论证它为真，而是因为在科学的历史发展中，这个理论战胜或淘汰了那些经验上不适当的理论，留下的就是经验上适当的理论。他说：“科学的成功不是奇迹。对于有达尔文科学头脑的人而言，他甚至一点都不会感到惊讶。因为任何科学理论都面临着激烈而残酷的竞争，只有成功的理论，那些事实上把握住自然中实际规律的理论，才能幸存。”③

在科学实在论的发展后期，最大的挑战来自“悲观的元归纳”论证。“悲观的元归纳”是科学哲学家劳丹（L. Laudan）针对科学实在论的理论真理观于 1981 年提出的，他主要论证的出发点是：梳理科学发展的历程，有许多理论在对过去研究现象的解释和未来发展过程的预言上都是适用的、成功的，但随着认识的深入和学科的发展，后来却发现这些理论是错

① L. Laudan, “A Confutation of Convergent Realism”, *Philosophy of Science*, 1981, 48 (1): 19 - 49.

② Bas C. van Fraassen, *The Scientific Image*, Oxford: Clarendon Press, 1980.

③ Bas C. van Fraassen, *The Scientific Image*, Oxford: Clarendon Press, 1980: 21.

误的直至完全抛弃它们。推而及之，根据归纳原理，我们有什么理论上的论证或理由相信现在已被经验成功的理论是真的，它们或许就像那些被推翻的理论一样，有可能是错误的。比如科学发展史中出现的燃素说、热质说、泛生论、光以太说等都属于这样的情况。

（二）沃勒尔：实体、关系与结构

正当科学实在论与反实在论争持不下时，沃勒尔于 1989 年发表了 "Structural Realism：The Best of Both Worlds ？"（结构实在论：两个世界的最佳者?），提出结构实在论而打破了这个僵局。在这篇文章中，他既赞同"悲观的元归纳"的论证，同时又结合彭加勒的关系实在论的观点，对"悲观的元归纳"论证进行了质疑与反驳。[①] 他将理论的"不可观察的本体（noumena 或 ontic form）划分为两个部分：一部分是它的实体（entities）或对象客体（objects）；另一部分是这些实体的关系或结构。实体是不可认识的（或根本不存在的），而实体的关系或结构却是可知的，特别是可以通过数学的结构来加以把握，前者是在理论变更中不断作出根本性的改变的，而后者是在理论变更中能持续下来的，表现出科学革命的持续性和积累性"[②]。这样，实体的关系与结构就可以客观地、正确地加以描述，有它的本体论承诺和认识论的实在意义。所以，结构实在论在科学实在论与反实在论之间走出了一条中间道路：既承认科学具有无限逼近真理、正确反映现实客观世界的结构，从而使科学在发展中具有不断积累进步的特征，延续了科学实在论的"无奇迹论证"的标准，同时又保留了反实在论对现实客观世界中某些事物不可知的论断，认为科学在表述不可观察的实体与性质方面是非连续的，是遵循"悲观的元归纳"论证的。

支持"结构实在论"立场的最著名的案例是光学中的菲涅尔方程，它反映了光的入射、折射和反射的关系，它在光的以太理论中成立，在后来的麦克斯韦电磁场理论中成立，在爱因斯坦的光量子假说中也成立，成为理论实体假说的不断变更中的多朝元老和不倒翁。

光是波还是粒子？19 世纪，菲涅尔（Augustin – Jean Fresnel）将

---

① J. Worrall, "Structural Realism：The Best of Both Worlds ?", *Dialectica*, 1989, 43：122 – 123.

② 张华夏：《科学的结构：后逻辑经验主义的科学哲学探索》，社会科学文献出版社 2016 年版，第 91 页。

"光是什么"这个话题从微粒学说转向波动学说。在那时的光学理论的发展中，菲涅尔提出的波动光学模型被麦克斯韦电磁理论模型所代替，在整个理论的发展过程与更替中，"关于光的本体论承诺发生了实质性的变化：关于光的旧本体论被新本体论所取代。在菲涅尔那里，光波是由以太粒子的振动所引起的波动；在麦克斯韦那里，光波是由电磁场的交替变化所引起的波动。然而菲涅尔波动光学中关于偏振光的反射与折射定律却在麦克斯韦方程组中得到完整保留，从后者可以逻辑地推出前者"①。"这里，不仅菲涅尔公式被保留下来，而且关于光波的横波性与偏振性的物理解释也被继承下来了：横波性与偏振性从以太波的性质变成了电磁波的性质。"② 这个案例同时也表明结构实在论的观点与工具主义的观点是相符的。

结构实在论的历史由来已久，包括罗素和彭加勒都是结构实在论的创始者和支持者。彭加勒认为："过去理论只是反映了真实物体的真实联系，但对于真实物体的本质，我们永远无法知道。"③ 结构实在论的成功之处就在于在结构的实在性方面避开了"悲观的元归纳"的反实在论观点，又支持了科学实在论在结构方面的本体论承诺、语义为真的承诺以及科学的进步和持续性的承诺。它的缺点是引进了实体的不可知，即认识论上的结构主义（Epistemic Structural Realism，简称为 ESR）或理论词指称的实体根本就不存在，即本体论上的结构主义（Ontic Structural Realism，简称为 OSR）。

（三）相关的其他观点

美国波士顿大学的曹天予教授尝试修正上面提及的结构实在论的这些观点，他的目的就是建立一种"召回实体"的结构实在论。因为实体与结构是一对概念范畴，结构是实体内部或实体之间的一种关系，没有关系者的关系是很难理解的。张华夏教授称这种结构实在论为实体—结构实在论（ENSR）。这种结构实在论的实体与传统哲学的永恒不变的实体不同，它的实体涉及比较广泛的领域：主要包括"个体客体（物体），非个体客

① 王贵友：《整体结构实在论与科学合理性辩护》，《哲学分析》2011 年第 6 期。

② 王贵友：《整体结构实在论与科学合理性辩护》，《哲学分析》2011 年第 6 期。

③ ［法］昂利·彭加勒：《科学与假设》，李醒民译，商务印书馆 2006 年版，第 131—132 页。

体（物体群体），非客体物理场，甚至整体的过程结构”①。这已经在实体中包含了某种结构或结构载体的因素，这种实体结构主义之所以是结构主义的，那是因为：（1）虽然在某种情况下基本实体对结构处于优先地位，但在认识论方面，结构陈述在理论陈述中占着优先的地位，可以通过结构陈述来探索出它所包括的一个稳定的核心的具有自然类的本质特征和因果机制的子集，那便是“不可观察的实体”。这就区别于认为实体不可知的认识结构实在论和主张实体不存在的本体论结构实在论，又保留了它们的长处；（2）至于元素与结构的关系，他提出两种元素结构，第一种元素在结构中占主导地位，但是还有第二种元素结构，结构对元素占主要地位。张华夏教授强调说：“第二种结构类型，称作整体结构，它在本体论上优先于它的元素，赋予元素以无结构质料或角色位符（Place holders）的意义，从它所占有的结构的角色位符中以及在结构中所起的功能作用导出它们的个体特征”②，这就区别于无实体存在的 OSR。有了这种实体与结构的重新定义，使得曹天予的实体结构主义与标准的结构主义更加接近。张华夏教授支持这种实体结构主义，并给它补充了实体、结构、过程之间相互关系的论证。实体可以看作是过程的持续生成，$X \underset{df}{=} (A_1, A_2, \cdots, A_n)$，其中 A_1，A_2，∧ A_n持续生成和存在。例如龙卷风是实体，它由持续生成的过程 A_1，A_2，∧ A_n组成，实体也可以看作是关系的纽结或关系的函数，$X \underset{df}{=} F(R_1, R_2, \cdots, R_n)$ 这些关系 R_n的扭结 F 规定了某种具有特定性质的载体 X，所以实体结构主义阐明在客体中，实体与结构是共存的、可知的和相互确定的；可以有实体主导结构的实体也可以有结构主导实体的客体，可以通过实体认识结构，也可以通过结构认识实体；实体有它的结构表达式，实体、结构有它的过程表达式，反之亦然，它们在数学上或哲学上是等价的，只是分析问题的立足点或预设不同罢了。而一般说来，实体和结构是一种相对的划分，从低层次实体（例如生命大分子）看它们的过程结构或相互作用结构的东西（例如细胞内的结构）是结构，而在高层次（生命有机体）看它是实体（细胞体）。最近，张华夏教授研究

① 这种整体的过程结构的一个典型案例是自组织突现体，例如化学钟；张华夏：《科学的结构：后逻辑经验主义的科学哲学探索》，社会科学文献出版社 2016 年版，第 104 页。

② 张华夏：《科学的结构：后逻辑经验主义的科学哲学探索》，社会科学文献出版社 2016 年版，第 111 页。

了德勒兹的差异理念辩证法，这种新辩证法指出：单独看元素的实体就像单独看 dx、dy 一样，是非确定性的；而从它们之间的关系来看它则是相互可确定的，就像$\frac{dx}{dy}$一样是可确定的。这就是主要来自“曹天予—张华夏的实体结构主义”的科学实在论，它也是结构主义的一种形式。

（四）模型的认识论：实在论还是结构实在论?

模型的认识论一直陷入“是实在论还是反实在论”的争论之中。通常，坚持实在论观点的研究者认为，模型与现实世界的表征关系是以相似性为基础的，一个好的模型尽管表面上不一定真实，但通常至少是近似真实的。评价一个好的模型的很重要的标准是：模型是否能忠实地表征客观实在的事物。也就是说，实在论者提出的那些观察实体与建立的模型之间的这种忠实关系是否遵循“真理”或“相符合”的关系。因此，实在论者坚持模型的客观真理性而反对模型的虚构性；模型的反实在论者认为，实在论者否认模型的虚构性使实在论者不可能接近科学，真理并不是科学建模的主要目标。例如，1983 年，卡特赖特在她的那本非常有影响力的书《物理学定律如何说谎》（*How the Laws of Physics Lie*）中提出了若干个经典案例说明好的模型往往是错误的。①

1985 年，罗纳德（Ronald Laymon）指出：“当我们降低模型的理想化时，模型的预测通常会变得更好。”② 面对实在论者对模型的近似真理目标的追求，反实在论者从三个方面进行了反驳：（1）根据卡特赖特在《自然的能力及其测量》（*Nature's Capacities and their Measurement*）中所指出的那样，没有理由假定有人总是能通过进一步降低理想化的修正过程来改善模型。③（2）科学家反复地研究一个被降低理想化的模型，是不合乎常理的。因为一个模型中如果有太多因素需要调整，建模者会直接转移研究目标而建立另外一个更为符合的模型，而不是把时间和精力花费在对这个模型的缝缝补补。第五章中介绍的原子结构的各种各样的模型是这样的

① Nancy Cartwright, *How the Laws of Physics Lie*, Oxford: Oxford University Press, 1983.

② Ronald Laymon, "Idealizations and the Testing of Theories by Experimentation", In Peter Achinstein and Owen Hannaway (eds.), *Observation Experiment and Hypothesis in Modern Physical Science*, Cambridge, Mass: M. I. T. Press, 1985: 147 - 173.

③ Nancy Cartwright, *Nature's Capacities and their Measurement*, Oxford: Oxford University Press, 1989.

一个例子、第二章中在介绍“现象模型”时谈到的原子核的多个模型也是这样的一个例子。(3) 建模者在降低理想化时对于降到多低的程度难以把握。例如，物理学家在对 MIT 口袋模型（MIT - Bag Model）进行理想化处理时，并不清楚理想化降到什么程度就可以最终满足量子色动力学这个基本理论的要求。

作为模型的反实在论者，莫里森指出，科学家根据同一个目标系统会建立不相容的模型。[①] 这些“不相容的模型”给同一个目标系统赋予不同的性质，因此，模型之间是互相矛盾的。例如，在核物理学中，液滴模型用一个流动的液滴探究原子核的类比，而壳层模型根据质子和中子的性质以及原子核的构成描述了原子核的性质。这种做法与科学实在论的观点是相悖的。在科学实在论者看来，“一个理论预测的成功与它至少近似真实的存在之间有着密切的联系。但是如果相同系统的几个理论在预测上是成功的，而且如果这些理论相互不一致，他们不可能全部为真，甚至不可能近似为真”[②]。

这样看来，建立模型的活动对反实在论观点的支持力度大于实在论。但是，实在论者也从他们对模型的研究中给反实在论者的这些挑战作出相应的回应：(1) 一个好的模型一定是理论的预测者。(2) 模型要具备为一种预测性的实在论做辩护的能力。[③] (3) 对科学模型进行理想化，并不能成为论证模型是虚假的证据，因为不管是日常的描述还是科学上的描述，所有的描述都涉及理想化，“理想化是了解一个独立的客观世界所需要的”[④]。

综上，根据“实在论与反实在论”的理论分析、模型与“实在论与反实在论”的关系以及上述菲涅尔提出的波动光学模型这个案例可以看出，模型在实际表征理论的过程中，模型与现实世界或原型之间并不是纯粹的符合关系，有时也是一种对应或是对现实客观事物认知状态的一种映射。这种映射与符合关系实际上又属于反映论的范畴，是模型对原型的镜

---

① Margaret Morrison, *Unifying Scientific Theories*, Cambridge: Cambridge University Press, 2000.

② Roman Frigg and Stephan Hartmann, “Models in Science”, In *The Stanford Encyclopedia of Philosophy*, https://plato.stanford.edu/entries/models-science/, 2006.

③ Ronald N. Giere, *Science Without Laws*, Chicago: University of Chicago Press, 1999.

④ Paul Teller, “How We Dapple the World”, *Philosophy of Science*, 2004, 71: 425 -447.

像般的“复写”“摄影”或“反映”。基于这样的观点，模型的认识论状态在这种意义上不能说是反实在论的，也不能说是完全实在论的，尤其不能说是“反映论的实在论”或“实在的反映论”。

那模型是结构实在论吗？

模型在建立时为了“方便”的性质（properties of convenience），经常对原型进行修正、改善或理想化，这种对真实实体和过程的抽象状态在某些情况下推动了模型在科学中的作用，使科学家们从现实世界中通过模型得到了科学规律与科学理论。如根据点粒子模型物理学家们得到了气体玻意耳定律和查理定律、对现实世界的运动物体进行理想状态、无摩擦平面、质点以及其他问题中的无穷可能、零时间关联，理想刚性杆等等建立的模型得出了牛顿定律；原子核的液滴模型把原子核作为一个整体来考虑，忽略了核内各核子个别运动的特点，是为了说明有关原子核的核反应以及核反应能量问题；经济领域内市场的一般均衡模型忽略货币的作用、假设不存在与其他国家的贸易、劳动力得到充分利用、劳动力、生产技术和资本存量是固定的，即产品和服务的总产出是固定的、忽略短期黏性价格的作用、生产函数具有规模报酬不变的性质、企业是竞争性的，企业的宗旨是追求利润最大化，解释了收入、价格与供求的关系；在机械波的传播过程中，假设媒质是无吸收的各向同性均匀的媒质，从而得出数学上的波动方程。显然，科学家们在研究的过程中，尤其是在建立模型的时候经常会对现实客体进行理想化，如气体玻意耳定律、查理定律和牛顿定律就是把一些客体及其性质抽象为极限状态、原子核的壳层模型中，着重考虑核中各个核子个体的运动，把每个核子近似地看作处于由所有其他核子所形成的静态平均势能中。对于这样的做法，卡特赖特曾经以多种方式指出，这些若干个看似成功的模型研究案例说明：好的模型往往是“不好”的。之所以得出这样的结论源于她的这种主张：从来没有理由假定科学家们总是能通过进一步降低理想化的修正过程来改善模型，所以它不是真实存在的。

根据卡特赖特的研究，我们说模型能让科学家们越来越近似于事实或真理，这是一种错误的论断。所以，尽管科学家们通过建立模型认知现实的世界、预测未来可能发生的状态，但如果把模型完全看作是尝试性地发现科学理论与解释世界现象或寻找定律的工具，那也不是恰当的。需要注意的是，通常所说的“理想化”“抽象化”虽然在某种意义上相当于“方便的”“工具的意义”，体现了模型与现实世界的实体之间有某种“近似的”“相似的”意义，而且关键是最后环节——通过科学家的经验与科学实验来检验科学模型，但是追溯到最初，建立的科学模型一开始所依据的就是从“隐喻”“类似”“类比”这些相似关系而来的。当然，退一步说，按照我们以上的分析提出的结论：模型是对现实世界客体的同态对应或映射，因而它可以是虚构的，建模的过程允许自由的想象，只不过对模型进行的虚构和想象并不能作为同态对应的模型的核心。上面论及的菲涅尔提出的波动光学模型这个案例已经表明结构实在论的观点与工具主义的观点是相符的。工具主义者认为：理论概念和理论实体只是一种符号的集合，它是用以整理感性经验和观察陈述并由此预言新的感性经验或观察陈述的方便工具或计算仪器，它在物理世界中根本没有对应物。①

所以，科学家们建构的模型与现实客观事物之间具有一种重要的同态对应的关系，因而在这种意义上，模型的认识论状态也不是纯粹结构实在论或者工具主义的。因为这些“虚构”与“想象”存在的本意只不过是为了寻找结构的对应、过程的对应和关系的对应而服务的。

四　弗伦奇、科斯塔与弗里格对“同构”关系的辩论

2003 年弗伦奇和科斯塔（S. French & N. C. Da Costa）主张模型与实在的关系是“同构”或“部分同构”，他们与弗里格进行激烈论战，弗里格撰文数篇逐条驳斥前者的模型同构论（R. Frigg，2006，2012）。

（一）弗伦奇和科斯塔：模型与实在的关系是部分结构

由于科学哲学家的研究重点从自然主义向科学实践哲学发生转向，科学实践的性质和重要性重新得到学者们的关注。他们尝试着对科学哲学和社会科学中的目标系统建构模型，用模型描述科学的实践，以便获得“地方性知识”的特征，并表征实验技术的碎片性知识。在科学哲学家们看来，建构模型是科学实践的一种具体行为。也正是因为他们偏重于实践的认识，在建构模型的具体实践过程中，他们更看重诸如“唯象模型”

① 张华夏、叶侨健：《现代自然哲学与科学哲学》，中山大学出版社 1996 年版，第 448 页。

这样相对“低层级的模型”，而忽视了对“高级”理论的研究。按照科学哲学家的本职工作以及他们的旨趣来说，理论的研究才是他们所引以为豪的事业，也是相对知识层次中更为高级的形式，但现在他们也转向并专注于对唯象模型的研究，这多少有些不太符合科学哲学家们给人们的印象。这样的情景有点像20世纪60年代那时的科学哲学家们的选择。在那个知识背景下，科学哲学家们认为唯象模型这样的低层次模型在科学理论的发现过程中具有重要的作用，以至于这类模型是“独立”于理论的。

把建构模型看作是科学实践，这涉及认知实践模型的两个基本方面：

第一个方面，模型在实现表征功能时，从理论上说它是不完整的。因为在科学实践中通常所采用的是直观反映方法，这说明所建构的模型与目标系统之间是部分反映或近似真理，或者可以称之为是部分结构（partial structures）的关系。这样的观点与塔斯基所提供的对真理的形式表达是不相符的。

在弗伦奇和科斯塔看来，随着“实用主义”“片面的”或“准的”真理的形式概念的发展，实践模型的研究也日益展开。他们注重信念在理论发现中的重要作用，并借用“信念”的功能从唯象学模型的低级实践功能到达“高级理论”的顶峰。具体的做法是：（1）根据塔斯基的真理理论对实践模型进行创新性改造，从形式上保证模型与目标系统之间是“作为对应的真理”关系；（2）进一步地，“通过将‘部分结构’的概念引入到模型理论或‘语义’进路，‘准’真理的形式主义提供了一种方法来适应科学表征中固有的概念不完全性，从而将‘理论’和‘模型’的各种表现形式联系在一起”①。

第二个方面，从实践的角度看，模型的实质是一种方法论，而不是表征和真理。例如，模型在建构过程中会有各种理想化，那么模型与现实世界的关系也只能被认为是部分正确的，这样一种关系可以用结构上的相互联系来表示，即部分同构性。

弗伦奇和科斯塔对“实用主义”或“准”真理的形式主义进行了分析，他们认为塔斯基的形式化主义试图代表实用主义者的目的与意向性。在表达的过程中，弗伦奇和科斯塔提出，对世界表象的关注才是最重要

① C. A. Newton, D. A. Costa and Steven French, *Science and Partial Truth: A Unitary Approach to Models and Scientific Reasoning*, Oxford University Press, 2003.

的。模型不是目标系统的完美复制品，甚至在某些方面的描述是不完整的和片面的。实用主义者采用形式主义的概念、术语与基本形式是一种“部分结构”，这是科学家建模的认知基础。

例如，塔斯基将模型理论引入数学中，将“句子在结构 a 中为真”这一直观概念形式化，他的这个做法是在数学和哲学上的创新。受到塔斯基对模型理论的创新的启发，贝斯（Evert W. Beth）、苏佩斯、萨普、范·弗拉森等人认为：“与科学概念对应的语义具有根本性的重要性……科学理论不应被视为某种适当的正式语言中公理化的句子集合，而应被视为模型的类别。”① 这样就形成了科学哲学中“语义”或“模型理论”方法的基础。

“部分结构”的引入允许对“实用主义”或“部分”真理的概念进行定义，这样就可以从新的角度看待各种各样的问题。科学表述从本质上说是不可能完备的，“部分结构”的概念正好适应了这种科学表述的特点。通过“部分结构”，进一步推进了模型理论的方法可以更好地适应科学实践和实用主义的需求。

为此，弗伦奇和科斯塔专门探讨了在模型理论方法中引入“部分结构”的作用。他们认为，在模型理论方法中有一个基本问题，那就是以数学模型组成的理论与科学家在实践中经常建立的模型之间的“部分结构”关系。

对于他们的这种主张，弗里格并不赞同，他认为模型不可能通过“部分结构”来描述一个目标系统，模型不需要通过部分结构来表征物质世界。

（二）弗里格：同构不是表征

模型是获取科学知识的一个至关重要途径，模型以这样或那样的方式表征它的目标系统。一个模型具有表征它的目标系统的功能这意味着什么呢？在弗里格看来，模型必须具有表征功能：一个模型只有在我们假定它表征了我们所研究的世界的选定部分时，才能指导我们认识现实世界的本质。那么模型是如何表征这个世界的呢？这个问题转化为用逻辑符号的回

---

① C. A. Newton, D. A. Costa and Steven French, *Science and Partial Truth: A Unitary Approach to Models and Scientific Reasoning*, Oxford: Oxford University Press, 2003.

答是："M 是 T 的科学表征当且仅当 _ _ "（M is a scientific representation of *T* iff _ _ ），其中"M"代表"模型"，"T"代表"目标系统"。①

科学家建立的不同模型有不同的目的，但总的说来科学表征具有认知的功能。可以肯定的是，模型的建立一定要赋予它具有超越模型自身的东西，而这些东西正是通过模型获得的关于世界的某一部分或某一方面的知识。也就是说，科学家们研究一个模型，从而发现它所表征的事物的特征。

在讨论了科学表征模型的基本观点之后，弗里格又分析了结构主义的模型观，即一个基于结构同构的概念。

正如本书第三章中讨论的语义模型的观点，弗里格的结构主义的模型观提出，理论的核心是表现为一种结构的模型。"结构 S = <U，O，R> 由一个复合实体组成：（1）一个非空的个体集合 U，称为结构 S 的域；（2）对 U（可能为空）进行操作的索引集合 O（即有序列表）；（3）U 上的非空索引关系集 R。"②

在具体分析"个体"和"关系"的含义时，弗里格指出：要定义一个结构的域，个体是什么并不重要，他们可以是任何东西，唯一重要的是个体的数量是如此之多。"关系"本身是什么并不重要，重要的是确定它拥有什么对象。

现在，假设科学模型就是这种意义上的结构。对此，苏佩斯宣称"模型的概念在数学和经验科学中的意义是一样的"③。范·弗拉森认为，"科学理论为我们提供了一系列模型来描述现象"，这些模型是数学实体，因此它们所拥有的只是结构。④

苏佩斯、范·弗拉森等语义观的支持者尽管也开始关注模型的表征理论，但并没有明确地、系统地提出表征理论，他们的主要研究内容还是基于这样的一个前提：假定模型和它的目标系统之间的关系是同构的，即一个科学模型 S 是一个结构，它表示目标系统 T 当且仅当 T 在结构上同构于

---

① R. Frigg, "Scientific Representation and the Semantic View of Theories", *Theoria*, 2006: 55.

② R. Frigg, "Scientific Representation and the Semantic View of Theories", *Theoria*, 2006: 55.

③ Patrick Suppes, "A Comparison of the Meaning and Uses of Models in Mathematics and the Empirical Sciences" (1960a), In Patrick Suppes: *Studies in the Methodology and Foundations of Science, Selected Papers from 1951 to 1969*, Dordrecht, 1969: 12.

④ Bas C. van Fraassen, "Structure and Perspective: Philosophical Perplexity and Paradox", In M. L. Dalla Chiara et al. (eds.), *Logic and Scientific Methods*, Dordrecht, 1997: 528.

S（A scientific model S is a structure and it represents the target system T iff T is structurally isomorphic to S.），弗里格把这个表述称为模型的结构主义观，简称为 SM。

弗里格强调他的模型的结构主义观点，是最简单的形式，他的观点背后的认识论基础是弱化同构要求，用限制较少的映射（如嵌入、部分同构或同态）取代同构。进一步地，弗里格论证：科学表征不能由同构进行解释，同构不是表征。

对于这个论点，弗里格给出的理由是：

（1）表征不能用同构来表示，因为同构具有错误的形式性质：同构是对称的和自反的，而表征不是。

（2）结构同构（structural isomorphism）包含的范围太广泛而无法解释表征。在许多情况下，一对同构对象中的任何一个都不能代表另一个。例如，同一张照片的两个影印照彼此同构，但却都不是对方的再现。因此，同构不足以表征。

（3）SM 无法正确地修正表征的扩展。在科学史上，相同的结构可以在不同的系统中被例证。例如，线性函数被广泛地应用于物理学、经济学、生物学和心理学中的数学部分；牛顿的万有引力定律$\frac{1}{r^2}$也是库仑静电吸引定律[①]的“数学骨架”；声音或光线的减弱是到光源的距离的函数；谐波振荡在古典力学和古典电动力学中同样重要，等等。从理论上说，在模型对目标系统的表征中，目标系统可以是一个象征性的表示，如宇宙学模型[②]，这意味着必须正确地对这些目标系统修正表征的扩展。但在这个要求中，模型的结构主义观失败了，因为它不能正确地修正在相同结构可以在不同系统中实例化的情况下表示的扩展。如果一个模型与多个具有相同结构的案例是同构的，那么这个模型具体表征哪一个？在这样的情况下，唯一可以做的是被迫得到一个矛盾的结论：模型表征了所有的目标，但这与模型表征特定目标的事实相冲突。[③]

那么，如何消解模型的结构主义观的问题？

---

① 通常称为库仑定律。

② 但是一些特殊的物理现象的模型总是表示像一个电路、一个飞碟磁性固体，或爆炸的恒星。

③ R. Frigg，“Scientific Representation and the Semantic View of Theories”，*Theoria*，2006：55.

弗里格认为解决的办法是把观察者或者建模主体考虑进来。在他看来，模型的结构主义观规定模型的表征功能必须在同构方面得到唯一解释，这样的规定过于“纯粹”，因为科学家们建立模型进行表征时，他们最看重的是模型是否能真正表征他们的意图。所以，要挽救这种失败，弥补的措施就是：承认表征是有意创造的，并认为结构只有在有人使用时才会成为模型。

也就是，把 SM 完善为 SM'：结构 S 表征目标系统 T，当且仅当 T 在结构上同构于 S 并且 S 由建模者的意图来表征 T（（SM'）The structure *S* represents the target system T iff T is structurally isomorphic to S and S is intended by a user to represent T）。[①]

弗里格把建模者的意图添加到模型的结构主义观点中，看上去这个观点的上述问题似乎得到了解决。但是仔细考虑，建模者是表征过程中重要的一个组成部分，如果仅凭附加的这一个条件：“建模者想要使用 S 作为 T 的模型”是不够的。

可以看出，使用表征的科学家们这是在极力地挽救模型的表征理论。建模者所要做的是用模型表征目标系统，那他们是如何将原本不属于表征的东西转换成表征？这就是弗里格所质疑的问题：当一个科学家用 S 代表 T 时，他到底做了什么？如果我们被告知科学家想用 S 代表 T，这是对问题的解释，而不是解决方案。相对于科学家的目的，我们更想知道科学家是如何使用 S 表征 T，而要回答这个问题，需要回答的比起只表明建模者的意图要附加更多内容。另外，改善后的模型的结构主义（SM'）在解释为什么 S 表征 T 时，所有的研究焦点转向对意图的诉求，此时同构论就变得无关紧要。但是这样的解释原则上是说不通的，因为在 S 表征 T 时同构也起到了相应的作用，同构连接了模型与目标之间的关系，只用建模者的意图来描述模型与目标之间的关系显然是太自由了。

所以，弗里格最后的结论是：SM' 中的功能同构的作用是对允许的表征类型施加约束，但它对于解释“模型的表征难题从何而来？”这个问题没有太大帮助。所以，同构与理解“模型如何表征事物”无关。

由此，弗里格从这样一种角度分析了他对模型表征不能由同构来解释的观点，从而反对了弗伦奇和科斯塔关于“模型与实在的关系是部分结

---

① R. Frigg, “Scientific Representation and the Semantic View of Theories”, *Theoria*, 2006: 55.

构”的看法。

五　结论：同态实在论

根据以上章节的分析，模型的认识论基础既不是一般实在论的，也不是结构主义或工具主义的。由于模型与现实世界的客体之间具有重要的同态对应关系，我们将这种认识论状态称为同态实在论。

这样，因为我们建构的模型与我们感知世界或经验世界的某一事物是同态对应的，并且在整个建模的过程中运用这种理念于我们的行动中，最终保证模型的解释与发现作用取得成功。也就是说，模型的结果的有效性与科学家们建立的模型的预言与预期相一致，从而证明了这种同态映射是成立的。所以，这就为我们坚定地认为“模型与现实实在世界之间有某种对应关系”树立了信心。在这个意义上，我们在本体论上是同态实在论者。

不过，这个“同态实在论”并无“符合”实在之意，它只表明科学家们建立的模型与实在之间有一种映射、对应关系。在这个前提下，我们也可以承认模型是我们认识世界、整理感性材料、建立理论体系的工具，但这里主要讲的是模型在表征功能上起到预测和解释工具的作用，并不是说它在本体论上承诺了工具主义。这样看来，作为进化控制理论的倡导者之一，图琴（Valentin F. Turchin）事实上也持有这种主张。

图琴从控制论的角度研究模型理论，将模型理论看作是他的整个认识论的核心。图琴特别强调模型的预期必须与世界运行的结果相一致，在从语义学的角度阐述他的认识论哲学时说：“对我而言，语言对象的意义就是尽我所能地把这个对象用作建构世界模型的工具。换句话说，就是用来预言世界的进程。我建立这个原则，是通过探讨任何有意义的事物都必须以某种方式增长我们的知识，控制论关于知识的理念就是知识乃实在的模型。”[①] 这样的观点，实际上表明图琴也是一个同态实在论者。只不过他没有明确说出自己在实在论与工具主义之间是什么态度，他的哲学思想来源于叔本华的“整个世界就是行动加表现”。表现就是模型，行动就是模型的目的，世界本来只是一种意志，所以他就没有必要去讨论实在论与工

---

① V. Turchin, “A Dialogue on Metasystem Transition, In F. Heylighen”, C. Joslyn & V Turchin (eds.): *The Quantum of Evolution*, Gordon and Breach Science Publishers, 1999.

具主义的问题。但我们并不赞同叔本华的观点，我们认为这个世界不仅有精神意志，还有现实的各种实在物体。所以我们不能回避模型与实在的关系，因此用这种“同态对应”或“部分同构”的关系来区别于科学实在论的“符合”、结构主义或工具主义的“方便与否”。[1]

这样，我们在模型的认识论基础上走向了第三条道路，它是介于纯粹结构主义或工具主义与实在反映论之间的同态实在论，即认为模型与实在的关系是同态对应或弗伦奇和科斯塔所主张的部分结构或部分同构。这种同态实在论我们有时也称之为是一种弱的“同构”观，这就是我们捍卫科学模型的实在论与认识论基础的基本观点。

---

① 图琴关于模型的认识论状态的许多观点详见齐磊磊《科学哲学视野中的复杂系统与模拟方法》，中国社会科学出版社 2017 年版，第 68—71 页。

第五章　模型在科学研究中的作用

在科学理论的发现过程中，气体的弹子球模型（the billiard ball model of a gas）帮助科学家们计算、理解、解释气体分子的运动规律；原子的玻尔模型帮助科学家们认识了原子的稳定性和氢原子光谱线规律；原子核的液滴模型可以说明有关原子核的核反应以及核反应能量问题；原子核的壳层模型不仅能够说明核的稳定性的周期变化情况，还可以解释核的一系列性质，如核磁矩、核自旋等等；大气的洛伦兹模型对混沌动力学规律进行了解释；捕食—食饵相互作用的洛特卡—沃特拉（Lotka - Volterra）模型[①]帮助科学家们了解了生态振荡现象；生物科学中DNA双螺旋模型破解了遗传基因的内部结构；社会科学中基于主体和进化的模型解释了人与人交往的“针锋相对”是最优的策略；经济领域内市场的一般均衡模型解释了如何在生产要素中划分国民收入，也提出了生产要素价格是如何取决于生产要素的供求。

模型在科学研究中具有重要的作用，包括发现定律、整合科学研究成果、新的推理逻辑、联系理论与实践的中间环节、替代实验资料（模拟实验）等，本章将进一步探索模型在发现科学定律中的作用并考察到具体的学科中。在这个过程中，着重在“基于模型的推理”上进行一些突破，并从中进一步探索其中的逻辑规律。

为了更好地阐述表征模型在科学研究中的作用，我们采用的主要途径是运用案例研究方法，结合多个学科中的相关案例详细地展开分析。具体地，本章主要围绕典型案例分析：（1）基于模型的推理过程中，涉及

---

①　最早由洛特卡（Lotka）为模拟生态振荡现象而提出的一个化学反应模型。该模型由如下三个反应步骤组成：$A + X \rightarrow 2X$，$X + Y \rightarrow 2Y$，$Y \rightarrow E$。其中，组分A和E的浓度由外界控制为恒定，组分X和Y的浓度为独立变量。该模型能呈现守恒振荡（振幅由初始条件决定），但不能模拟实际的化学振荡现象。该模型有时也称为洛特卡—沃特拉（Lotka - Volterra）模型。

水波、声波、光波、电磁波的隐喻与类比描述；富兰克林的风筝实验模型；夸克模型；凯库勒的苯环分子模型。（2）自然科学中的经典案例：原子的结构模型是从经典科学到现代量子科学的过渡时期建立的；生命科学的 DNA 模型梳理了 DNA 分子结构模型的建立过程、历史作用、表征功能以及方法论特点，阐述了 DNA 模型在科学理论研究中的重要作用；元胞自动机（Cellular Automaton）模型（简称 CA 模型）和复杂网络模型主要阐述计算机模拟怎样揭示物理世界？相关的行为规则或规律又怎样揭示它们的运行机制？（3）社会系统的博弈论模型。

一　基于模型的推理

人们普遍认为科学的目的是发现自然规律。科学家的任务是发现自然规律，相应地，哲学家承担着阐述什么自然规律的工作。自然规律作为一个全称的命题或判断，意味着它们适用于世界上的一切事物。像前面几章所分析的，模型具有描述世界的功能，那么一般规律在科学中扮演什么角色？模型与规律如何相关？

在卡特赖特、吉尔和范·弗拉森等人看来，自然规律支配的是模型中的实体和过程，而不是世界上的实体和过程。按照这种观点，基本的自然规律不能说明关于世界的事实，但能说明模型中的实体和过程为真。从这个意义上说，对规律的实在论理解实际上就是科学中基于模型的推理。

那么，什么叫作基于模型的推理？

科学哲学的研究成果表明，不仅溯因推理是基于模型的推理，而且根据第四章中对同构或同态模型的阐述，可得出基于模型的推理的更一般的定义：存在着两个代数系统（X，$\odot$）and（Y，$\oplus$），前者为模型系统（源域），后者为目标系统（目标域）。若有 g：x→ y，我们可以运用 g（$x_1 \odot x_2$）=g（x_1）$\oplus$ g（x_2）来推出目标系统（Y，$\oplus$）的规律，这就是基于模型的推理。

（一）模型的推理基础：隐喻和类比

我们知道，从希格斯玻色子到夸克到质子到中子到电子到原子到分子到地球再到太阳系等等，自然界存在若干个事物；同样，从个人到家庭到社区到城市到国家，人类社会也存在若干个主体。面对如此众多的研究对象，如果每一个研究对象建立一个模型，那么，模型岂不是多得不可胜数？事实上，我们会发现，尽管研究对象形态多种多样，但许许多多的客体在结构或功能上常常具有相似性。如果我们能够识别出它们之间的相似性，我们便可以用同一的模型或者相似的模型来统一描述看似不同的研究对象。对不同的现象、不同的事物之间相似性的识别本来就是人类认知的核心问题。

关于这一点，著名心理学家詹姆士（William James）指出："对同一性（sameness）的领悟是我们思维的基础。"① 在认知科学中，隐喻（metaphor）和类比作为一种认知方式是认知科学家们经常使用的一种研究方法，因为隐喻和类比能够帮助他们找到事物之间的相似性。亚里士多德也指出："最伟大的事莫过于恰当使用隐喻。这是一件匠心独运的事，同时也是天才的标志，因为善于驾驭隐喻意味着能直接洞察事物之间的相似性。"② 历史主义学派的奠基者库恩把科学的发展看作是一个"类隐喻过程"（metaphor - like process），一个自始至终离不开隐喻和类比的过程。可以说，隐喻和类比作为一种认知方式，一种有效的寻找事物之间关系的工具，在建立模型这种形象思维过程中起了核心作用，隐喻和类比为模型的建立提供了相似性的逻辑基础。

按照科学中对隐喻理论的研究，我们知道，隐喻不仅能在研究对象已有的相似性之间进行比较，而且还能"制造"相似性，进而引导科学家们有效地创造类比、建立模型推动科学的发展。例如古罗马时期的一名建筑师维特鲁威（vitruvius）根据形象的水波的传播方式，采用隐喻的形式描述了声音的本质："声音是空气的流动，是听觉可感知的。它在无数的圆圈中运动，就像扔一块石头在平静的水面上所激起无数的圆形水波。它一直不断地从中心往外传播，除非遇到狭窄的范围才会中止，或者受到某种障碍而阻止它以适当的形式传播直到终止。"③

维特鲁威的这种描述是非常形象与合理的，因为水波和声波同样作为机械波这一大类的两个小类，具有太多的相似性，比如说水波的传播前提

---

① Robert A. Wilson and Frank C. Keil（eds.），*The MIT Encyclopedia of the Cognitive Science*，Cambridge，MA：MIT Press，1999：763.

② ［古希腊］亚里士多德：《亚里士多德全集》第九卷，中国人民大学出版社 1994 年版，第677 页。

③ D. Gentner，K. Holyoak and B. Kokinov，*The Analogical Mind*，The MIT Press，2001：5 - 6.

需要具备波源、传播媒质，在此基础上，波源才能够从中心为圆点围绕一定的传播半径通过传播媒质组成粒子的相互作用向外传播；在声学中的一个经典案例是，位于喉腔中部的声带是一个发声器，那么手机话筒里的膜片是波源，通过空气这个传播媒质则会收听到发出的声音。物理学家们也正是通过与水波的类比，对声音的传播方式进行形象地解释，并建立模型得出数学上的波动方程。到了 17 世纪，惠更斯发现水面上的任意一个波动传播，在前进时遇到一个带有小孔 a 的障碍物 AB，如果小孔 a 的孔径比起波长要小得多，那么穿过小孔的波就会是圆形的波，与原来波的形状无关，如图 5. 1 所示。这个模型说明障碍物上的小孔可以看作是一个新的波源。1690 年惠更斯根据这个模型提出了惠更斯原理，它适用于任何波动过程，不论是声波和水波这样的机械波，还是无线电波、光波、伦琴射线这样的电磁波，不论这些波动经过的媒质是均匀的或非均匀的，波面上的任何一点都是新的次波源，由次波源发出的多个次波所组成的包络面就是次一时刻新的波面，所以只要我们认识了某一时刻的波阵面，次一时刻的波阵面就会从惠更斯原理中用几何的方法被推算出来，波的传播问题自然就从这样的推理过程中获得了解决：物理学家们根据光波的传播方式与声波是相似的，在类比声的波动理论的基础上发展了光的波动理论，比如在惠更斯原理的基础上导出光的反射定律和折射定律，解释了光的绕射、散射和洐射现象（见图 5. 2），推出惠更斯—菲涅耳原理（Huygens - Fresnel principle）等。

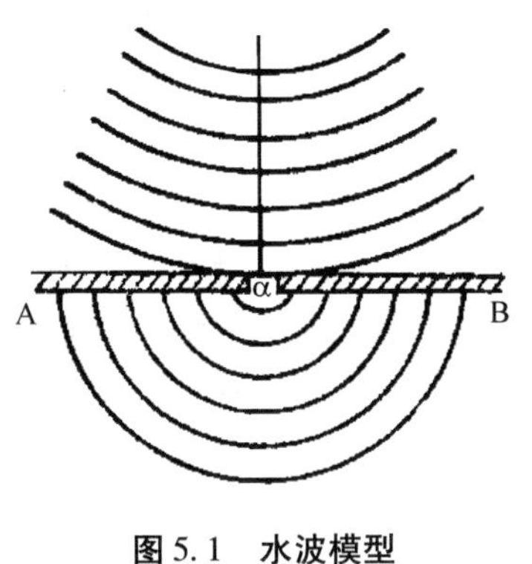

图 5. 1　水波模型

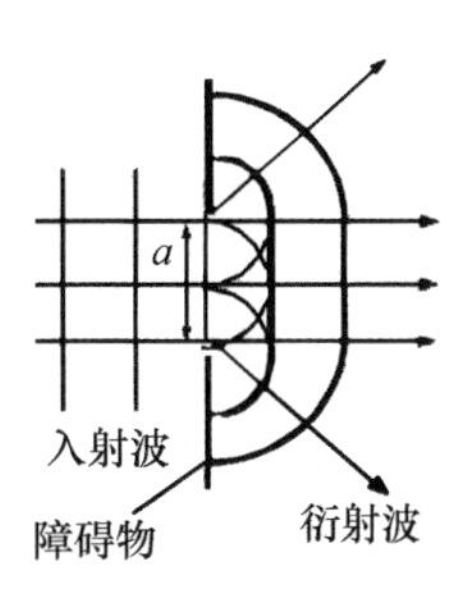

图 5. 2　光波模型

1855 年，麦克斯韦钻研法拉第的《电学的实验研究》一书，最初他是把法拉第关于力线和场的实验定律数学化，即把力线的概念规定为一个矢量微分方程，但由于太抽象了，法拉第本人也看不懂。1862 年，麦克斯韦将电磁场的辐射和传播与声波、水波的传播方式进行类比：同相振荡且互相垂直的电场与磁场在空间中以波的形式移动，在这样的研究基础上，麦克斯韦对法拉第的电磁定律建立了一个力学模型，由此得出了重大的理论观点：磁场变化产生电场，电场变化产生磁场，这种交变的电磁场以波的形式向空间传播。麦克斯韦的这个研究把有关电磁现象的规律进行了很好的总结，不仅预言了电磁波的存在，而且为以麦克斯韦方程组为核心的完整的电磁波理论体系的形成奠定了基础，帮助麦克斯韦完成了电磁学革命。

所以，隐喻和类比是建立模型的重要基础，但从隐喻和类比再到模型是一个十分复杂的过程。大致说来，涉及以下几个关键的因素：

（1）对于所要研究的对象（目标），选择一个与之相似的熟悉的事物（源）；

（2）形成关于目标与源的意象，即（心智）表征；

（3）在目标与源之间建立对应关系，即映射；

（4）把关于源的或在源中所获得的知识转移到目标上。

以上几个环节在建模过程中是最为基本的步骤，但并不是完全按此顺序进行，通常情况下各个环节是相互影响的。比如，在选择一个适合的源之前，源与目标之间已经有了部分的映射；目标与源的意象性表征关系有的是在建模的整个过程中才突现出来的。根据这样的分析方式，如何有效地找到一个适合的源是十分关键的，例如玻意耳发现的气体的压强与体积成反比的气体分子运动定律（玻意耳定律）是类比弹子球的运动轨迹而建立的。

根据隐喻和类比的出发点，当我们想研究一个事物或现象时，会转去思考一个与这个事物或现象相似、相关，但比这个事物更容易研究的其他事物或现象。如果能讨论清楚这个相似的、更简单的事物或现象，这就为研究较难的相似的其他事物或现象提供一些线索。比如，傅立叶的热传导理论是建立在熟知的流体力学定律基础之上的；如果要了解气体的微观构成，可以从已经研究了多个世纪的气体宏观性质中找相似的要点；德国化学家霍夫曼（A. W. Von Hofmann）通过类比法，把有机化合物看成是简单的无机化合物中的一个氢或数个氢被取代后得到的衍生物，以便更好地认识有机化合物；如果要研究三维或多维的事物或现象，则需要去寻找一个类似的二维的事物或现象；如果要研究一个一般的系统，则需要先研究一个特殊的系统，再推而广之。

物理学中，借助于隐喻和类比建立模型进而推出理论的例子不胜枚举，比如著名的风筝实验就是一个极好的案例。

（二）风筝实验模型

风筝实验是本杰明·富兰克林（Benjamin Franklin）为了找寻天上的雷电的本质而做的一个实验。

雷电是一种自然界的现象，自远古以来，雷电那倏忽耀眼的闪光和震耳欲聋的轰鸣就使人类感到惊悚并产生畏惧的心理。所以中国古代人们很早就开始对雷电进行关注和研究，最早的关于天上的雷电的记录资料当属《周易》，上面记载了公元前1068年一次球形雷击的过程，这被认为是世界上发现的最早一次雷击记录。距今四千多年前的殷代甲骨文中就有了“雷”这个字，“电”这个字最早出现在西周的青铜器上，但那时的“电”专门指的是闪电，并不是后来科学家们发现的地面上具有电流含义的“电”。古代人们对于雷电现象最初的观察和描述中，在无法解释的情况下想象出雷公电母的神话传说，认为雷电是上天发怒对人们的示警。《论语》中有记载，遇到打雷闪电的时候，不管在什么时候，人们都要肃立起敬以示虔诚。当然在后来的年代，人们也逐渐认识到雷电是一种自然现象，并对它进行一个事实描述，如公元490年，会稽山阴恒山保林寺被雷电击后，《南齐书五行志》中记载为：“电火烧塔下佛面，而窗户不异也。”根据后来科学上雷电的知识，当时对这个事实的描述说明的是，因为当时的佛的表面都刷有金粉，金粉作为一种导体，当雷电发生时大地和云层之间会有放电过程，金粉正好成为沟通这种天上云层与地面放电过程的强大电流的通路，所以会产生发热以致被熔化；而窗户是木制的，是绝缘体，它不能成为云层与地面放电过程的强大电流的通路中的事物，所以保持完好。宋代科学家沈括以及后来的各个朝代也都有人专门记载了类似的现象。这些记录如实地描述了雷击的情景和雷击的后果，同时也暗含了当时人们对不同事物在雷击过程中的不同状态，但仍未从科学的角度明确地区分导体和绝缘体。

除此之外，古代人们对雷电在做如此多的观察和记录的基础上，也试探着开始从理论的角度对雷电进行成因的解释。例如，周代的人们认为雷电是由阴阳两种元气相互作用而产生的①；汉代《淮南子》中记载，“阴阳相薄为雷，激扬为电”；东汉的王充专门对雷电进行研究，他明确指出，“雷，火也”，它是“太阳之激气”，也就是说，自然界中的阳气通常占支配地位，有时阴气同阳气相争时，结果便发生碰撞、摩擦、爆炸和激射，这样就形成了雷电。王充还用水浇火的过程来形象地说明雷电：“在冶炼用的熊熊炉火之中，突然浇进一斗水，就会发生爆炸和轰鸣；天地可以看成是一个大熔炉，阳气就是火，云和雨是大量的水，水火相互作用引起了轰鸣，就是雷，被这种爆炸击中的人无疑要受伤害。”② 到了唐代，孔颖达在《左传》“疏”里提到“电是雷光”，还有一些人进一步表达了雷与电的关系：“雷电者，阳气也，有声名曰雷，无声名曰电”。后来的宋代，陆佃在《埤雅》中说：“电，阴阳激耀，与雷同气发而为光者也……其光为电，其声为雷。”宋代周密在《齐东野语》一书中形象地描述为“光发而声随之”。朱熹对雷电巨大的威力也说道：“阴阳之气，闭结之极，忽然迸散出。”明代的刘基更加细致地说：“雷者，天气之郁而激而发也，阳气团于阴，必迫，迫极而迸，迸而声为雷，光为电。犹火之出炮也，而物之当之者，柔为穿，刚必碎，非天之主以此物激人，而人之死者适逢之也。”③

在古希腊神话中，宙斯手握一把钢叉，那是他的武器，将其扔向人间就是雷电；经院哲学家德奥图良引证《圣经》说，闪电是冒出地狱的火；阿奎那在《神学大全》中说：“妖魔鬼怪能呼风唤雨，制造电火，掀起风暴，这是不容置疑的信仰。”④ 与中国祖先们对雷电的看法如出一辙，在西方，甚至许多人把雷电看作上帝的怒火。

1724 年，富兰克林在去伦敦的船上，看到桅杆尖上有一串淡蓝色的被船员们称为神火的现象，于是他开始想梳厘清楚什么是神火？什么是雷电？

在一次实验中为了得到大容量的电（electricity），他把十几个莱顿瓶连在一起，他的夫人不小心碰到了莱顿瓶的金属杆而受到了电击。这个经历给他一个新的启发，莱顿瓶中的电（electricity）对于人的危害像极了

① 中国古代人们在谈及雷电时说到的阴阳并不是后来物理学中发现的正负电荷。

② http：//baijiahao. baidu. com/s？ id = 1639837629523841268&wfr = spider&for = pc.

③ http：//baijiahao. baidu. com/s？ id = 1639837629523841268&wfr = spider&for = pc.

④ 林德宏：《科学思想史》，江苏科学技术出版社 1985 年版，第 184 页。

天上的雷电（lightning）对人的电击的现象。物理学家们用地上实实在在的电进行实验这是极为方便的，但天上的雷电虽看得见，但却太遥远而神秘莫测，难以研究。

1749 年至 1751 年间，富兰克林仔细地观察和分析了雷、云和闪的形成，在实验中首次提出了电流的概念。在富兰克林看来，天上的“雷电”无论从声音、传播速度还是发出的光的颜色都与地上实验室里的电是相似的。根据类比原理，地上的实验室中的电是可流动可传输的，那么天上的电应该也具有同样的可流动可传输的性质，这就是著名的风筝实验的理论基础。

为了验证他的假设，1752 年 6 月的一天，在一个雷电交加的雨天，富兰克林和他的儿子威廉用两根轻的交叉的木板做了一个小十字架，然后他们把一块大而薄的丝绸手帕的四角绑在十字架的两端，这样就有了风筝的身体。他们又把一英尺长的尖利的金属线系在风筝的顶部作为引线，在风筝线的末端系上一条丝带，在细绳和丝线相连的地方，系上一把钥匙，最后这根金属线把钥匙接到莱顿瓶上，制作了一个收集雷电的模型（示意图如图 5.3 所示）。[①] 因此，只要把它的尾巴、皮圈和细绳适当地固定好，它就会像纸做的风筝一样，在空中升起，而且这种丝制的东西更适于承受雷阵雨和狂风，可以避免它被风雨撕破。

准备好后，富兰克林用金属线将挂有钥匙的风筝放到天空中，以吸引风暴云中的电流。当暴风雨掠过他的风筝，风筝虽然没有被闪电击中，但当他尝试着把手移到钥匙附近时，被雨水淋湿的金属线将云中的雷电引到钥匙与富兰克林的手指之间，他身体里的负电荷吸引了正电荷，他受到了电击，感触到类似触碰到摩擦电的感觉，于是他提出了天上的雷电与人工摩擦产生的电具有完全相同的性质的推测。

后来，富兰克林躲在谷仓里，让自己和绳子的末端保持干燥，不让雨淋湿，这样可以使自己绝缘以保护自己不被电击。他接着把风筝放到风暴云中，风筝上的导体从带电的云层中把负电荷吸引到风筝、线、金属钥匙并收集到莱顿瓶中。这样，他利用风筝实验将具有可流动可传输性质的雷电收集到莱顿瓶中，进一步地用实验证明了天电就是闪电、雷电放电引起的现象，闪电放电产生的电磁波在地面与电离层辐射中传播称为大气中的

---

① http：//www. benjamin – franklin – history. org/kite – experiment/.

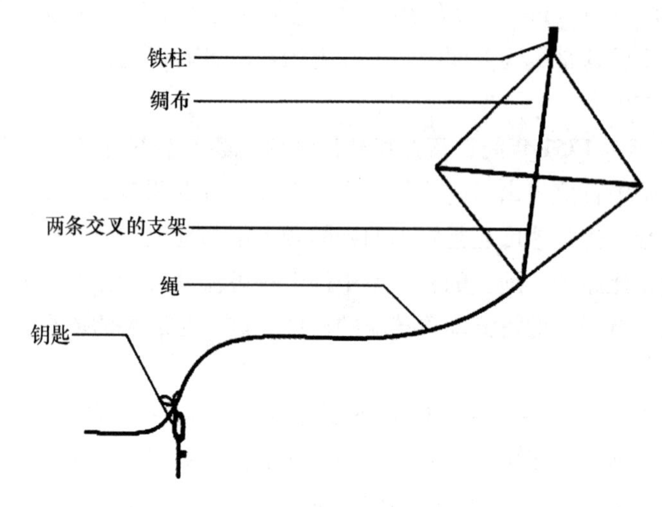

图 5.3 风筝实验模型

天电现象。因此，富兰克林关于天上的电和地下实验室里的电是同一种东西的想法，“闪电和静电具有同一性”的设想在他的风筝实验中得到了证实。

所以，在最初人们知道了电和闪电之间的联系但还没有完全了解的情况下，富兰克林通过风筝实验，确切地证明了闪电是一种放电现象，并类比出它可以通过导线被传输到地面，从而用莱顿瓶收集到了天电。对闪电的正确认识的另一个重大的价值在于科学家们进一步对正电荷和负电荷有了正确的理解并发明了避雷针。

（三）模型的推理基础：直觉和想象①

还有一种说法，建立模型不是科学推理，而是科学发现。因为在很多情况下，从研究对象到模型之间没有逻辑通道。逻辑思维的核心标识是概念，逻辑推理是运用概念进行判断和推理的一种思维方式。但是，有的时候建立模型时是需要创造性思维而非逻辑思维。创造性思维没有固定的模式，它的核心标识是意象（image），其一般形式是运用意象进行直觉和想象。

在神经科学、人类学、心理学、语言学中，大量的证据表明，人类的

① 此处用“直觉和想象”来代表如联想、猜想甚至做梦等一切非逻辑的创造性思维方法。

心智并非独立于身体之外，而是取决于人脑的认知结构与外部世界的相互作用。人类的认知势必要受到人的先验的知识、生活背景以及外界文化的影响，也就是说人类的思维决不是纯粹客观的、理性的。直觉、想象、联想、猜想等非逻辑的创造性思维方法在人类的认知活动中，尤其是在科学研究中一直起着巨大作用。

著名的物理学家、哲学家爱因斯坦一直非常重视非逻辑性的创造性思维，认为这种思维方式是当代科学方法论研究的重要内容之一。比如说，爱因斯坦倡导的是提出一个问题比解决问题更重要，因为在爱因斯坦看来，提出问题是需要创造性思维来支撑的，而解决问题只是技能方面的一个工作而已。爱因斯坦对于创造性思维重视的程度甚至导致很多人认为他是一个直觉主义者。在他看来，这种对研究对象的直觉是一种非逻辑的跳跃性思维，灵感、顿悟、自由想象等都是科学研究的重要途径。法国数学家哈达马德（J. Hadamard）曾经写信与爱因斯坦讨论关于创造性思维的亲身体验，爱因斯坦在复信中回答说："在我的思维机制中书面的或口头的文字似乎不起任何作用。作为思想元素的心理的东西是一些记号和有一定明晰程度的意象，它们可以由我'随意地'再生和组合。"[①] "这种组合活动似乎是创造性思维的主要形式。它进行在可以传达给别人的、由文字或别的记号建立起来的任何逻辑结构之前。上述的这些元素就我来说是视觉的，有时也有动觉的。"[②]

科学哲学家波普尔则把科学发现视为猜测过程，认为科学理论的建构依赖于科学家的灵感。创造性思维中的意象是由于先验的知识或经验在人的大脑中再现的表达方式。其中，联想是指由一事物想到另一事物的思维活动，想象则是在联想基础上加工原有意象而创造出新的意象的思维活动。关于想象力，爱因斯坦曾经深刻地指出："想象力比知识更重的，因为知识是有限的，而想象力概括着世界上的一切，推动着进步，并且是知识进化的源泉。严格地说，想象力是科学研究中的实在因素。"[③] 所以，

---

① J. Hadamard, *An Essay on the Psychology of Invention in the Mathematical Field*, New York: Dover, 1954: 142.

② J. Hadamard, *An Essay on the Psychology of Invention in the Mathematical Field*, New York: Dover, 1954: 142.

③ ［美］爱因斯坦：《爱因斯坦文集》第一卷，范岱年、赵中立、许良英译，商务印书馆2009年版，第284页。

想象的一个重要方面就是根据一个事物去看另一个事物。例如18世纪初，当人类对电现象还知之甚少时，富兰克林便把电想象成一种流体，获得了对电的鲜明直觉。就像上面我们分析的风筝实验的案例中，正是有了“电流”的认识，富兰克林才想到如何将天上的雷电传输下来并收集起来，才有了后来进一步对天电的研究，这对电学的发展产生了关键的推动。

1964年，美国的盖尔曼提出夸克模型后，要想证明这个模型的正确性，最好的策略是捕捉到自由态的夸克，但遗憾的是一直没有寻找到它的踪迹。为什么夸克会处于幽禁状态？有的科学家提出口袋模型试着描写这种现象，他们形容夸克就像被装进口袋里，它们不能穿过口袋而逃；还有的科学家提出弦模型，说强子中的夸克是被一根弦连在了一块，夸克靠近时吸引力较小，就比较自由，夸克之间的距离增大，弦就被拉紧，吸引力增大，所以一对夸克始终不能分开。诸如此类的案例很多，它们都表明，在认知过程中，很多概念、模型都是科学家们根据自己的直觉、想象、联想、猜想等非逻辑的形象思维进行创造性的方式所建构的。除此之外，当一个人的直觉、灵感、想象等状态达到极致而进入到梦中的情境下，做梦作为一种非形象思维，在科学研究的过程中也会起到发现的作用。

（四）苯环分子模型

德国化学家凯库勒（F. A. Kekule）在原子价键理论的创建过程中，把有机化合物看成是碳的化合物。1858年，在《碳的化学本性和碳的化合物的结构及其变化》论文中表述了他对碳链的见解，还提出了以碳原子的四价为核心，以四条线表示碳原子彼此之间可以键合成碳链的结构学说，开创了有机化合物的结构理论。1861年，凯库勒联想到一串串的香肠，在《有机化学教程》中对有机化合物的结构进行了图解说明，这是化学结构的最初级的图式，如图5.4所示。[①]

1865年，凯库勒在讨论芳香化合物中最简单的苯（C_6H_6）及其衍生物时，如果用香肠式的结构式，就不能正确地表达苯分子中的6个碳原子的结构。这对于凯库勒来说是个一直困惑着他的问题，虽竭尽全力，却依然百思不得其解。

---

① https：//baike. baidu. com/item/%E8%8B%AF%E7%8E%AF/7907286.

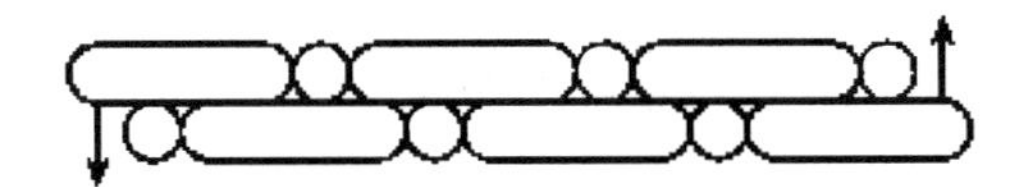

图 5.4　苯环结构的猜想模型

凯库勒关于这个问题的解决，有两种不同的描述版本。《科学的主要成就》（*The Major Achievements of Science*）一书中是这样表述的：那是一个美好的夏夜，凯库勒在伦敦的一辆敞篷马车上旅行。他乘坐最后一班马车从伊斯林顿（Islington）到克拉发莫（Clapham）去，马路静寂荒凉，他在打瞌睡中梦见，原子好像在他眼前跳跃，犹如跳舞似的旋转，直至它们彼此形成了一条链。[①] 还有一个更为形象的大众版本：一天傍晚，当他坐下来写一本教科书时，由于困惑他的关于苯的结构式一直没有解决，他在头脑中不间断地思考着这个问题。当他把椅子转向炉火打起了瞌睡并渐渐进入了梦乡。在梦中他看到长长的碳链跳跃起来，旋转着像许多条长蛇翩翩起舞。忽然间，有一条长蛇咬住了自己的尾巴，首尾相接，构成了一个圆环形在他的眼前旋转着。醒来后，回想梦中的情景，他由此得到启发，假想苯分子中的碳链是一个像梦中的蛇一样闭合的环。梦乡中潜沉的科学灵感是一种直觉、灵感、想象的合成作用的产物，它是一个人在冥思苦想的紧张之后相对松弛的状态下，通过一定的特殊的巧合或机遇，由启发和联想而爆发出来的。这种创造性思维，使凯库勒终于发现了苯环结构，在《论芳香族化合物的结构研究》一文中首次满意地提出了苯环的概念和苯的环状结构理论：苯环是由 6 个碳原子以单键和双键交替连接而形成的闭合链。他给出苯环的结构如图 5.5 所示。[②]

另外一个版本是说凯库勒在炉火旁打盹，然后做梦，梦中的情境基本与上一个版本相似。无论哪个版本，追溯一下凯库勒的成长历程发现，他在梦中的这种创造性思维并不是天上掉下来的，而是具备了从对现实世界的感知中获得形象思维的能力的。1829 年出生于德国的达姆斯塔德市的凯库勒，从小热爱建筑设计，立志长大后要成为一名优秀的建筑师。进入大学后，他选择了建筑专业，在几何学、数学、制图和绘画等十几门专业

---

① A. E. E. Mckenzie, *The Major Achievements of Science*, Iowa State University Press. 1988：165.

② https：//baike. baidu. com/item/% E8% 8B% AF% E7% 8E% AF/7907286.

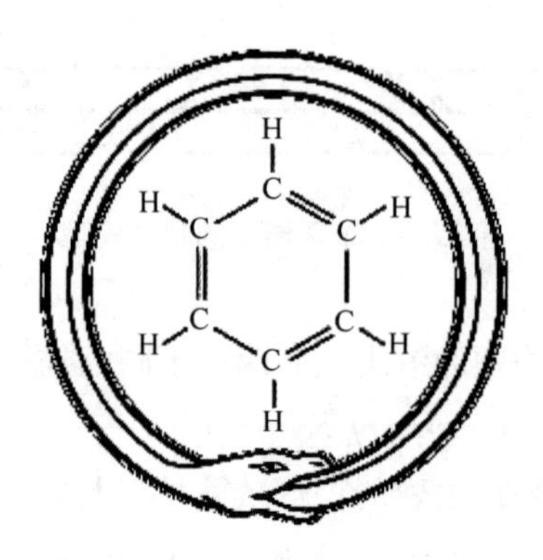

图 5.5 凯库勒苯环结构模型

课中成绩优良。也正是他受到的这些关于建筑与设计方面的训练，使他具有优秀的形象思维能力和创造力，同时他也善于运用模型方法，最终把化合物的性能与它的结构联系起来，进而创造性地提出苯环的结构式。

苯环结构的诞生，对于有机化学的发展具有重要的里程碑意义。1890年是凯库勒提出苯环结构学说 25 周年，化学家们专门为此举办了纪念会议，伦敦化学学会在会议上指出："苯作为一个封闭链式结构的巧妙概念，对于化学理论发展的影响，对于研究这一类及其相似化合物的衍生物中的异构现象的内在问题所给予的动力，以及对于像煤焦油染料这样巨大规模的工业的前导，都已为举世公认。"①

二　典型案例

如同我们在分析模型的表征作用时所谈到的，科学家们想要认识的客观世界中都是"自在之物"，它们并非直观地表现出所有的特征。这也就是通常所说的，客观实在与认知主体之间隔着一道"外观之幕"（veil of appearance）。另外，还有两个方面影响到人们的认知能力：一是由于人的眼睛本身结构上的局限，实际上是无法看到事物的本质的。二是人的眼睛在观察的过程中又可分为两个步骤，第一个步骤是当眼睛受到光的刺激投射到视网膜上，这是一个物理过程，可以像平面镜那样反映外部世界；

① 转引自化学发展简史编写组《化学发展简史》，科学出版社 1980 年版，第 185 页。

第二个步骤是视网膜上的图像通过中枢神经到达大脑皮层，最终表达出所看到的对象，这是一个心理过程，其中包含了观察主体的知识经验、理论的结构、学习背景等主观的因素。所以，基于这种分析，显然人的眼睛无法看透实在，这样的认识也可以用科学哲学中历史主义学派所主张的“观察渗透理论”或者“理论的负荷论”来进行解释。因此，在认知过程中，人们感觉到的并不是客体本身或客体的全部信息，而只是客体的意象，也就是说科学中所描述的世界的实在是认知主体所建构的。例如，同样是原子的结构模型，留基伯和德谟克利特、道尔顿、汤姆生、长冈半太郎、卢瑟福和玻尔的原子模型都是不一样的。

（一）原子的结构模型

大约在公元前400年左右，留基伯和德谟克利特提出了重要的原子（atom）论思想。他们认为：宏观的事物可以由微观的事物组成，最小的微观事物是原子。在古希腊语中，“atom”本意就是“不可再分的事物”。由于原子是最小的基本组成部分，所以它们小到无法看到。显然，此时的原子论虽然可以认为是古希腊人的天才的想象，但它仅仅还是一种哲学的理论、思辨的产物。由于它代表的是不可再分的涵义，此时的原子没有结构而言。

19世纪，在法国物理学家拉瓦锡提出的科学的元素概念基础上，化学家们发展了定量的化学分析。道尔顿（John Dalton）在研究气象学的过程中，为了解释大气的性质与组成，他引进了原子论的观点，试图建立自己的大气模型。1803年，道尔顿在定量分析的化学方程式的基础上将古希腊思辨式的原子论思想进一步精确化，提出了原子是一个坚硬的实心小球的模型的思想。1808年道尔顿出版了《化学哲学新体系》，系统地阐述了他的化学原子论。其中，他虽然把古希腊模糊的原子学说从推测转变为科学的原子理论、将原子从哲学带入化学研究中、解释了他自己发现的分压定律，但仍然保留了原子是非常微小的、不可再分的粒子这样的思想。

1897年，英国物理学家约翰·汤姆生在剑桥大学测出电子的存在，这是科学史上的一次革命性的事件，因为它打破了原子不可再分的传统观念。由于原子是不带电的粒子，当汤姆生测得电子带负电荷后，他开始猜测，原子中必然还有一部分是带正电荷的。1903年，汤姆生受道尔顿提出的原子是一个坚硬的实心小球观点的影响，他将原子类比为西瓜建立了他的西瓜模型[1]：瓜子带负电，对称地嵌在球内；瓜瓤带正电，就像“流体”一样均匀地分布在原子（球）的内部，如图 5.6 所示。[2]

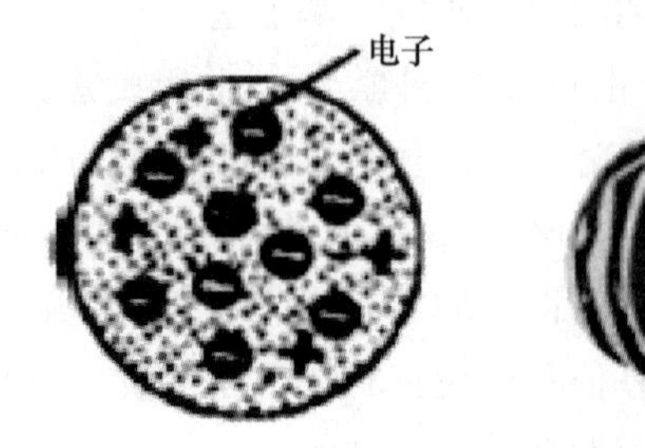

图 5.6　原子的西瓜模型

1904 年，在麦克斯韦对土星环研究成果的基础上，日本物理学家长冈半太郎认为原子内部有类似于土星一样带正电的、质量较大的中心球体，而球体外的电子像土星的一个圆环，均匀地在原子的外层围绕中心球体旋转。这就是长冈半太郎提出的原子结构的“土星模型”。在他建立的这个模型中，他假设中心球体对原子中的电子有持续的吸引力，但这些电子之间又是相互排斥的。在中心球体的吸引力和电子之间的排斥力这两种力的作用下，电子在“土星”的外层轨道上相互拉扯，产生各种方向、各种方式的振动，而这些振动的过程自然会发出光，这些光就是“线光谱”。原子结构的“土星模型”已经建立了原子的有核模型，解释了线光谱，但却不能说明周期律。

1910 年，英国物理学家卢瑟福（E. Rutherford）与他的助手用带正电的 α 粒子轰击原子内部，他们发现大约有 1/8000 的带两个单位正电荷的 α 粒子发生大于 90 度角的大角度散射，甚至还有反向散射的 α 粒子。这个现象是无法用汤姆生的无核模型解释的。卢瑟福写道：“这是我一生中最不可思议的事件，它是如此不可思议，就好像用一个 15 英寸的炮弹去轰击一张卷烟纸，而炮弹竟从纸上反弹回来，并击中了射击者。”[3] 为了解释这个现象，卢瑟福假设：（1）只有很少数的 α 粒子被大角度散射或者反向散射，说明原子内部有一个体积很小但密度很大的带正电的核；

① 也有人将汤姆生的原子结构模型称为“葡萄干蛋糕模型”。

② 图 5.6 至图 5.8 摘自百度百科“原子结构模型”。

③ 转引自［美］库珀《物理世界》（下卷），海洋出版社 1983 年版，第 116 页。

（2）大多数 α 粒子都能自由穿过原子，说明原子内大部分的结构是空的，也就是在这个比较空的空间中是带负电的电子。1911 年，他根据哥白尼学说的启发，把原子类比为太阳系，带正电的原子核就像太阳居于原子的中心，也像太阳一样，这个原子核集中了原子的所有正电荷和原子的几乎所有的质量，电子就像行星一样分布在核外空间绕中间的核运转。在《α 和 β 粒子物质散射效应和原子结构》一文中，卢瑟福把原子跟太阳系作类比，证明了原子的内部是有核的结构，带正电的原子核居于原子的中心，在原子核的外部是质量很小的电子，这些电子像行星围绕太阳旋转一样在不停地围绕着原子旋转。这就是著名的卢瑟福的原子有核模型或者称为原子行星模型。

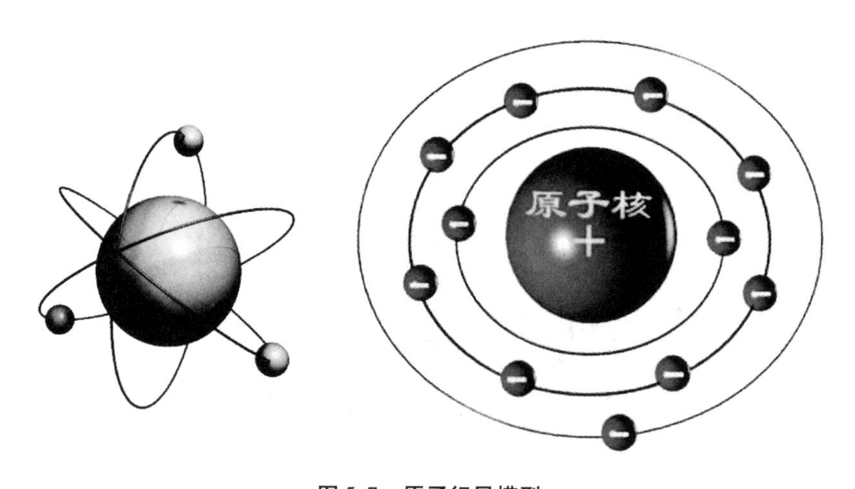

图 5.7　原子行星模型

卢瑟福的原子行星模型比汤姆生的无核模型前进了一步，并成功地解释了 α 粒子的散射实验，但从理论上推理却不能构成一个稳定的系统。根据经典电动力学，核外电子绕核旋转时，由于电子产生向心加速度就会不断地发射电磁能量。也就是说，电子一边绕核运行一边辐射电磁波，这样电子的能量和轨道都会逐渐变小，最后会坠落在原子核上。实际上，原子内部结构却是非常稳定的。另外，根据经典辐射理论，卢瑟福的原子行星模型中当电子的轨道不断变小时，电子绕核旋转的频率越来越高，其光谱是连续的，但实际上原子光谱并不是连续的，而是分立的线状光谱。

1913 年，丹麦物理学家玻尔（N. Bohr）敏锐地感觉到经典理论可能不适用于原子的内部结构。他说：按照卢瑟福模型，“原子结构问题就和天体力学问题很相似了。然而，更详细的考虑很快就显示出来，在一个原子和一个行星体系之间是存在着一种根本的区别的。原子必须具有一种稳定性，这种稳定性显示出一种完全超出力学理论之外的特点。例如，力学定律允许可能的运动有一种连续的变化，这种变化和元素属性的确定性是完全矛盾的”①。因此，玻尔把卢瑟福有核模型与当时发展起来的普朗克的能量子假说结合起来，提出了新的原子结构的量子化轨道模型，其中涉及三个基本的假设：（1）定态——原子中的电子只能在一些特定的轨道绕核作圆周运动，它们既不吸收也不辐射能量而处于稳定的状态；（2）跃迁——电子受到某些扰动可以在不同的定态之间跃迁，跃迁时才吸收或辐射能量，其频率取决于两个定态之间的能量差；（3）量子化条件——电子在特定的轨道上作圆周运动的条件是电子的角动量等于$\frac{h}{2\pi}$的整数倍。②

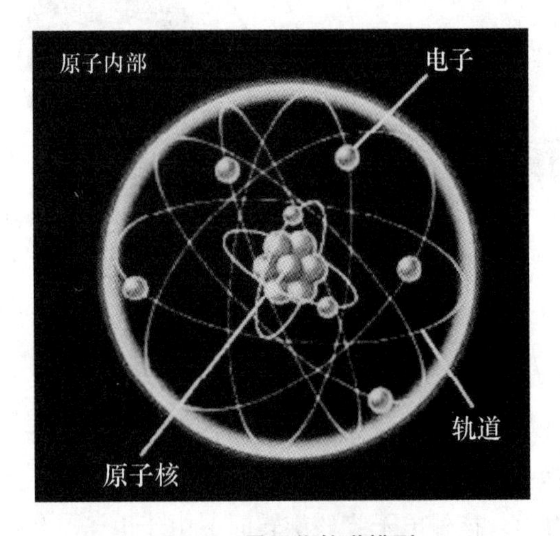

图 5.8　量子化轨道模型

玻尔的量子化轨道模型对科学的发展起到了积极的推动作用：（1）定量地说明了以前没有得到解释的氢原子的光谱规律、进一步解释

① ［丹麦］波尔：《原子论和自然的描述》，郁韬译，商务印书馆 1964 年版，第 24 页。

② 转引自张华夏、杨维增《自然科学发展史》，中山大学出版社 1985 年版，第 351 页。

了化学元素的周期性、摆脱了卢瑟福原子行星模型的困难并完美地解释了原子的稳定性和原子光谱的分立性；（2）试图用量子理论来研究原子的结构，突破了经典理论关于能量连续的旧观念，提出了量子化的新看法，但同时又保留了经典理论中如轨道等概念；（3）玻尔的原子结构模型是从经典理论发展到量子理论的一个重要环节，在量子理论与古典理论之间架起了一座桥梁，引导人们通向量子理论。

（二）DNA 模型

关于生命，歌德曾经说过这样一句名言：存在是永恒的；因为有许多法则保护了生命的宝藏；而宇宙从这些宝藏中汲取了美。的确，生命是神秘的，探索其中奥秘的过程，让人们发现了生命之美。著名理论物理学家薛定谔在《生命是什么》的第二章介绍“遗传机制”时首先就是以歌德的这句话为引子介绍了生命的遗传密码的生成与分裂机制。[①] 1944 年，薛定谔开始写《生命是什么》（*What Is Life*）这本书时，他通过对生命有机体的认识，产生了这样一种理念：活细胞中最重要的、最关键的组成部分是基因；要想知道生命究竟是什么，首先要了解清楚基因在整个生命中扮演着什么角色。[②] 同样是在 1944 年，分子生物学和免疫化学先驱艾弗里（O. Avery）用实验结果表明纯化的脱氧核糖核酸盐（DNA）分子能够将一个细菌的遗传特性传递给另一个细菌。艾弗里通过分析实验数据与实验结果，他猜测性地提出 DNA 或许是生命有机体中最为基本的遗传物质。在这种假设下，艾弗里认为首先要分析 DNA 的化学结构，这应该是进一步了解基因是如何在生命有机体中进行遗传的先决条件。这样的一种想法同时受到五个人的认可与重视，他们分别是分子生物学家、物理学家威尔金斯（M. Wilkins），他在当时几乎垄断了对 DNA 的研究工作；威尔金斯的助手富兰克琳（R. Franklin），她是一个受过严格训练的晶体学家；化学家鲍林（L. Pauling），他坚定地认为 DNA 是所有分子中最重要的一张王牌；英国科学家克里克（F. Crick），他在薛定谔的《生命是什么》的影响下舍弃物理学转而对生物学发生兴趣；分子生物学家沃森（J. D.

---

① ［奥］埃尔温·薛定谔：《生命是什么》，罗来鸥、罗辽复译，湖南科学技术出版社 2007 年版，第 17 页。

② ［美］J. D. 沃森：《双螺旋：发现 DNA 结构的故事》，刘望夷译，化学工业出版社 2009 年版，第 5 页。

Watson）起初醉心于鸟类的研究，同样是在读了薛定谔的《生命是什么》，他感触于书中所说的生命的精髓在于染色体中所包含的信息，为了进一步弄明白这些信息如何复制的问题，他的研究兴趣转移到了遗传学，并将揭示生命遗传活动的本质作为自己科学事业的根本目标。

1951 年，沃森在收到奖学金委员会的祝福与支票后前往意大利的那不勒斯。在一次关于大分子的会议上，威尔金斯展示的 DNA 的 X 射线衍射图让沃森意识到：DNA 的结构一旦揭晓，研究者们就可以更好地理解基因是如何起作用的了；同时也消除了沃森之前认为的“基因可能是异常不规则”的这样一种观点的看法。沃森通过 DNA 的 X 射线衍射数据分析，以及他之前认识到的基因的结构不是不规则的，所以他据此推测，基因的结构是有规则的、应该是能够形成晶体状态、会结晶的。如此这样的事物，我们一定会找到一种简单的方法或模式去测定它们的有规则的内部结构。至此，他已经迈出了开启探索 DNA 结构之门的重要的一步。

为了可以学习分析 X 射线衍射图，沃森权衡利弊，在他的博士论文导师卢里亚（S. Luria）的斡旋下，未经奖学金委员会的同意便先斩后奏地到了剑桥大学的卡文迪什实验室，他此时最关注的就是通过与他人的交谈或实验验证鲍林提出的蛋白质 α 螺旋模型的正确性。也正是在这里，沃森与克里克相遇，共同的兴趣让他们把束之高阁的 DNA 问题从蛋白质的阴影中脱离开来，并提上正式的研究日程。研究伊始，两人每天至少交谈几个小时，互相提供自己知识点的特长之处，如克里克为沃森提供晶体学方面的知识，而沃森则向他解答有关噬菌体方面的问题。在他们共同研究了鲍林发现蛋白质 α 螺旋的主要方法在于探讨原子之间的相互关系后，他们提出了自己的研究方法：“不用纸和笔，他的主要工具是一组分子模型，这些模型表面上看来与学龄前儿童的玩具非常相似。……因此，我们看不出为什么我们不能用同样的方法解决 DNA 结构的问题！我们只要制作一组分子模型，开始摆弄起来就行了。我们幸运的话，DNA 结构也许是一种螺旋型的，而任何别的构型都太复杂了。”[①] 按照这样的一条思路，沃森与克里克用硬纸板制作出完善的 DNA 三维结构模型，如图 5. 9 所示[②]，这

---

① ［美］J. D. 沃森：《双螺旋：发现 DNA 结构的故事》，刘望夷译，化学工业出版社 2009 年版，第 22 页。

② ［美］J. D. 沃森：《双螺旋：发现 DNA 结构的故事》，刘望夷译，化学工业出版社 2009 年版，第 75 页。

是一个对称的、简洁的且有规律的双螺旋结构。因为在他们看来，螺旋结构是自然界最普遍的一种形状，双螺旋真的很美！

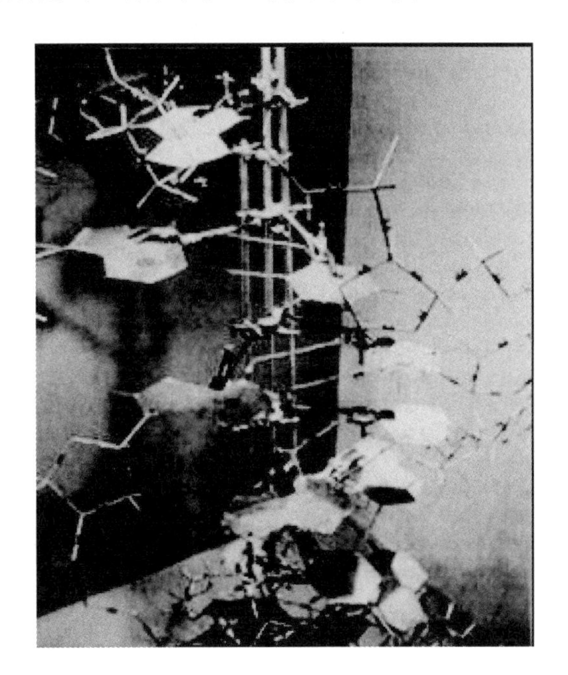

图 5.9　DNA 结构的双螺旋模型

雅典奥运会开幕式上，激光打出的 DNA 双螺旋形式美得让人惊叹；2003 年是发现 DNA 双螺旋分子结构模型 50 周年，为庆祝 50 年前沃森与克里克在《自然》（*Nature*）杂志上发表的论文，该杂志于 2003 年 1 月 23 日在杂志的增刊上赞赏了这种美，他们认为 DNA 的双螺旋结构图片就像“科学的蒙娜 · 丽莎肖像”一样美；著名物理学家盖尔曼在一次演讲中说：“美是我们在选择正确理论时的一条十分成功的标准（Beauty is a very successful criterion for choosing the right theory）。”[①] 盖尔曼认为，科学理论要简单、对称、和谐才是美的。的确，沃森与克里克在发现 DNA 结构的过程中，一直坚持的一个信念就是“任何有规律的聚合分子，其最简单的形式就是螺旋”[②]，而在富兰克琳看来没有任何根据认为 DNA 具有

① https：//www. ted. com/talks/murray_ gell_ mann_ beauty_ truth_ and_ physics.

② ［美］J. D. 沃森：《双螺旋：发现 DNA 结构的故事》，刘望夷译，化学工业出版社 2009 年版，第 75 页。

螺旋结构，她只相信她的 X 射线照片的证据；面对鲍林提出的三链螺旋模型，是选择双链还是三链模型呢？在众多研究团体对双链不感兴趣的情况下，沃森最后还是决定要制作一个双链模型，因为沃森认为“在生物界频繁出现的配对现象预示着我们应该制作双链模型”①。即使在克里克最初不同意他的这个观点时，他仍然认为在他们掌握的实验证据还不能区分双链和三链模型时当然是要先搞双链模型。最后，克里克“也只得同意。虽然他是个物理学家，但他懂得重要的生物都是成对出现的”②。这是对称的美！

有了这样坚定的信念，他们在证实 DNA 是双螺旋结构的过程中，他们重视采用建立分子模型的研究方法，试图用三维立体模型再现、验证、搭建得更符合 X 射线衍射照片上显示的数据资料。而这些数据资料主要来自富兰克琳与威尔金斯积累的 X 射线衍射资料，但后者二人并不重视甚至不认同这样的一种研究方法，这也可能是他们与重大发现失之交臂的主要原因之一。当然，这种建立分子模型的方法的首创者是鲍林，他根据立体化学原理，参考 X 射线衍射数据，使用原子构件搭建分子模型的方法研究蛋白质二级结构，由此发现了蛋白质的 α 螺旋结构。而沃森与克里克正是从中得到启发，他们猜想没有什么理由说明不能用同样的研究方法解决 DNA 结构的问题。于是，他们开始摆弄、制作他们认为是最简单的螺旋型的分子模型。所以，追求“简单性”不仅是物理化学家的目标，同样也是生物学家们成功的秘诀。“与克里克头一次交谈，我们就假定 DNA 分子含有大量按规律线性地排列的核苷酸。我们这样的推理部分基于简明性这一点上。”③ 的确，他们一开始就猜测到遗传密码定位于 DNA 链上的四个碱基 A、T、G、C 的排列顺序之中，但是这些排列顺序是任意的还是有规律的？是复杂的还是简单的？对于这些问题，克里克大胆假设：遗传信息不是通过像汉语那样的需要大量复杂的符号来传递和表达的，而是通过两种简单的语言，仿佛就是 α、β 那样的语言来传递和表达

① ［美］J. D. 沃森：《双螺旋：发现 DNA 结构的故事》，刘望夷译，化学工业出版社 2009 年版，第 80 页。

② ［美］J. D. 沃森：《双螺旋：发现 DNA 结构的故事》，刘望夷译，化学工业出版社 2009 年版，第 78 页。

③ ［美］J. D. 沃森：《双螺旋：发现 DNA 结构的故事》，吴家睿评点，科学出版社 2006 年版，第 34 页。

的。在克里克看来，通常情况下，生物学家们可以通过一种特殊的生物化学装置[①]，把这种核苷酸的顺序翻译为蛋白质中氨基酸的顺序，也就是把核苷酸的顺序以蛋白质中氨基酸的顺序这种另外的一种语言表述出来。这就是他们所追求的信念或者信仰，复杂的生命体来自有规律的、简单的顺序、简单的组合、简单的部分。

1953 年 4 月 25 日星期三，*Nature* 刊登了沃森和克里克的《核酸的分子结构——脱氧核糖核酸的结构》。与此同时还发表了另外两篇有关 DNA 分子结构的论文，其中一篇是由威尔金斯、斯托克斯和威尔逊合写的《脱氧戊糖核酸的分子结构》，重点报道了他们的研究成果以及对脱氧戊糖核酸的分子结构的分析；另外一篇是富兰克琳和她的学生戈斯林合作发表的《胸腺核酸钠的分子构象》，主要阐述了关于 DNA 螺旋结构的 X 光衍射照片以及对 X 光衍射数据进行了分析。后来，因为他们发表的这些文章以及在发现 DNA 双螺旋结构的过程中作出的伟大贡献，沃森、克里克以及威尔金斯三人分享了 1962 年的诺贝尔生物医学奖项。

就像鲍林的名字总是和蛋白质 α 螺旋连在一起一样，自此，沃森与克里克的名字便和双螺旋分不开了。他们在这场竞赛中的胜利无疑取决于多种原因，比如他们多学科的背景知识、正确的研究方法、自由的学术氛围以及他们坚定的科学信仰。他们认为反映大自然结构的科学理论一定是简单、对称而有规律的，科学理论一定是美的。1953 年 5 月下旬，即使在富兰克琳对他们模型的赤道反射值进行计算后发现这与她的测量值不一致的情况下，他们设想的也只是他们为双螺旋模型设置的磷酸根原子半径不太正确，但丝毫不会改变他们坚持的双螺旋模型的思路。“难道如此完美的东西真的错了吗？所幸的是，没有一个专家这样想。”[②] 沿着这样的思路，他们坚持对科学之美的探索，最终获得了成功，揭示了生命的奥秘。

沃森与克里克他们“碰运气式地”借用了鲍林研究蛋白质的方法，即直接建构一个结构模型验证 DNA 的 X 射线衍射图等相关数据。沃森在一次演讲中这样描述他和克里克相识之后达成的共识：不过一天之内，我

① 虽然这种特殊的生物化学装置相当的精致，但结构却又是非常的简单。

② ［美］詹姆斯·D. 沃森：《基因·女郎·伽莫夫——发现双螺旋之后》，钟扬、沈玮、赵琼、王旭译，上海科技教育出版社 2003 年版，第 14 页。

们就决定，也许我们可能通过一条捷径来破解 DNA 的结构。并不是一步一步按部就班地来破解，而是直接构建一个结构模型，用 X 光照片里的那些长度坐标什么的来构建一个电子模型，最后直接来思考这个分子应该怎么叠起来。①

沃森和克里克在对 DNA 结构的研究过程中，从抽象的符号搭建出有机的化学实体模型，是科学发展史上一个体现科学模型具有表征功能的典型案例。

从 DNA 双螺旋结构的这个例子可以看出，科学模型的作用是表征自然界的各个方面。科学模型赋予表征的落脚点很多，比如易操作性、预测结果的精确性、兼顾范围还是兼顾细节、结果的有效性确认。这几个方面有时可以兼顾，有时可能互相冲突。当然，除了这里提及的几个方面，或许还有其他的要求或其他的可能选择标准。因此，根据建立模型的目的不同以及建模者的主观经验、理论结构与背景知识，虽然建模的选择标准是确定的、客观决定的，但实际上的选择标准却渗透了若干主观的因素，这样就决定了对模型的选择标准是客观和主观相结合的选择。所以我们可以说，建立模型依靠的是建模技术，但这个过程中同时也糅合进了“艺术”的审美，一个好的模型要尽可能完美地实现它的表征功能，它是技术与艺术的结合。②

巧合的是，沃森和克里克于 1953 年揭示的 DNA 分子结构和自我复制的机理恰好与 20 世纪 40 年代乌拉姆和冯·诺依曼对机器繁殖机器的想法一致，而且乌拉姆和冯·诺依曼的这个自复制机制对 DNA 的分子结构进行了功能上的解释，并最终建立了元胞自动机（Cellular Automaton）模型，简称 CA 模型。

（三）CA 模型

正如我们在第二章中介绍的基于多主体系统的模型或建模方法（multi - agent based modeling）是当下对复杂系统进行研究的一种动态模型，这种基于多主体的模型在具体的实际运用中需要借助计算机的运行迭

① http：//www. ted. com/talks/james_ watson_ on_ how_ he_ discovered_ dna. html.

② 关于模型的评价与选择标准，笔者曾经专门进行了讨论，详见齐磊磊《科学哲学视野中的复杂系统与模拟方法》，中国社会科学出版社 2017 年版，第 60—64 页。

代来实现计算或计算机模拟。那么，基于多主体系统的计算机模拟怎样揭示物理世界？相关的行为规则或规律又怎样揭示其运行机制？现在许多工程师都是通过计算机模拟进行设计、修改和检验数据，等于在虚拟世界上创造一切，这在认识论上如何可能？接下来通过基于多主体模拟的具体实现工具：元胞自动机模型的案例给出答案。

1968年，剑桥大学的数学家约翰·康威（John Conway）在二维元胞自动机上尝试对各种不同的规则进行实验。实验初期，他基本上是采用手动操作，后来当他在PDP－7型的计算机上进行实验时，他得到了更为精确的结果。到了1970年，他提出了一套简单的规则，推广了元胞自动机的使用，使CA模型不再仅仅限于实验室。康威借助元胞自动机和这套简单的规则，发明了著名的“生命游戏”概念。“生命游戏”在简单的规则下通过若干次迭代运行显示了一系列复杂的行为，在一代一代的生命“更新”中，不仅再现了生命繁殖的模拟问题，而且显示出从某些初始构型中“创造”出多样性的“生命形式”，如图5.10所示。[①]

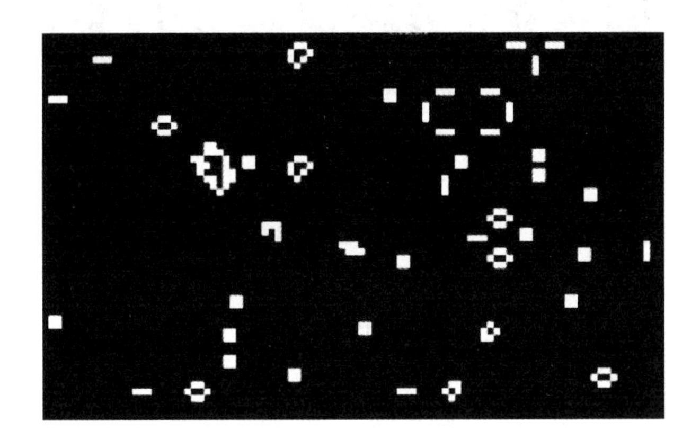

图5.10　生命游戏

图5.10是在元胞自动机的无限状态中随机选择的一个初始状态，当运行若干次迭代的过程中，每个元胞都在根据规则更新自己，不断变换着图像的花开花落，形成各种不同的构型，整个过程在动态地模拟着、不断地变化着……只不过局限于纸质版的显示以及由于像素原因，图5.10只

① “生命游戏”等作为元胞自动机的一种迭代形式，需要动态地看待它的运行过程。本书中的许多截图有时难以表现其形式的丰富性。

是其中一个时步的截屏图像，更多精彩请读者链接到注释的网址，动态地感受元胞自动机运行过程中的魅力。

在康威自己操作元胞自动机的迭代时，有一种生命形式引起他的注意，即一种在计算机屏幕上不断变换形式“游走”的构型，康威将这种构型叫作“滑翔机”（glider）。进一步地，康威发现，不同的滑翔机组合起来，可以实现各种不同的逻辑电路，并且可以实现通用图灵机的功能，如图 5. 11 所示。①

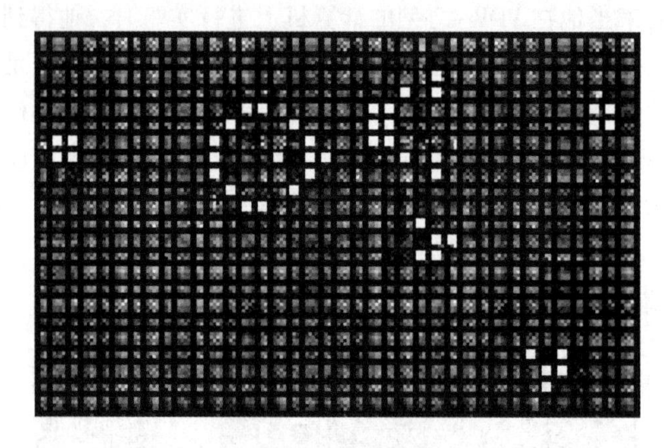

图 5. 11　滑翔机枪

图 5. 11 就是一种典型的滑翔机枪（glider gun），它像一把手枪发射子弹一样，运行起来可以发射出若干在屏幕上“游走”的滑翔机。同时，“滑翔机枪”和“吞咽者”又可以组成各种门电路和“通用计算机”。以至于霍兰说“康威的人工宇宙与我们生活在其中的宇宙没有什么本质上的不同”②。另外，如果要从随机的（random）元胞的初始状态开始，生命规则会自发地创造出许多不同的结构：闪动者，静止生命以及滑翔机。虽然这种生命规则不会自发地产生滑翔机枪，因为滑翔机枪并不是单纯地通过机遇（chance）而产生的，但是有时你却会震惊地看到有一些像滑翔机枪那样的巨大的、有组织的构型自发地突现出来。

当时的新闻记者马丁·加德纳（Martin Gardner）对康威的“生命游戏”密切关注。由于他本来就对哲学和宗教尤其是科学哲学领域内的许

---

① 图 5. 10、图 5. 11 摘自 http：//www. rennard. org/alife/english/acintrogb04. html#acautorepr。

② John H. Holland，*Emergence – From Chaos to Order*，Oxford University Press，1998：141.

多现象非常执迷，当他看到康威的“生命游戏”后，他意识到“生命游戏”将会帮助人们去解释科学和哲学上的许多问题，例如从某些初始构型中创造出的“生命形式”，在整个模拟过程动态地体现了复杂系统突现的过程。1970 年 10 月，他在《科学美国人》杂志上对“生命游戏”进行专栏的大篇幅介绍并加以宣传，由于这份杂志影响力极大，在那段时间，“生命”顿时引起人们的兴趣，成为谈论的热门话题，以至于 1974 年的《时代》周刊公开抱怨：“一大群迷恋者”利用他们的工作时间沉迷于这个新的“游戏”，这浪费了太多的人的精力和计算机的时间。那时，对于研究者们来说，虽然最重要的工作是寻找引起特殊的重复形式和其他行为的初始条件，但由于这项工作需要花费大量的时间，实际上并没有人进行系统的科学研究。在当时，包括康威在内的许多专门从事系统研究的科学家对“生命游戏”的态度主要是用来消遣。即使有一小部分科学家真正研究“生命游戏”，他们也只是尝试地研究一些非常特殊的生命规则，而涉及其余的大部分工作，几乎没有人对它们进行研究。

1978 年，乔纳森・米伦（Jonathan Millen）发现了一种可能与一维生命相似的模型[①]，由于这个模型更容易在早期的个人计算机上运行，米伦对它进行了一系列研究。但最后，非常遗憾的是，他只是粗略地考虑了编号是 20，K = 2，r = 2 的总和规则。[②]

乌拉姆的“元胞空间”、冯・诺依曼的元胞自动机的理念以及康威的“生命游戏”都是以图灵的通用计算理论为思想基础提出来的。由于这三者在建立之初都是刻意地追求自我复制机器的通用功能，以至于用程序表达出来的这种“机器”非常复杂。1968 年，埃德加・考德（Edgar Codd）提出了一个冯・诺依曼自我复制自动机的简化形式。他的这个模型仅仅使用了 8 种状态，其中，有 4 种状态实现的是数据作用，另外 4 种状态实现各种辅助作用。特别是有 1 种状态具有类似导体作用，另有 1 种状态具有类似绝缘体作用，在它们的共同作用下形成数据能够在元胞之间流动的通道，就好像可传输电流的电线一样。但是，考德也没有摆脱“通用性”的禁锢，在整个设计理念中仍然关注的是通用性的功能。

---

① S. Wolfram, *A New Kind of Science*, Champaign: Wolfram Media, Inc, 2002: 876.

② 此处的 K 为每个元胞状态数，r 为邻居半径，有关这方面的详细介绍，请参照齐磊磊《科学哲学视野中的复杂系统与模拟方法》，中国社会科学出版社 2017 年版，第 100—107 页。

与此同时，20 世纪 80 年代，克里斯·朗顿（Christopher Langton）在冯·诺依曼以及考德等学者的研究基础上对元胞自动机内部的生命自我复制系统进行设计时，朗顿认为“通用性”只是自我复制的充分条件而非必要条件，于是他放弃了通用自我复制元胞自动机的想法，设计出了比通用元胞自动机更为简单的能够进行自我复制、自我繁殖的计算机程序，并规定了它的转换函数和繁殖或死亡的规则，模拟出进化中的自繁殖系统。朗顿的这个自繁殖的结果是对生命繁殖进化的一种真实的模拟，他通过选择 λ 参量说明或者验证了复杂性产生于混沌边缘的条件。[①] 朗顿因此正式开启了“人工生命”的大门，被认为“人工生命”之父。

人工生命（Artificial Life）作为复杂系统研究的一个具体领域，属于计算机与生物学交叉的前沿学科，主要是通过用计算机创建人工生命体的形式来揭示现实世界中生命的本质与生命形式的多样性。它的运行平台是元胞自动机，是基于计算机的一类虚拟机，它使用简单的转换规则来模拟复杂系统的整体行为，是当今计算机模拟方法的一种具体实现方式。

具体来说，朗顿的自我复制结构是一个建立在二维元胞空间上的，有 8 种状态、29 种规则、5 个邻居的环，他的这种环状结构是在考德的研究基础上建立起来的，通常被称为朗顿环或周期发射器，如图 5.12 所示。[②]

```
  2 2 2 2 2 2 2 2
2 1 7 0 1 4 0 1 4 2
2 0 2 2 2 2 2 2 0 2
2 7 2         2 1 2
2 1 2         2 1 2
2 0 2         2 1 2
2 7 2         2 1 2
2 1 2 2 2 2 2 2 1 2 2 2 2 2
2 0 7 1 0 7 1 0 7 1 1 1 1 1
  2 2 2 2 2 2 2 2 2 2 2 2 2
```

图 5.12　一个朗顿环

这个周期发射器本质上是一个闭合数据通路，看上去有点像一个大写

① 齐磊磊、颜泽贤：《混沌边缘的复杂性探析——对不同领域内复杂性产生条件的同构性分析》，《自然辩证法通讯》2009 年第 2 期。

② 图 5.12、图 5.13 摘自 http：//www. rennard. org/alife/english/acintrogb04. html#acautorepr。

的“Q”，如图5.12所示。其中，组成这个“Q”的每一个元胞，用一个数字表示，每一个数字表示的是格子中的一个自动机的状态，空的空间被假定处在状态“0”。它的整个结构是由一串状态为1的核心元胞和环绕在四周的状态为2的边鞘元胞组成，即状态为2的元胞组成套带，2代表“壳”元胞，是边界。同时，由2组成的套带中流通着构建一个新环（即自我复制）所必要的信息，即它内部的7—0序列元胞（元胞状态可以在7—0中取值）和4—0序列元胞包含了复制信息，它们向“Q”的尾部延伸。它的复制规则是：当7—0序列和4—0序列元胞接近尾端时，7—0序列扩展尾部一个单元，2个4—0序列组成一个左边的角，如此循环四次，当尾巴在四个循环中最终达到“Q”的尾部时，信号的碰撞导致两个环分开，并且在每一个环上建构一个尾巴。所以，围绕环的指令在经过每一个完全循环后，另一侧角的“子环”将被创建出来，这样一个“Q”状的套带的环就会生成两个“Q”环。

也就是说，“Q”状的闭合数据通路能够以信号的形式传输数据，它所传输的数据具有两种移动状态：跟随在状态0后的信号状态本身（状态4，5，6，或7）。包含在循环中的信号形成复制指令，即“基因组”。每一个这样的信号在经过通路的交汇处时会被复制，在一个复制品再次围绕环向回复制时，其他的复制品则沿着通路向下复制，当它到达通路的尾部时它被转化为一个指令。在执行这个指令中，通路扩展它本身并向回折返，最终产生一个子环，这个子环同样也包含了能进行自我复制的基因组。同时，附加的“绝育”规则限制了某些周期的进化，所以它们会形成大海中不断生长的珊瑚结构，如图5.13所示。

显然，最初只有一个“Q”状的朗顿环，根据复制规则在经过无数时步迭代后，生长成了由无数个朗顿环所组成的“珊瑚”，虽然每一个环在自我复制的过程中并不知道最终会形成“珊瑚”的形状，但我们在具有了高层次的观察函数后，却能很容易地发现这个现象。在元胞自动机模拟理论中，具有自我复制功能的朗顿环的“生长”过程给我们提供了在迭代机制下，用一组简单规则可以产生出复杂的突现行为的另一个极好的例子。也就是说，朗顿环的生长过程其实是一个复杂系统哲学中研究的突现的过程，它表现了生命有机体的基本性质。朗顿的这个自我繁殖、自我复制可以根据简单元素间的相互作用来加以解释，他的这个设计本身就是对生命繁殖进化的一种真实的模拟，真正实现了冯·诺依曼设想中的“元

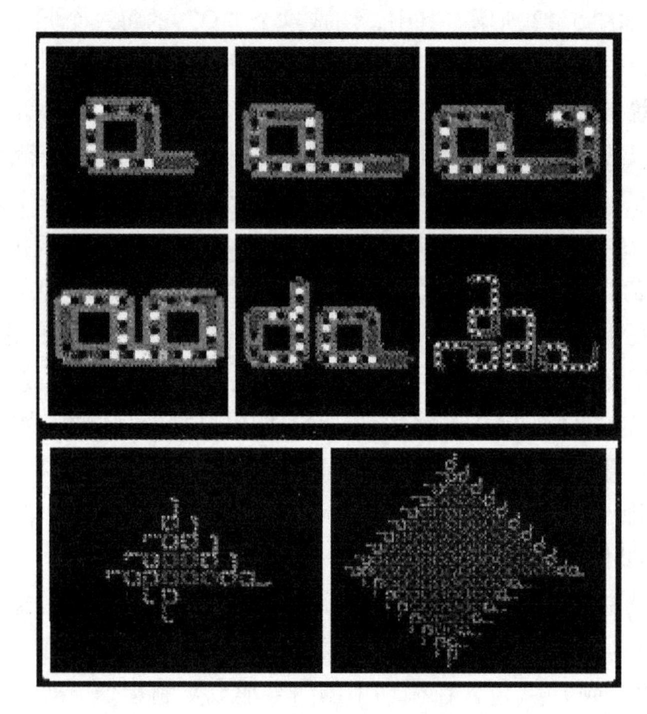

图 5.13　一个朗顿环的自繁殖结果

胞自动机”，是解释复杂系统的突现过程的一个极好例证。

诸多计算机模拟案例所展现的人工生命的一个核心思想是，复杂的令人惊异的现象可以从简单的并行起作用的规则和主体中生成或突现出来。也就是说，人工生命体在遵循简单的规则或算法的情况下实现生存和进化，并能表现出复杂的生命现象。而对于生命本质的认识，在朗顿看来，生命中最根本的缺省配置是组成生命的那些物质的组织形式，而不在于生命由什么具体的物质组成。物质、能量、时间和空间构成了我们这个宇宙的基本范畴，但生命不是物质，也不是能量。那么，生命到底是什么呢?朗顿结合这个基本范畴的界定给出了他的看法：生命是核苷酸、氨基酸等物质实体以特定的形式组合起来的作为物质、能量、时间和空间派生出来的一个范畴。核苷酸、氨基酸等物质实体的特定组织原则完全可以用数字、算法、计算或程序的形式将生命的本质表达出来。所以，形成生命的物质如果找到了组合的正确形式，那么生命就会从这些物质以及物质之间的组合结构中产生。当然，这个产生的过程用系统科学哲学中的术语表示就是“生命的突现”。整个生命突现的过程中，组成生命的核苷酸、氨基酸等是一些物质实体，而他们之间相互作用的“正确的形式”，即生命的结构是由可以用数字、算法、计算或者程序表示出来。从这个意义上说，数字、算法、计算或者程序在核苷酸、氨基酸等这些非生命物质和生命本身之间架起了一座桥梁。这就可以说，数字、算法、计算或者程序是生命的灵魂。

通过对人工生命的研究，许多学者逐渐认识到不仅仅是人的心智或认知以及生命具有计算的特征，而且整个世界事实上就是一个计算系统。也就是说，一旦从计算的视角审视世界，就会逐步形成一种新的世界观，即认为整个宇宙是由算法和规则组成的，在这些算法和规则的支配下，宇宙发生演化。①

在“人工生命”之后，接着“人工社会”的学科也出现了，可以模拟理性人的利益博弈。如果引进不同阶层、不同职业、不同性别的异质个体元胞，则包括收集食物、与适合的伴侣交媾、生产后代、与其他的主体交换物品、战争、疾病、移居、死亡以及为他们的后代遗留财富等行为都可以用元胞自动机模拟出来。②

可以说在对复杂性问题进行分析时，元胞自动机模拟的方法超越了传统分析的方法，是对传统的研究复杂性方法的一种改进和完善。支持这种观点的克劳斯·迈因策尔在《复杂性中的思维》一书中指出：“从方法论的观点看，一个一维的元胞自动机提供了一种离散的量子化相图模型，描述了依赖于一个空间变量的具有非线性偏微分演化方程的复杂系统的动力学行为。而一个二维元胞自动机依赖于两个空间变量，显然，当非线性系统的复杂性增加，以及由求解微分方程或甚至由计算数值近似来确定其行为变得越来越无望时，元胞自动机是非常灵活有效的工具。”③

综合以上，元胞自动机模型方法在科学研究中具有重要的理论和实际价值：

（1）元胞自动机模型理论实际上可以说是当代复杂性理论中重要的

① 这种计算主义的观点，本书第六章会专门进行讨论。

② 对“人工社会”的模拟案例，详见齐磊磊《科学哲学视野中的复杂系统与模拟方法》，中国社会科学出版社 2017 年版，第 168—187 页。

③ ［德］克劳斯·迈因策尔：《复杂性中的思维》，曾国屏译，中央编译出版社 1999 年版，第 265 页。

一个分支：新动力学理论；

（2）元胞自动机模拟方法是当代复杂性系统理论的一个主要的研究方法；

（3）用元胞自动机模拟方法可以解决现实世界中的诸多问题，模拟结果为我们对这个世界的正确认识提供了很多启发性的参考；

（4）在系统科学哲学的研究中，元胞自动机理论可以动态地解释还原论与整体论的关系问题，同时也是研究过程哲学与实体哲学的一个极好的切入点。

所以，在面对日益复杂的研究对象，CA 模型作为一种重要的研究方法，推动了各个学科的发展。尤其是目前进入了大数据时代，当我们在思考海量数据的计算依据是什么的问题的时候，除了讨论元胞自动机的模型理论，同时还要具体关注到复杂系统网络模型理论，这是目前说明大数据运行机制的两个必要的条件。

（四）复杂网络模型[①]

就像一般系统论的创始人贝塔朗菲对系统的定义一样，复杂网络主要由两部分组成：节点以及节点之间高度复杂的关系，两者的作用结构可以用数学上的拓扑结构表示。其中，节点不仅数量巨大而且具有多样性，它可以表示任何事物。比如互联网构成的复杂网络中，每个节点代表各式各样的网页；人际交往关系构成的复杂网络中，每个节点代表社会学意义上的个体。复杂网络的复杂性主要来自：

（1）结构复杂：由于节点数量巨大，节点之间的关系高度复杂，两者组成的网络结构特征纷繁多样。

（2）网络进化：节点的数量与节点间的相互关系不断地产生或消失称为网络进化。比如我们在使用互联网时，随时可以打开或关闭网页，随时可以点击链接，这样网络结构中的节点多少与相互作用关系都在不断地发生变化。

（3）非线性动力学：节点状态依时间的演化产生复杂的变化，是一种非线性动力学系统。

---

① 此小节部分内容作为阶段性成果已发表，详见齐磊磊《复杂性哲学视域下对大数据两个问题的讨论》，《系统科学学报》2017 年第 2 期。

（4）连接多样性：由于赋予节点之间的连接权重不同，可能会出现连接的差异多样性；同时，由于连接的方向性不同，也会导致连接的差异多样性。

（5）节点多样性：就像元胞自动机模型中的每个网格代表任何一个主体一样，复杂网络中的每个节点可以代表现实世界中的任何事物。例如，表征人际交往关系构成的复杂网络模型中每一个节点代表了单个的个体；互联网组成的复杂网络模型中每个节点可以表示不同的链接网址或不同的网页。

（6）多重复杂性融合：以上五个方面的因素互相影响，会有各种各样的表现形式，因此多重复杂性而导致许多更加难以预料的结果。比如说当我们要设计一个电力供应网络时，首先需要考虑这个电力供应网络的进化过程，因为网络的进化过程决定了网络的拓扑结构。如果网络中有两个节点频繁地进行能量传输，这两个节点之间的连接权重会随之增加，如此一来，就会通过不断的学习和记忆逐渐地改善这个网络的整体性能。

在这个分类的意义上，复杂网络可以看作是复杂系统的理想化模型：节点是复杂系统的组成元素，节点之间的相互关系体现了复杂系统元素间的相互关系。根据上面介绍的元胞自动机所验证的理论：复杂系统的行为往往是由一些简单的规则所形成。这表明传统的基于数学方程的物理规律可以被基于元胞主体的相关关系所代替。复杂系统理论学家、经济学家葛雷菲尔德（James B. Glattfelder）等人正是用这种方法研究经济体系的网络，写出并发表了轰动世界的论文《全球协作控制网络》①，这是全球第一个针对经济网络进行的广泛分析，是大数据研究的一个极好案例。

葛雷菲尔德他们研究的所有权网络，实际上是一个复杂经济系统。其中网络中的节点包括公司、公民、政府、基金会等，节点之间的关系表示的是股权关系，如图 5.14 所示。图 5.14 是节点为 2318、股权关系为 12191 的经济网络。

所有权与控制力是息息相关的，比如说你占有一个企业超过 50% 的股份，你就有较大的控制力，相应地就有投票权。观察图 5.14，你可以

① Vitali Stefania, B. James Glattfelder and Stefano Battiston. The Network of Global Corporate Control [EB/OL]. http://www.plosone.org/article/info%3Adoi%2F10.1371%2Fjournal.pone.0025995.

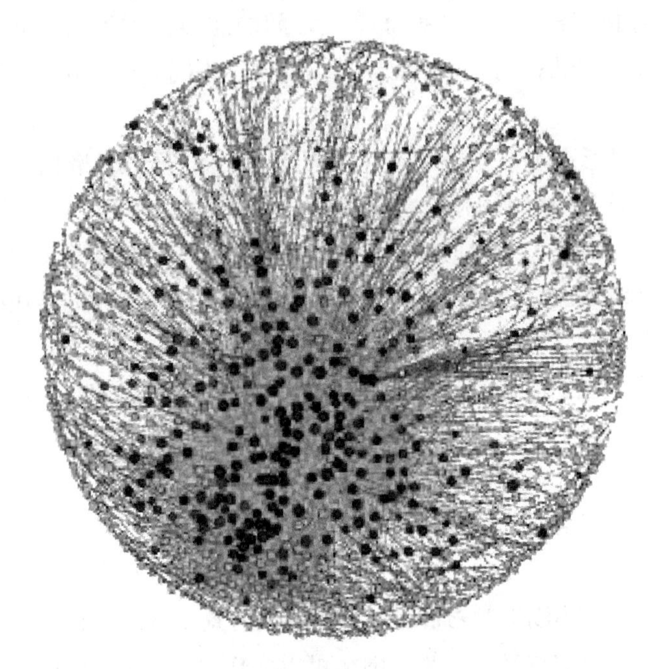

图 5.14　经济网络模型

发现总体的控制力分布是什么？通过它们的相互关系分布找到一些有特别联系的金融机构。你还会发现，在整个股权网络中哪个企业是（最）关键的角色？它们的外部联系是什么，它们是如何形成的？哪个企业是孤立的？哪些企业之间是相互联系的？这些问题的答案都一目了然。葛雷菲尔德想用“数据说话”，他在 TED 演讲中以“谁主宰着世界？”为主题探讨了这个十分重要的问题，

他说：“我们从一个数据库开始，这个数据库包含了从 2007 年开始的 1300 万条的所有权关系数据。对于我们来说，数据量是极大的，但为了能够发现谁掌控着世界，我们决定将注意力集中在跨国公司上，跨国公司（transnational corporations）可以简单地缩写为 TNCs。这些公司与不止一个国家有关系，这样的公司有 43000 家。接下来，我们组建关于跨国公司的网络，我们考虑这些跨国公司的股东以及股东的股东等等。先自底向上，再自顶向下，最终形成了一个包含 60 万个节点和 100 万条联系的网络。这是我们分析的一个 TNC 网络。它最终是这样组织的：网络由外围和中心两部分组成，其中中心包含了 75% 的公司，而且中心还存在着微

小却至关重要的核心，36%的跨国公司仅仅存在于网络的核心区域，但是它们却创造了所有公司总营业收入的95%。"① 图5.15为金融领域的一些核心跨国公司。

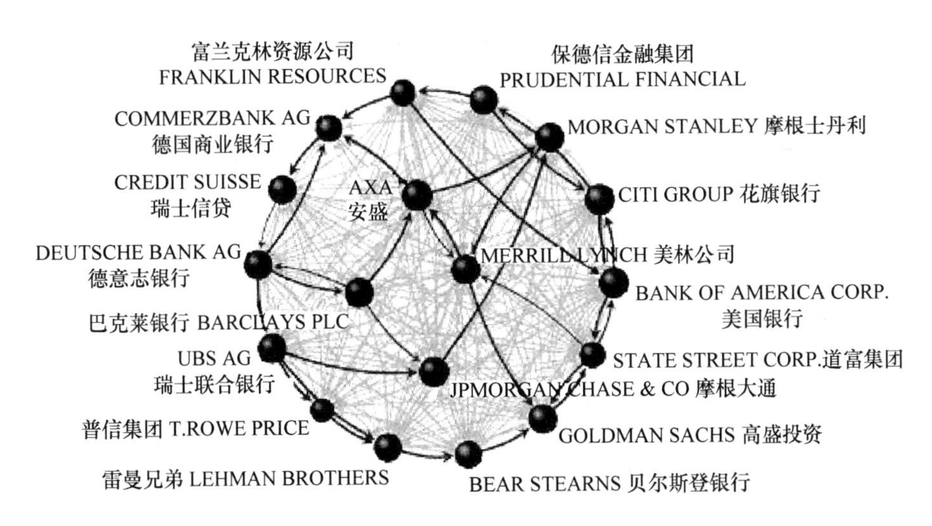

图5.15 TNC 网络模型

如果对每个股东的影响力进行赋值，就可以计算出复杂网络的控制力结果："737个顶尖的股东拥有共同控制80%公司的潜在能力……146个核心股东共同拥有控制40%公司的潜在能力。"②（如图5.16所示）

这个案例表明：一些简单的规则可以组建复杂的TNC网络，每个网络结构都是节点间通过相互作用关系形成，整个复杂网络系统是自组织的结果。所以这是一种自底向上的方法作用的结果，其表现形式就是产生了海量的数据。

元胞自动机作为节点也可以形成复杂网络，由元胞自动机组成的复杂网络图之间的转换如图5.17所示。S_{ij}（$i=1\cdots M$，$j=1\cdots N$）表示网格中的所有元胞状态，它会影响到网格中复杂网络系统的演化；$S_{ij}\in V_G$表示

① James B. Glattfelder, "Who Controls the World?", http://www.ted.com/talks/james_b_glattfelder_who_controls_the_world.html.

② James B. Glattfelder, "Who Controls the World?", http://www.ted.com/talks/james_b_glattfelder_who_controls_the_world.html.

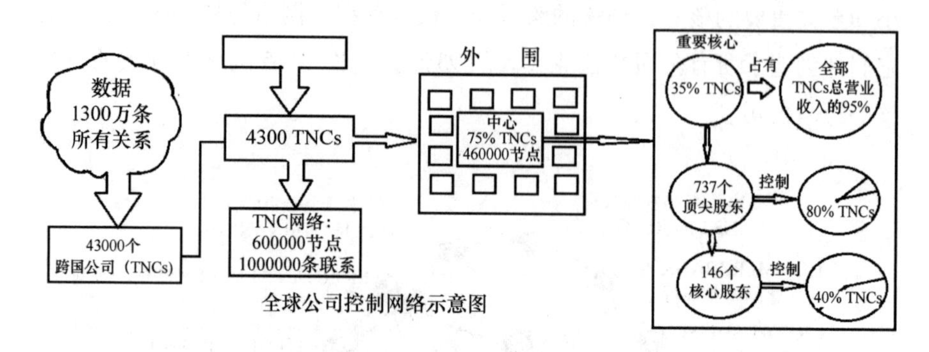

图 5.16 全球公司控制网络模型

复杂网络系统通过网格上的元胞影响环境。

图 5.17 用元胞自动机模拟复杂网络，网络的节点用特定的元胞来表示，节点之间的连线表示网线。①

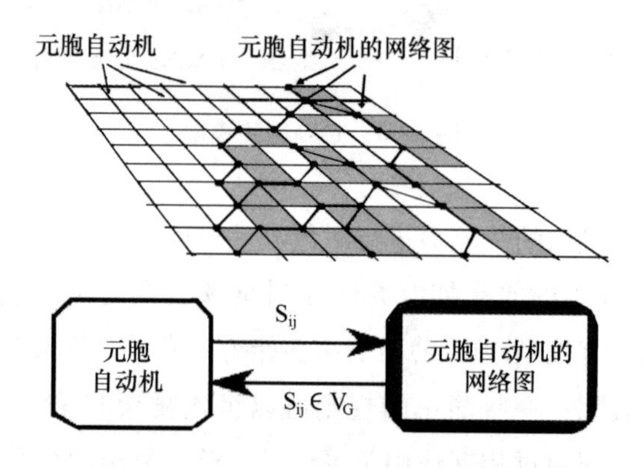

图 5.17 元胞自动机的复杂网络模型

以上是对大数据计算机模拟方法论的基础进行的分析，它主要说明复杂性与简单性的关系问题。元胞自动机的模型原理在哲学上主要告诉我们，怎样从简单性的规则在特定的初始条件下迭代模拟地推出复杂性和突现现象。而复杂网络主要告诉我们，它所代表的复杂现象怎样可以归化比较简单的现象，发现那些支配复杂现象的规则、规律、因果与关联，成为

① Pawel Topa, "Network Systems Modelled by Complex Cellular Automata Paradigm", In Alejandro Salcido (ed.), *Cellular Automata – Simplicity Behind Complexity*, Published by InTech, 2011: 261 – 262.

管理与决策的支持系统。

所以，根据以上梳理，目前的大数据研究是复杂系统新的思维方式和研究方法下的产物，它的理论基础是复杂系统科学，特别是元胞自动机理论、复杂网络理论和对计算机、云计算平台的运用。大数据主要用以解决那些不能用数学方程或经济学方程加上初始条件和边界条件就能解释和预测现象的问题；在获得经验材料上，大数据方法可以不依赖样本收集，而能够全面、系统地甚至“穷尽地”掌握被研究的对象的某些问题的方方面面。但这种方法并不停留在收集材料上，如果没有一个大思路，没有复杂系统的思维方法，资料数据也不能大量收集起来和整理出来。没有“所有权关系”“经济控制力”等创造性概念，全球经济控制的网络数据是不会收集整理出来的，那控制全世界的 146 个核心股东的作用也不会找到。

同时，大数据的元胞自动机的模型原理和复杂网络模型等计算的运行机制表明，由数据表现的现象之间不再只是因果关系，而是广义的相关关系；大数据的许多权威发言人认为大数据时代理论与定律不再重要，只需要“数据发声”。对于这些观点，我们认为，大数据的获取与挖掘不仅需要计算机科学，而且更需要复杂系统科学。盖尔曼是复杂适应系统（CAS）理论的一位创始人，他在讨论 CAS 时每次都加上规律性或普遍原理。他说：“复杂性科学是研究潜在于各种复杂系统的‘一般原理’及其具体表现的科学。”[①] 著名英国科学家霍金也重视理论的不可或缺性，他认为 21 世纪的主导科学是复杂性科学。按照传统认识，普遍定律是构造一门学科的核心。同样，大数据方法之所以发挥了重要的作用，主要还是由于这些科学的理论和定律。科学的目的还在于发现规律，发现因果，以便能在大数据基础上作出比较准确的预测，而这又属于理性主义的观点。所以，新经验主义与理性主义在大数据哲学上应该也是存在着分歧的，对于这个问题，我们已另行其文专门讨论。[②]

模型理论不仅在自然科学中具有重要的启发、表征、推动作用，在社会科学中也同样具有重要的研究价值。

---

① George Cowan et al.（ed.），*Complexity：Metaphors，Models and Reality*，David Pines，David Meltzer，Addison－Wesley Publishing Company，1994：18.

② 详见齐磊磊《大数据经验主义——如何看待理论、因果与规律》，《哲学动态》2015 年第 7 期。

三　社会系统模型：以博弈论为例

社会系统是一个由社会中各个主体之间高度相互作用、相互影响组成的系统。社会系统的典型特征是当每个主体做选择时，不仅要考虑主体自身的情况，同时还要考虑其他主体可能相应会做什么策略选择。因为每个主体所获得的利益不仅与他个人的选择有关，而且也取决于其他主体的选择。例如，在家电市场上，几家空调企业为争夺市场份额而展开竞争，各个企业之间主要的竞争工具是价格，消费者则根据空调的性能和价格来选择购买哪一款空调。如此一来，每一家空调企业定价时不仅会考虑自己的生产成本，而且还要考虑其他竞争企业的价格，所以竞争对手的价格彼此之间会互相影响。也就是说，一家空调企业的利润不仅受自己家空调生产成本的控制，同时也受到其他空调企业定价的极大影响。

那么，对于这种社会经济领域内的定价体系，用什么样的分析工具对它们进行讨论呢？仔细考察，这种竞争的社会系统与通常玩的游戏（game），如下象棋、下围棋、打扑克甚至体育比赛极为相似，都存在竞争的关系。例如在下象棋时，下一步怎么走取决于在此步之前玩家（player）所作的各种策略选择以及对手玩家相应的策略选择，同时也要考虑到玩家们对他的对手下一步或下几步预期将会做什么选择。所以，最终的竞争或比赛结果（要么输，要么赢，要么平局）都是由双方每一步所作出的策略选择共同决定的。如此分析后发现，我们完全可以用游戏的规则去类比诸如企业之间的竞争、军备竞赛、人际关系的交往和国际关系等许许多多的社会复杂系统。这样我们可以换个角度：要研究复杂社会系统，可以通过分析游戏规则得到启发或研究的工具。

游戏通常是一套规则，即我们经常说到的游戏规则，制定这些规则是为了制约游戏者的行为，并且可以最后判定游戏者所做的选择结果（输、赢、平局）。同时游戏规则还必须指明游戏者进行策略选择的顺序、游戏者可以做哪些选择、哪个游戏者先开始行动？明确了这些不同的信息结构以及相应的游戏规则后，通过隐喻和类比，我们可以将游戏中的主体以及主体与主体之间相互作用、相互影响的情形看作是社会各个复杂系统中的组成部分及其相互之间的行为，它们实际形成了一种经济学中的博弈关系。

下面，我们以博弈论（game theory）为例来分析现实社会中教育系统中的一个博弈模型：

最近几年甚至十几年，有一种现象大家有目共睹：周末、假期的轻松自由已然成为小学、中学生们的一种奢侈享受。与之呼应，社会上各类辅导班如雨后春笋，琳琅满目，报名者趋之若鹜。探析其根源，应试教育的存在无疑是主要的原因。[①]

（一）应试教育及现状

应试教育，通常理解为在日常的教学中围绕考试而进行，用学生的考试成绩来评价学生和教师的优劣与成败的一种教育模式。简单来说，考试考什么，老师就教什么，学生就学什么这样一种立竿见影式的学习方法。

在“素质教育”被提出20多年以来，我国的基础教育现状依然是以“应试教育”为主，升学率仍是评判学校教学质量优劣、比较教师教学水平高低、衡量学生学习成绩好坏的唯一标准。学生们要想进入好学校，花更多的时间和精力会在考试中取得好成绩已经成为一条不明的法则。如果你不这样努力，而别人却是如此，对于你而言这本身就是一种落后。这就像进入了一个怪圈，在这个圈里，只有努力地往前走才可能不被抛下。援引一位学生家长的话：“给孩子补课也是迫不得已，看着别人家的孩子补这补那，我们心里就着急”，在这种观念的推动下，不“增负”能行吗？

（二）博弈模型分析

这种类似“红皇后效应”的怪圈现象根源于我国目前的应试教育制度，它已使学生们不自觉地进入了一个困境，在博弈论中我们称之为“囚犯困境”（prisoner's dilemma）。“囚犯困境”是博弈论中一个著名的案例，最早由兰德公司的梅里尔·弗勒德（Merrill Flood）和梅尔文·德雷希尔（Melvin Dresher）提出相关困境的理论，后来由顾问、美国普林斯顿大学的数学家艾伯特·塔克（Albert Tucker）以囚徒方式阐述。这个理论表达的内容是：警察在偷窃现场抓住两个惯偷甲、乙，并将他们单独关押，在审讯时采取了这样的处理原则：如果其中某人与警方合作，对以前

① 此部分内容作为前期研究成果已发表，详见齐磊磊《论应试教育与“减负”政策的博弈》，《陇东学院学报》2012年第5期。

与对方合伙做的偷窃坦白交代，而对方又不承认，那么招认的一方将会被无罪释放，同时会判不合作的那人8年的有期徒刑；如果双方都承认，那么双方会被各判刑5年；但如果双方都拒不承认，那么警方可能也找不到能证明他们以前作案的其他证据，只能对此次偷窃行为进行惩罚，对他们各判刑1年。在这样一种政策下，假定甲、乙二人都是理性的（rational）人，即所作出的某个具体策略选择，都是使自己的利益（self - interest）最大化，他们会如何选择？

在甲看来，有这样两种情况：当乙选择坦白时，如果自己也选择坦白，那么会被判刑5年，而此时如果自己还拒不承认，那么就会被判刑8年，两相比较，应该是选择坦白对自己有利；而另一种情况是如果乙拒不承认，而自己坦白，那么自己会被无罪释放，而此时如果自己也选择拒不承认，则最多会被判刑1年，两种选择比较而言，很明显，还是选择坦白对自己更为有利。甲通过以上的分析，他肯定会选择坦白的策略。同样，乙也会选择承认。但事实上，他们的这个选择并没有起到“从宽”的结果，因为在他们可供选择的方案中有一个是使他们的利益得到最佳的，也就是他们同时选择抵赖，但他们却为了使自己的判刑时间尽可能地短，作出了适得其反的选择，陷入了“囚犯的两难境地”（如图5.18所示）。

甲 乙	坦白	抵赖
坦白	(5, 5)	(0, 8)
抵赖	(8, 0)	(1, 1)

图5.18 囚犯的选择示意图

“囚犯的两难境地”再现了我国教育机制中“减负”口号渐渐陷入应试教育困境中的情形。学校、学生、家长、社会都意识到“减负”的势在必行，“减负”对于莘莘学子来说应该是一种最佳的策略选择，但事实上学生们却作出了弃“减”选“增”的选择。为什么会有这种不是最佳的结果产生呢？在此，我们可以用以上介绍的博弈论中的“囚犯困境”来加以剖析。

在目前应试教育体制下，同样两名毕业生A与B，对A而言，当B响应号召“减负式”学习时，如果他也同样采取“减负式”学习，那么他们在考试中的成绩可能相差无几，应用博弈论上的效用支付函数概念（参与者从博弈过程中得到的利益，它是每一个局中人所真正关心的东西），我们可以将其表示为（0，0），而此时如果A选择了“增负式”学习，也就是主动地进行有针对性的学习，那么他可能就会在考试中取得更高的分数，此时A、B的效用支付函数变为（5，0）。很显然，在A看来，他会选择对自己升学更为有利的“增负式”；而当B选择“增负式”学习时，如果A仍以“减负式”学习方法去迎接考试，那他势必会在考试中落后于B，此时他们的效用支付函数是（0，5），但如果A也选择“增负式”学习时，他们可能会在考试中都取得更好的成绩，此时的效用支付函数变为（6，6）。所以在这种情况下，A仍选择能使自己取得更好成绩的“增负式”学习。同种心态，作为B也会选择“增负式”这种更有利于他在考试中得到高分的学习方式（如图5.19所示）。

B \ A	减负	增负
减负	(0，0)	(0，5)
增负	(5，0)	(6，6)

图5.19　应试教育体制下学生的选择示意图

同样，从以上博弈理论的分析中我们可以看出，在目前教育机制下，如果要求所有的学校、所有的老师、所有的学生都积极响应教育部有关“减负”的号召，这样一种状态会持续下去吗？我们的分析是：“减负”对于学生们是一个不稳定的状态，也就是说在“减负”政策下，如果仍有某些学生做大量课外作业，参加许多辅导班，强化自己的学习，得到高分而进入好学校，那么“减负”的状态就会自然地被打破了，随之就会进入“增负”的稳定状态。而一旦达到“增负”的稳定状态①后，学生们就会为了保持自己的最大化利益而不肯再去作任何变化，形成了目前这种“增负式”学习的稳定状态。由此通过博弈理论的分析，我们清晰地看到，以“分数论英雄”策略的存在使应试教育与“减负”政策在实施上存在博弈上的不可能性。

① 即博弈论中著名的“纳什均衡”。

（三）博弈模型启示

目前我国教育发展的不均衡、优质教育资源的稀缺和“望子成龙”的家庭教育观念，成为许多学生及家庭的重负，带来了一系列教育和社会问题，也在很大程度上禁锢了学生的创造性思维的自由发挥，使他们的创造性走向灰暗。随着教育体制的改革及信息时代的到来，对学生而言重要的是学会如何学习，注重培养学生的学习能力成为一项新的要求。“授人以鱼，不如授人以渔”，以学习内容为载体提高我们的学习能力，纠正我们的学习方法，掌握正确的学习技巧是我们目前学习的主要目的。

要想真正把“减负”政策贯彻到底，势在必行的是要对我国目前的应试教育制度进行改革。应试教育犹如一棵参天大树深深扎根于我国教育的土壤中，具有极强的生命力，我们不可能一下子将其连根拔起，只能给它更充足的阳光、更甘甜的雨露让它逐渐转型为既适合我国教育现状又能促进学生轻松学习的一种新模式。这个“进化”的过程是漫长而又复杂的，它的成功需要社会、学校、家长、学生等各个方面的积极配合，我们大家也要端正态度，真正意识到这个社会是由不同知识层次的人构成的，根据自己的能力、自己的特长来实现自己的价值就是获得了“个人的最大利益”。

面对这些学习中的现状，教育部开始积极呼应，近十几年来不断出台如“五项要求”这样的政策，提出了许多保障学业和学习轻松的措施，开展“减负”专项治理的活动，派出调研员深入一线教育基层了解相关文件的实施情况，积极推动课程改革，对教材进行内容上的更新，采用更为轻松的教学方法，使用电子课堂等形式，最终目的是从实际中真正做到减轻中小学生的课业负担。对于中央以及教育部制定的政策与措施，各地教育部门也积极响应。比如说，上海制定并通过了《上海市未成年人保护条例》，通过立法的形式，上海市禁止只把升学率作为评价学校优劣的指标；山东省计划逐步取消高中招考制度，以综合学业素质考试取代仅看分数的升学考试；吉林省建立了“减负”责任制，如果学校片面增加学生的学业负担将追究当事人和学校领导的责任；山西省也颁布了《坚决禁止暑假违规补课问题的紧急通知》，采取相互监督、有偿举报的策略；还有江苏省、四川省、陕西省……这一系列措施表明教育部一直是在不懈地努力着。

“路漫漫其修远兮”，教育部在“减负”的道路上一直“上下而求索”。我们通过这个博弈模型的分析找出了教育中现实现象产生的原因，同时也期待着这个“增负”的博弈均衡早日被打破，真正使“减负”进入一个长期稳定状态。

同时，在使用博弈模型对社会系统进行分析的过程中我们还注意到，博弈的整个概念模式都是隐喻和类比式的。博弈过程中的参与者或者局中人（Player）的字面意义是玩游戏的人，如果做隐喻和类比解释，局中人可以指称一切参与博弈行为的主体，例如企业、国家等等。博弈（game）的字面意义就是游戏，作为隐喻和类比概念，博弈指的是参与的主体与主体之间相互作用、相互影响的行为。选择策略通常是一个军事情境下的隐喻概念，如“敌进我退，敌退我进”就是一个著名的策略，注意，这里还有另外三个策略：“敌进我退，敌退我退”，“敌退我进，敌退我退”，“敌进我进，敌退我退”；再比如人与人交往的最佳策略选择是“针锋相对”。

以上这些策略都是通过博弈论模型对社会现象进行分析得出来的结论，当然，更为重要的是，这类博弈的模型同样可以在计算机平台上实现，即采用计算机模拟方法同样可以获得用博弈论模型分析一样的研究成果。①

① 我们曾经用计算机模拟方法分析过“囚犯困境”的案例，计算机模拟得出的结论与本小节的博弈论模型分析得出的结论是完全相同的。详见齐磊磊《科学哲学视野中的复杂系统与模拟方法》，中国社会科学出版社2017年版，第169—174页。

第六章　计算机模拟方法及其哲学思考

在具体的科学研究过程中，传统方法建立的数学模型通常都只是孤立地研究某个组成部分，并不考虑相互作用的整体行为，它只适用于各个部分相加之和等于整体行为的系统，也就是系统的组成部分之间存在线性关系时，它才是有效的。但是，在我们生活的每一个地方都面临着复杂的非线性系统，特别是在生命、行为、社会和环境科学以及现代技术或医学的应用领域中（例如癌症的研究、衰老研究），涉及非常重要的复杂性的问题领域。由于这些领域内的非线性系统并不遵循叠加原理，即使我们把非线性的复杂系统分解成我们能够认知的简单子系统，但由于众多的子系统之间存在着相互作用，这种相互之间的非线性作用关系也会导致作为整体的系统的复杂性要远远高于单独的各个子系统的行为。所以，根据整体与部分的这个非线性作用关系，我们要想揭开这些复杂系统其中的奥秘，解决与人类生存状况密切相关的问题，并从中得出更深层次的解释，牛顿的经典数学和统计方法指导下的模型方法已不能独自完成。复杂性科学的先驱者之一霍兰（J. H. Holland）在研究复杂系统变量之间的这种“相互作用”时指出，即使各部分间只存在极少量的简单的相互作用，我们也不能再用传统的数学模型方法对复杂性问题进行研究。

面对无法用传统方法进行分析的复杂的系统，从20世纪80年代末开始，美国圣菲研究所（Santa Fe Institute）从事复杂性研究的科学家们试图找到控制复杂系统作用的基本原理，他们以计算机为工具，发起了计算机模拟实验的方法论革命。同是圣菲研究所和洛斯亚拉莫斯国家实验室成员的拉斯穆森和巴里特指出：由于与生俱来的系统复杂性（如复杂的生命现象），在科学和工程这两个研究领域中，如果只使用分析性的方法并不能为自己感兴趣的性质或引起一种现象的详细情况建立一个适当的、明确的模型，即使是在其他的并不是很复杂的情况下，这个现象的模型仍然没有被推导出来。[1] 由于计算机模拟能把分析上难以处理的问题（如三体问题）变成计算上易于处理的问题，所以在分析性方法不易处理的情况下，人们开始越来越多地使用计算机模拟的综合方法。正是基于这样的需要，计算机模型或计算机模拟[2]方法应运而生。

数学家伊恩·斯图尔特（Ian Stewart）说过："在科学史上，新工具的发明总是马上带来进步。这里，决定性工具是计算机。但单单有工具还不够，需要科学家的才智去认识到他的新工具所展示的东西是重要的。"[3] 计算机模拟方法正是实现了这样的作用。

一　前言：什么是计算机模拟？

计算机模拟（computer simulation（有时简称为"sim"）），在系统工程中习惯称之为计算机仿真，指的是以计算机为运行平台对真实的客观情况或假定的事物或情形进行再现，通过这样的操作，可以更好地了解被研究的事物如何工作；同时通过改变研究客体的某个或某些变量，最终对它的行为作出预测。

计算机模拟以程序的形式运行，以此获得源目标的行为以及其内在的性质。也正是因为计算机模拟具有辨明客观事物真正性质的能力，目前的计算机模拟已经成为所有领域的一个普遍使用的方法：比如说计算机模拟物理学、化学和生物学中的诸多自然系统，同时计算机模拟经济学、心理学和社会科学，尤其是计算社会学中的人文系统以及工程学的技术模型。比如第五章中就列举了使用计算机进行模拟的例子。

关于计算机模拟，有一个有趣的说法：计算机模拟是用计算机模拟计算机。如何解释这种说法呢？大概可以这样理解：在计算机的逻辑结构中，有一种称之为竞赛者或者筛选者的计算机结构模拟器或模拟装置，这个装置通常被用来运行不易实现的程序或者在特殊环境中运行的程序。例如，在选定的程序被安装到计算机之前，先用模拟装置来调试一类微程序

---

① Steen B. Rasmussen, et al., "Elements of a Theory of Simulation", In *ECAL 95 Lecture Notes in Computer Science*, Springer Verlag, 1995.

② 对于计算机模型或计算机模拟的细致区别详见本书第二章。

③ ［英］伊恩·斯图尔特：《上帝掷骰子吗——混沌之数学》，潘涛译，朱照宣校，陈以鸿审订，上海远东出版社 1995 年版，第 284 页。

或者是商业的应用程序。因为计算机的操作是可以对程序的运行过程进行模拟的，程序员可以通过程序的运行直接得到有关计算机操作的所有信息，当然更为重要的是，计算机程序可以任意改变模拟的速度和执行过程。

基于计算机模拟的强大功能与灵活的使用规则，2001年，耶鲁大学的一位讲师尼克·博斯特罗姆（Nick Bostrom）向哲学界抛出了一个“炸弹”，他在《“模拟生活”：生命只是一场游戏?》（“Living in Sim”：Is Life Just a Game?）中指出：我们完全可能（并不只是可能）是某种更高级生物模拟中的角色。如果是这样的话，即使对于那些自己通常不会被形而上学的怀疑论所扰乱的人来说，它也具有令人不安的意味。如果我们的模拟者决定关掉计算机怎么办呢？另外，我们的生命与“真正的”实体之间的关系是什么呢？“模拟生活”的结果又是什么呢？

博斯特罗姆的这个主张给人们带来了强烈的震撼，虽然也有许多人质疑他的文章观点的合理性，但无论我们是主动地接受还是不接受他的关于模拟的这个主张，模拟与实体间的关系都深深地困惑着我们。根据上面我们归纳的“模拟”的本意可知，模拟被构建出来是为了欺骗人类自己。但是，正如博斯特罗姆所说的，逐渐地，人类自愿地进入到被模拟的世界中来。那么，从被模拟中人类经历或学习到了什么？根据从模拟与实体间的映像中所学习到的，人类能可靠地建立映射到什么程度呢？我们如何能辨别“现实”模拟与“非现实”模拟间的差异呢？这些问题看似怪诞，但却值得我们以后进一步的关注与思考。

计算机模型方法作用强大，科学研究者们常用这种方法模拟各种现象，解决科学中的、社会中的各种问题，但多数学者并没有对这种方法本身进行思考，比如：（1）计算机模型方法是如何实现它的模拟与表征功能的？即方法论问题；（2）计算机模型方法是自组织的还是他组织的？是软系统方法还是硬系统方法？会导致人们走向计算主义吗？即一系列哲学问题；（3）模拟结果的可靠性或者可信度有多大？即模拟结果的有效性确认问题；（4）如何消解计算机模型方法的局限性？即提出可行性建议问题。对计算机模拟方法进行哲学上的分析，可以让使用这种方法的学者不只是会使用这种方法，还要明白这种方法为什么会展示它所展示的东西，最终形成对方法本身进行的批判性反思。

二　计算机模拟方法的哲学分析[①]

人类社会系统“起源于人的自我意识”，是人的“目的意向性活动的结果”[②]，这样的以人为活动主体的社会系统相对于自然系统更为复杂，难以用传统的还原方法进行分析。社会学家曾经使用统计方法和基于方程的动力学方法为主要的研究方法，但却因为存在着很大的局限性而被边缘化。比如说统计方法是静态的，而人类社会系统却是动态的；统计方法忽略了人们之间的个体差异，而这恰恰是体现社会系统独特性的一些重要因素。基于微分方程的社会动力学方法虽然显示了社会状态的演化过程，但却只有在系统元素间的相互作用关系呈现简单性时才能进行，涉及的变量稍微多几个就难以解出其解析解；而且微分方程的主要着眼点还是集中在社会单个主体的微观行为，缺少对各种人类活动系统的宏观行为进行规律性的描述。计算机模拟方法正是在这样的情况下出现并引起研究者们的重视的。

近一二十年，计算机模拟方法在复杂系统科学研究中的作用日益突显。哲学的生命力源于对新事物作出的积极响应，并进行批判性的反思。方法论是哲学的一个基本组成部分，它处在方法的元层次，方法论一词适当地说就是“方法的逻各斯”（the logos of method），即方法的原理，是方法论的使用者，在特殊情况下选出来研究特别事物所采用的特别进路的形式导向“方法”。因此，接下来首先从方法论的角度对计算机模拟方法进行分析。

（一）计算机模拟的方法论

通过上面的梳理，计算机模拟是一种以计算机为基础的模拟技术，它的每一个计算机模拟过程的理论基础都是一套可以运行的计算机程序。通常，程序员根据计算机自身的运行特点、被研究对象的行为以及想要得到的结果进行综合考虑，选取不同的程序语言进行编写，最终生成再现研究

---

① 本小节作为阶段性研究成果已发表在《学术研究》2018 年第 7 期。

② Peter Checkland, *Systems Thinking*, *Systems Practice*, Chichester: John Wiley & Sons Ltd, 1981: 115 - 121.

对象动态过程的计算机程序。显然，计算机模拟方法旨在设计一套程序以达到与研究对象同样的功能而不关心两者之间的结构是否一致或类似。从方法论的划分上说，计算机模拟方法实际上是一种功能模拟方法而不是结构模拟方法。所谓功能模拟方法，指的是在无需清楚或不必了解研究对象内部结构的情况下，仅仅以功能相似为目标编写计算机运行程序再现研究对象功能的一种模拟方法。而所谓结构模拟方法，指的是为了实现某种功能，建立模型来模拟研究对象的结构，有时也会利用某种技术手段或装置复制、再现研究系统的形成结构，以便实现该系统的特有功能。

计算机模拟方法实现的途径是运行某种功能程序。由于计算机本身是离散系统，运行其中的程序软件在时间上也是离散的，即计算机模拟方法的迭代过程虽然可视化并可以像军训中的“一步一动”进行分解，但严格意义上，整个模拟的过程还是表现为以功能模拟方法为特征的一个黑箱。也就是说，虽然计算机程序在实际运行中可以被还原为一个时步叠加一个时步，但由于被模拟的对象之间是非线性的，若干个时步叠加起来最终生成的结果却是整体突现性的。因此，计算机模拟又是一种典型的整体性的研究方法。也正是从这个意义上说，计算机模拟方法适用于研究子系统之间具有非线性关系、子系统局域相互作用之和不等于系统整体行为的那些系统，即复杂系统或者更进一步地说是复杂适应系统。

任何事物的出现都存在着必然性，计算机模拟方法恰恰是遇到了复杂（适应）系统才有大展身手的机会，才真正体现了这种方法的价值所在。如剑桥大学的数学家约翰·康威用计算机模拟出“生命有机体”的突现，显示了一系列复杂的行为，这种方法不但解决了生命繁殖的模拟问题，而且从某些初始构型中创造出许多“生命形式”。其中有一种生命形式叫作“滑翔机”（glider），它们组合起来，可以实现各种逻辑电路，可以达到通用图灵机的功能；被誉为“人工生命”之父的克里斯·朗顿放弃了计算的通用性，提出了只使用8种状态、能够进行自我复制且具有简单规则的元胞自动机理论。[①] 随后他创造了一个能模拟自繁殖元胞自动机的计算机程序，并规定了它的转换函数和繁殖或死亡的规则，通过选择控制参量，它可以模拟出进化中的自繁殖系统。朗顿的这个自繁殖的结果是对生

① 第二章、第五章已经对元胞自动机理论这种被广泛使用的计算机模拟方法做过理论与案例两方面的分析。

命繁殖进化的一种真实的模拟。在此基础上，朗顿于1986年开启了“人工生命”的大门；还有计算机专家克雷格·雷诺兹（C. Reynolds）用计算机模拟的动物群体运动的群伴（boids）；为了解人类社会中合作与竞争的关系，对“囚徒困境”的计算机模拟以及模拟森林火势的蔓延、对肿瘤细胞的增长机理和过程的模拟、模拟结晶的过程、对气体行为进行模拟、根据伊辛（Ising）模型来研究铁磁性以及模拟某个城市的发展等等。

计算机模拟方法已经涉及社会科学和自然科学的各个领域，这种模拟方法不仅解决了科学实践中的问题，也丰富和推动了复杂系统科学哲学的大发展。早期英国突现主义者认为复杂系统中的突现现象是不可解释的，但计算机模拟方法却用丰富多彩的运行结果再现了复杂系统从简单元素与简单规则的相互作用中，经过空间的聚合与时代的迭代，生成预想不到的、新颖的现象。这使复杂系统哲学向前迈进了一大步，解决了一个旷日持久的大问题，即计算机模拟方法通过程序与算法阐释了突现的过程和突现的机理：这个突现的过程“是一个由低阶元素S_i^1，经过相互作用I_{ij}^1和与环境相互作用E_{ik}^1通过自组织而形成S^2的运算子。在本体论上，这是一个跨层次的演化过程，在认识论或计算机模拟中，它是一个导致突现和新层级形式的迭代更新函数”①。细分起来，计算机模拟方法对于科学研究，尤其是复杂系统科学而言，一方面说明了以往我们怀着虔诚的心来看待的突现现象是可以解释的，“突现性质不但必须承认，而且是完全可以模拟导出的，并且是部分地可预言、可解释的。这是一种无情的计算机模拟的逻辑结论，它迫使我们不但承认它，而且承认它所导出的有关复杂系统突现的机理：如果我们具备了高层次的观察函数O^2（），便可以从低层次组成元素（S_i）以及简单的规则（I_{ij}）中模拟地推出突现现象。”② 另一方面证明了突现现象是可以推出的，“（1）它不是分析地或解析地被演绎推出的，而是综合地或基于主体地被模拟推出的；（2）它是一种部分还原的推出，而不是全还原的推出”③。

---

① 齐磊磊、张华夏：《论系统突现的概念——响应乌杰教授对自组织涌现律的研究》，《系统科学学报》2009年第3期。

② 齐磊磊：《论系统突现的模拟可推导性及其性质与条件》，《系统科学学报》2013年第1期。

③ 齐磊磊：《论系统突现的模拟可推导性及其性质与条件》，《系统科学学报》2013年第1期。

（二）由计算机模拟方法引起的对三个哲学问题的思考

结合上面提及的计算机模拟的实例，这里需要讨论三个问题。

第一个问题：对于这些大家公认的进化的复杂适应系统，典型特征是自组织，也就是子系统或组成元素之间的非线性相互作用是自发形成的，如果用计算机模拟方法进行研究时，程序员是否在整个模拟过程中扮演着中央控制的角色？他们在写模拟程序的同时是否打破了这种自组织的过程？按照这种思路，如果回答是肯定的，那就意味着计算机模拟方法除了存在“结果的有效性确认”① 这个缺点之外，这种模拟方法本身也有“先天缺陷”，即计算机模拟方法的逻辑路径是中央控制机制，是他组织的。复杂系统却是自组织的，两者之间是否具有不可协调的矛盾？我们试着从系统科学哲学的“层次”概念来回答这个问题。

系统哲学家邦格（M. Bunge）认为系统是分层次的，1979 年他出版的《基础哲学论》（*Treatise on Basic Philosophy*）第四卷中，最先将层次概念引进对系统的描述中。巴斯（N. A. Bass）弥补了邦格定义的部分缺点：“将观察机制或观察函数 O 放进系统的定义中，$S^2 = R\ (S_i^1,\ O^1,\ I_{ij}^1)$。必须有 O^2 才能识别 S^2 的性质……同理必须有 O^1 才能识别 S^1 与 I_{ij}^1。”② 这是1994 年巴斯发明的系统定义，“这个定义的关键点就是最一般意义上的观察者的概念”③。诺贝尔经济学奖获得者西蒙④（Herbert A. Simon）也是系统层次概念的倡导人，他专门用一个表匠寓言来论证系统层次结构的必要性，同时用“近可分解系统”说明层次或层级结构在生物的进化中不但起到稳定性的作用，也更容易被自然选择。通过对复杂行为的分析，西蒙最后得出结论：“如果世界上存在这样的一些重要系统，它们是复杂的但不是分层的，那么也许在相当大的程度上，我们就无法观察和理解它们了。”⑤

---

① 下文中会专门讨论这个问题。

② 齐磊磊、张华夏：《论系统突现的概念——响应乌杰教授对自组织涌现律的研究》，《系统科学学报》2009 年第 3 期。

③ Nils A. Baas and Claus Emmeche, “On Emergence and Explanation”, *Intellectica*, 1997, 25: 68.

④ 西蒙给自己起了一个中文名字，叫作司马贺。

⑤ ［美］司马贺：《人工科学：复杂性面面观》，武夷山译，上海科技教育出版社 2004 年版，第 192 页。

既然任何系统都是分层次的，计算机模拟过程也是一个系统：在较低的层次，分布着计算机建模所需要的各种数据，由于数据的来源不同可能会再分为多个层次，比如原始数据处在最底层，由原始数据推出的二手数据处于次底层等等；在较高的层次，程序员根据已有数据进行计算机模拟程序的编写，他们如果是由一个团队组成的，这本身就占据了一个层次；程序员在与这些可运行的程序交互之间，比如说编写、修改、调试等过程中虽然处于一个中央控制的地位，但这只是以本层次的观察者角度或用本层次的观察函数为出发点形成的机制；按照科学哲学家库恩为代表的历史主义学派的理论：由于文化背景与个人的性格不同会对同一个事物产生不同的见解，同样程序员也会因来自不同的文化问题情景而导致他们设计计算机模拟时产生不同的影响；从相对较高的层次来看，程序员作为相对较低层次的一个组成部分，实际上就像一般的复杂适应主体一样，根据其他主体（比如他们编写好的运行程序）的变化而进行程序上的设计与改变，他们与运行的程序形成一个新的整体处于整个计算机模拟方法中的最高层次，这个整体显然也是一个自组织的系统。因此，第一个问题在系统层次观念的帮助下得以消解。

第二个问题：计算机模拟方法是一个“软系统方法”还是一个“硬系统方法”？回答这个问题之前先明确几个基本的概念：所谓硬系统方法，实际上就是通常所说的系统工程中的研究方法，它是为了强调不同于软系统方法而提出的一个术语。在运筹学知识背景下，为了达到明确的目标而进行定义问题、系统分析、找最优解并最终解决问题这种单向度实施的系统工程所使用的方法，其研究对象被假定为是客观存在的自然系统或工程技术系统。软系统方法（Soft System Method，简称 SSM）是由系统论专家切克兰德提出的一套全新的观念：“讨论的是‘问题情景’而不是‘问题’，是‘不安感’而不是‘目标’，是情景的‘改进’而不是问题的‘解决’，检验标准是个人的‘成功有效’而不是‘客观相符’。”[①] 软系统方法的主要特征是：在面对各种问题时，将问题情境和多样性模型背后的社会规则性的影响以及社会文化都考虑进来，把人类的行为看作是一个循环往复的学习过程。因此，软系统方法是研究社会科学哲学的一个崭

① ［英］P. 切克兰德：《系统论的思想与实践》，左晓斯、史然译，张华夏校，华夏出版社 1990 年版，第 4 页。

新的范式：学习范式。

现在试着从两个方面讨论第二个问题：首先从历史的角度，计算机模拟方法首次被大规模使用出现于二战时期的曼哈顿计划中，由于核爆炸的巨大破坏力、核试验的高额成本以及反应堆中原子核数量繁多而且关系复杂，计算机模拟使用蒙特·卡罗（Monte Carlo）算法对核爆炸过程进行模拟，这是一个硬系统工程的典型案例。其次从计算机模拟方法的操作过程来讲，计算机模拟是一种面向对象、基于过程的模拟方法，虽然不像微分方程是一种完全确定性的，但实现模拟迭代的计算机程序却是预先设计的，其运行结果虽然是非模拟不可预测，但由于人类认识的局限性及建模数据的不全面，大多数计算机模拟生成的结果仍带有浓烈的功能主义色彩，或者说生成结果在某种程度上还是具有一定的确定性的，我们不妨将其称为"弱确定性"或者"弱的硬系统方法"。因为这种"确定性"或者"硬系统工程"是相对运筹学中的系统工程而言。为了改变计算机模拟方法中存在的"硬"的过程或结果，在对复杂系统模拟的一些实际案例中则会相应地加入遗传算法，引入随机变量，以便更贴近现实中复杂多变的适应系统。这样做的目的在于将计算机模拟这种"弱的硬系统方法"转向"软系统方法"，以便更好地研究社会科学中的复杂系统问题。当然，在面对复杂社会系统时，仅仅加入遗传算法，引入随机变量仍有很大的局限性，还需要对计算机模拟方法进行改进，让其成为真正的"软系统方法"。比如说可以将英国系统科学家拉尔夫·D. 斯达西（Ralph D. Stacey）提出的复杂应答过程（Complex Responsive Processes，简称 CRP）理论引进过来。CRP 理论是当代第一个比较全面地研究社会系统的复杂性理论，关注的是人们之间相互作用的迭代模式化过程，或迭代生成过程。通过研究人们采用姿态、语言以及其他符号的交谈形式所进行的相互作用，将关注点集中到人与人之间相互作用的应答过程中来，以便寻找人类的行为规律。关于这个问题，我们曾经专门撰文讨论过相关问题。[①] 下面我们讨论使用计算机模拟方法的理论基础与前提预设问题。

第三个问题，在我们主张用计算机模拟复杂系统时，由于计算机的逻辑基础是一个离散的系统，这实际上已经预设了被模拟的系统是可计算

① 齐磊磊、贾玮晗：《复杂社会系统的研究方法——从计算机模拟到复杂应答过程理论》，《系统科学学报》2018 年第 1 期。

的，可表示为算法和程序的。那么，支持这种做法的理论根据是什么？世界是可计算的吗？通常我们认为计算似乎仅仅是人或由人所创造的各种计算机器所做的种种数值运算，或者至多是看作对符号进行形式的操作，这个原本属于数学领域的概念怎么可能在计算机模拟的推动下上升为一种新的哲学范畴，成为计算主义倡导者主张的“实在世界中一切事物的基本存在方式”呢？

要回答第三个问题以及由此引发的其他几个小问题，首先回顾计算机的逻辑体系。计算机是逻辑与工程的复杂混合体，递归论与可计算理论导致计算机科学的诞生，电子计算机所引发的“计算革命”打破了使用纸笔研究的局限性，同时计算概念的内涵发生了根本的改变，外延也大大地得到扩展，但计算或算法的概念仍是探讨计算主义是否合理的理论基础[①]，丘奇—图灵论题也仍是计算主义的基本工作假说。尤其需要说明的是，凡是断定人工生命、人工智能和虚拟实在（或现实）技术可以实现的人，都自觉不自觉地预设了物理的丘奇—图灵原理是正确的。在使用计算机模拟方法时无疑是将被模拟对象看作是可计算的、可用程序或算法表达的，这样的思路虽然不像“万物皆数”的理念那么极端，但仍然使人们走向“计算主义”。

有人倾向于把计算主义理解为“实在的本质是计算”这样一种哲学主张，认为从物理世界、生命过程直到人的心智，甚至整个宇宙都是算法可计算的，或者说完全是由算法支配的；也有人从认识论、方法论的角度出发，认为它是一个普适的哲学概念，把“计算”当作是人们认识事物、研究问题的一种新视角、新观念和新方法，把各种现象或过程看成是算法复杂性的表现，而不是说现实世界真的可以由计算机算法来控制。在具体讨论时，我们通常将前者的观点认为是一种强的具有本体论意义的计算主义，而将后者看作是方法论和认识论意义上的计算主义。尽管有不同意义上的区分，计算主义所带来的观念和方法确实已经改变了我们看待世界的视角，促使我们思考关于实在的本质，并日益形成一股转换我们思维方式的思潮。比如用计算机模拟方法建立的“人工生命，虽然没有考虑现实的以碳为基础的生命的运作问题，但它一开始就从计算的视角来思考生命

---

① 算法是一个与计算具有同等地位和意义的基本概念，一般认为它是求解某类问题的通用法则或方法，或者说是一系列计算规则或程序，即符号串变换的规则。

的本质问题。人工生命把生命的本质看作是一种形式，这种形式可以通过程序或算法表现出来。所以，在人工生命学家看来，生命的本质实际上就是一种算法。这种算法的运行就表现出生命。事实上，人工生命的大部分研究都是通过计算机编程的方法来揭示生命的本质的”[①]。

随着计算机模拟技术的进一步发展，强计算主义者认为，不仅仅是人的心智或认知以及生命具有计算的特征，而且整个世界事实上就是一个计算系统。也就是说，一旦从计算的视角审视世界，就会逐步形成一种新的世界观，即认为整个宇宙是由算法和规则组成的，在这些算法和规则的支配下，宇宙发生演化。事实上，这种对计算主义的思考渗透至整个世界的思想，最重要的来源是近年来在计算机模拟方法中独树一帜的元胞自动机的研究。在康威证明了特定配置的元胞自动机可以与图灵机等价时，就有人开始把整个宇宙看作是计算机，因为特定配置的元胞自动机在原则上能模拟任何真实的过程。

强计算主义的代表人物沃尔弗拉姆（S. Wolfram）在使用计算机模拟时说：“我采用一个简单的程序，然后让其系统地运行，看看它的行为如何。”[②] 结果就是：在简单规则的支配下，为了实现系统的既定功能，有些运行程序不是简单的，但即使运行程序是简单的，若干次的迭代演化之后，在简单规则和简单程序中也能“突现”出目标系统复杂的行为。接下来，他从新的视角把物理学、生物学、认知科学和社会科学中相似的大量现实问题通过计算机模拟实验的迭代运行，最后在得出的结果中显然有这样的提示：具有全称陈述特征的理论与规律或规则与研究的目标系统的具体细节毫无关系。这意味着，我们生存于此的自然界中原本就存在着普遍的原理，即计算等价原理。根据这条原理，看上去并不简单的任何系统在计算复杂性上是等价的。

由此，沃尔弗拉姆提出，宇宙很可能就是由一组简单而又确定的规则所支配的计算机，而它的演化在计算上是不可归约或不可还原的（irreducible），除非我们追随着它的演化过程，否则将无法预先确定其所呈现的行为。关于他的这些思想，他在《一种新科学》（*A New Kind of Science*）这本巨著中进行了归纳：“我相信，‘一切皆为计算’将成为科学中

① 李建会：《走向计算主义》，中国书籍出版社2004年版，第204—211页。

② S. Wolfram, *A New Kind of Science*, Champaign: Wolfram Media, Inc, 2002: 2, 1125.

一个富有成效的新方向的基础。”①

因此，当我们说复杂系统的基本问题可以用计算机程序加以表述，但并不意味着一切复杂系统的问题都是可计算的。我们不否认人类在找寻复杂系统的算法规则上还有很长的路要走；也不否认在模拟人类自适应、自学习和与环境作用能力上的局限性。同样，我们承认不可计算性的存在；承认“可计算的世界仅仅是我们所能精确理解的世界的一小部分，世界恐怕是我们的算法概念所不能穷尽的。至少，某些量子过程和一些具有高度复杂性的物理系统是不能由算法产生的”②。我们的目的在于，在常规数学方法对许多问题的解决实际上已经无效的情况下，采用一种计算的理念和方法，将其转化为一种可模拟的状态，借用计算机这种新工具来为研究这些复杂的系统寻找新出路。

诚如我们所感受到的，计算机技术的发展以及计算和算法的观念正潜移默化地改变着我们的思维，产生了所谓的计算主义新思潮。使用计算机模拟方法作为研究复杂系统的一种工具、一种途径，可以说是这一思潮下的产物，但从整体上说并不是完全盲从于计算主义倡导者们的所有论断，而是对其有所发扬、有所放弃。我们的观点是把计算、算法或规则看作是审视世界的新方式，从原则上信奉认识论和方法论意义上的计算主义，而反对强纲领下本体论上的计算主义。毋宁说，我们用计算机模拟方法来分析复杂系统的有关问题也是将其当作一种认识事物的方式。当我们用计算机生成的虚拟生命系统来了解真实世界的生命过程时，并不是从本体论的意义上主张物理世界是由算法规则组成的，而是从认识论、方法论的角度为了解真实世界寻找一种可行的方法。

除此之外，在使用计算机模拟方法时，还有一个问题需要讨论，那就是计算机模拟程序自身存在的最大的局限性问题：对它所生成的结果缺乏任何令人信服的有效性确认。

（三）计算机模拟方法的局限性及解决建议

尽管计算机模拟方法有诸多优点，但目前仍存在着一个未被解决而迫切需要解决的重要问题，就是有关模拟结果的有效性确认（validation）

---

① S. Wolfram, *A New Kind of Science*, Champaign: Wolfram Media, Inc, 2002: 2, 1125.

② 刘晓力：《计算主义质疑》，《哲学研究》2003 年第 4 期。

问题。这里所说的有效性确认指的是模拟结果与事实的一致的程度，也就是生成结果的可靠性，它可通过比较计算机模拟输出的结果与实际调查研究的结果进行评价，如果模拟生成的结果与实际数值相吻合，那么就认为它是可靠有效的。有效性确认问题涉及两个方面：一方面，计算机模拟的结果如何才能得到信任，这是一个模拟的可信度问题；另一方面，计算机模拟生成的结果可以与其他的用更为传统的模拟方法（如微分方程体系）获得的结果进行比较（如第二章中介绍的天气预报的模拟计算成果），但仍不能与真实数据进行比较。

米兰理工大学的艾米格尼（Francesco Amigoni）和夏封纳蒂（Viola Schiaffonati）在一篇文章中指出，出现这些问题的主要原因是这些模拟的可信度并不能从一个指导理论或高层次理论中推导出来，在许多情况下这种指导理论是缺乏的。[①] 而从另一个角度来说，虽然计算机模拟方法实现了灵活，但它实质上是"人造的模拟"：由于人们认识的主观性，对于同一个模拟系统，仁者同仁，智者见智，由此所建立的模型以及模拟出的结果也是不尽相同。同样，由于建模者自身的认知水平和识别能力不同，模拟结果的可信度也缺乏统一的衡量标准，因此很难被人们所信服。

关于计算机模拟生成的结果与其他数据进行比较的问题，也是模拟结果的有效性检验的重点问题。由于计算机模拟实际上被用来模拟科学家想了解但又难于收集数据的系统上（如恒星或电子的内部结构），实验数据本身是稀少的，将模拟中获得的结果与实际测得的数据进行直接比较有时是困难的。而且，即使是在模拟数据与实际数据能直接进行比较的情况下，上面所提到的可信度的问题仍然存在。数据需要加以解释，收集的数据也因人而异，不同知识面、不同的角度所收集的数据并不总是相同的。如同"蝴蝶效应"一样，即使模型相同，由于使用原始数据（输入数据）的不同，即使是细微的差别，千万分之一的误差，也会引起生成数据（输出数据）具有很大差异这样的情况是存在的。

很明显，有效性确认问题在通常的实验研究方法中也同样存在，但由于计算机模拟方法模型简明，而模拟过程却很难直观地去理解，这就增加

---

① Francesco Amigoni and Viola Schiaffonati, "Multiagent - Based Simulation in Biology: A Critical Analysis", In *Model - Based Reasoning in Science, Technology, and Medicine*, Springer - Verlag Berlin Heidelberg, 2007.

了它本身的神秘性，由此生成的结果也会更容易引起人们的质疑。

因此，概括起来，产生这种有效性确认的理由是：（1）目前还不存在一个指导理论（governing theory）来导出这种模拟的可信度（credibility）。在笔者看来，这个指导理论应该是一个对模拟结果进行评价的方法论理论。（2）由于真实实验数据的稀缺，所以模拟实验结果的数据很难（较全面地）与真实实验的数据相比较。例如你模拟了第三次世界大战对地球气温变化情况的影响这种虚拟的数据，它们又怎能与实际数据相比较呢？那么它的可信度又如何呢？（3）从另一个角度来说，虽然计算机模拟方法实现灵活，但它实质上是"人造的模拟"：由于人们认识的主观性，他们的认知水平和识别能力不同，对于模拟得到的数据说明什么的诠释不同，对于同一个模拟系统，由于建模者的理论的结构、知识背景等因素，由此所建立的模型以及模拟出的结果不尽相同，模拟结果的可信度也缺乏统一的衡量标准，因此很难被人们所信服。

有效性确认问题在通常的实验研究方法中也同样存在，但由于计算机模拟方法模型简明，而模拟过程却很难直观地去理解，这就增加了它本身的神秘性。所以，克服有效性确认问题的一个可能的方法除了要谨慎对待建模人员的主观判断及自我测量的能力以外，更为重要的是从方法论的角度来解决对模拟结果进行确认的问题。正如艾米格尼和夏封纳蒂所说，要解决模拟结果的确认问题，要求有一个更深的理论洞见来推出它的可信度及其标准。[①] 但目前来看，更高层次的指导理论是缺乏的，甚至还没有找到，所以此类问题并没有得到本质上的解决。这就需要利用好其他实验方法，通过一切极其灵活机动的实验方法的机会来发现新的科学结果，以便从中得到更高层次的指导理论。如使用计算机模拟在生物学中进行实验时，在生物体外或生物体内进行实验的有效性确认会通过与真实数据直接比较以最严密最精确的方式证实新的发现，从而对计算机模拟的生成结果进行有效性的检验。而对于有效性确认问题的第二个方面，由于计算机模拟生成的结果只能与其他的更为传统的模拟方法获得的结果进行定性的比较，但仍不能与真实数据进行比较。对此艾米格尼和夏封纳蒂在文章中指

---

① Francesco Amigoni and Viola Schiaffonati, "Multiagent - Based Simulation in Biology: A Critical Analysis", In *Model - Based Reasoning in Science, Technology, and Medicine*, Springer - Verlag Berlin Heidelberg, 2007.

出，引进更好的检测技术使各种模拟方法获得结果间的比较定量化，并提出建议在一个新的概念框架中讨论这个问题，即提出了一个可行的方法：在生物体外，比如说在试管内进行有效确认，也就是提出了一种将计算机模型与试管中的确认结合起来的新方法。[①] 在笔者看来，虽然这种仍在探索中的解决方法具有某种可行性，但同时也带来另外的问题，即定量比较的衡量制度仍没有统一的标准。在不能解决与实际数据进行比较的情况下，如果假定经过多次测试的计算机模拟结果较之传统的实验结果具有某种优先性，则会让我们在解决有效性确认问题上更进一步。无论如何，处理模拟结果的有效性确认的瓶颈问题仍然是在实际数据与模拟技术所生成的结果之间进行准确的定量比较。

结合艾米格尼和夏封纳蒂的意见，我们在这里提出一个可行的建议，改变评价计算机模拟方法生成结果的评价框架，用可靠性（reliability）的概念代替模拟成功与否的评价，用与真实事实相符的概念衡量可信度。这样，可靠性的判定便有几个重要的标准与方法：

（1）取决于计算机模拟方法先前的成功程度。根据公认的数据、观察的资料和直觉相符的程度，以及过去预测成功和实践成功的能力来判断计算机模拟方法的可靠性。因为某种计算机模拟方法过去已经使用过许多次了，虽然在进行模拟时，有时对应的真实实验数据稀少，甚至没有，但总会找到一些其他方面的运用是可以得到真实实验数据验证的，这就相当于科学假说的确证中检验蕴涵的作用。虽然得不到核战争毁灭地球上一切生命的模拟实验的实验数据，但广岛和长崎在核战争中死亡人数的数据是有的，这足以说明计算核威力的计算机模拟方法是可靠的。对于这种模拟方法的验前可靠性的评价与测量，在哲学上叫作可信度的先验概率。

（2）取决于选用计算机模拟方法的各种理由。主要包括设计计算机模拟方法时与其他模拟方法进行比较，例如与传统的模拟方法（如微分方程体系）或者与其他元胞自动机模拟方法进行比较后，仍认为这种模拟方法较优，便选用这种模拟方法；也包括力图将计算机模拟

---

① Francesco Amigoni and Viola Schiaffonati, "Multiagent - Based Simulation in Biology: A Critical Analysis", In *Model - Based Reasoning in Science, Technology, and Medicine*, Springer - Verlag Berlin Heidelberg, 2007.

方法尽可能与物理或生物实验方法结合起来，以及将各种不同策略混合使用等方法。虽然计算机模拟方法有时是错的，但这不能使我们因此而失去信心，它只是使我们认识到计算机模拟方法在可靠性判断上的复杂性。

（3）相对于物理或生物实验方法，计算机模拟方法实际上可以看作是一种特殊的科学实验。根据美国科学哲学家汉森提出的“观察渗透理论”，实验所产生的结果也是依赖于理论的，如果指导理论本身有问题，它们仍然是可错的。除了这个原因以及上面提到的人为因素以外，在计算机模拟的过程中或多或少会存在随机噪声或机器老化等不可避免的误差因素，大多数情况下，生成结果与实验数据或实际数值的偏差总是存在的，虽然很难确定或估计这个偏差的大小，但它们也会影响到最后的模拟结果，在处理有效性确认问题时也要将其考虑在内。

（四）结论

科学哲学中最受人尊崇的原理之一，是所谓的科学方法。通过科学方法，人们可以获得关于真实世界中各种现象的科学知识。从伽利略的受控实验思想到现在的计算机模拟方法都是科学方法的一个组成部分，只不过前者适用于研究简单系统中的物质结构，而后者使人们在面对较复杂的系统时将其转化为可模拟的问题。

随着计算机技术的迅猛发展，计算机模拟方法为我们提供了一种理解复杂系统的途径，它强大的计算能力、经济优势、实时控制、反复执行、动态显示、将危险减到最小等特性真正为我们带来新的研究视角。尤其是当传统的科学方法不起作用时，计算机模拟往往是了解动力学模型某些情况的唯一方法，可以说，他们帮助我们“延展自我”。正如克勒所说：“人与有方法论武装的计算机的有机结合，使创造并利用新方法解决智力难题成为可能，这种方法远远优于单独采用任一种方法。人的优势在于在该研究领域的经验、对所研究情境的理解和使用能力、直觉、整体理解力、对正确答案的知觉、听和看的能力、创造力等等，而计算机的优势在于其计算能力和轻松处理大量运算的能力，在这方面远优于人。正是这种计算能力，如果运用得当，可以为人提供理想的详细分析能力，而且，如前所述，可以帮助人避免很多与复杂系统相关的违反直觉的陷阱，从而极大地提高人的智力质量。”[①]

当然，我们在使用这种方法的同时，也认识到这种方法本身还存在的某些不足之处，并不痴心妄想把计算机模拟方法压到普罗克勒斯特（Procrustes）的床上[②]，强行使它适用于任何情况。另外，由于计算的离散性质是在一台数字计算机上得出的，而这种数字计算机只考虑到研究全部参数空间的一部分，并且这个子空间可能不显示模型的某些重要特征，因此，计算机模拟也承担着方法论上的风险，它们可能提供误导性的结果。即使现代计算机的日益强大在某种程度上缓解了这个问题的严重性，但是更为强大的计算能力的实用性也可能有不利影响，它可能会促进科学家迅速地提出日益复杂但在概念上尚未成熟的模型，包括了解甚少的假设或机制以及太多额外的可调整的参数。这样一来，计算机模拟的使用可能会改变我们赋给科学的不同目标的权重。所以重要的是，不要远离新的强大的计算机提供的方法，从而在看不见的地方放置研究的实际目标。

三　计算的理念[③]

2013 年 11 月 8 日，据美国 CNET 网报道，美国一家公司制造了全球首款 3D 金属手枪，而且已经成功发射了 50 发子弹。[④] 近来，随着 3D 打印技术的日趋成熟，已经有多种类型的 3D 打印机问世。追溯 3D 打印的理念，应该说它源于一种数理自然观的传统，这种对数与计算的一种尊崇与信仰贯穿于科学与技术发展的整个历史过程中。从最初认为人们的思维推理是可以用数学表达、是可计算的，到后来元胞自动机理论提出复杂系统的关键核心是可计算的，再到现在认为当代技术的重大问题是可计算的，如第三次产业革命引领了大数据时代的到来、云计算以及 3D 打印机的出现，表明了产业中的可计算性。我们承认有一些符号运算是处理不了的，同时也主张世界是可以通过数学表达的。

① George J. Klir, *Facets of Systems Science* (*2nd*), Kluwer Academic/Plenum Publishers, 2001: 105 – 106.

② 普罗克勒斯特（Procrustes）：希腊神话中开黑店的强盗，传说他抓人后使身高者睡短床，斩去身体伸出部分，使身短者睡长床，强拉其身体与床齐。

③ 此部分内容已作为阶段性研究成果发表，详见齐磊磊《计算的理念——从机械推理者到元胞自动机再到 3D 打印机》，《系统科学学报》2016 年第 2 期。

④ http: //news. qq. com/a/20131109/004443. htm? pgv_ ref = aio2012&ptlang = 2052.

（一）机械推理者

早期毕达哥拉斯（Pythagoras）学派坚信，万物皆数；数先于一切事物，是构成一切事物的基质；决定着自然界无限多样的特征，支配着宇宙的秩序与和谐。到了近代，伽利略提出自然之书是用数学的语言写的。17世纪唯物主义哲学家霍布斯在其力作《利维坦》（*Leviathan*）中提到我们的心智所做的一切都是计算，他说："当一个人进行推理时，他所做的不过是在心中将各部相加求得一个总和，或是在心中将一个数目减去另一个数目求得一个余数……政治学著作家把契约加起来以便找出人们的义务，法律学家则把法律和事实加起来以便找出私人行为中的是和非……推理就是一种计算。"①

与霍布斯有类似的思想，莱布尼茨也认为一切思维都可以看作是符号的形式操作的过程。在他看来，他和牛顿各自独立发明的微积分将许多非常复杂的代数计算变得很简单，人类对整个知识领域也可以实施类似他发明的微积分那样运算：对一种普遍的人工符号系统和演算规则进行一种百科全书式的汇编，然后人们不用过多地思考就能运用这些符号与规则很容易地进行复杂的演算，知识的任何一个方面都可以用这种数学语言表达出来，而演算规则将揭示这些命题之间的逻辑关系。在这种思想的支持下，他设想出一个无需人的帮助就可以执行逻辑推理的机械系统——"机械推理者"（mechanical reasoner），一个试图仅仅通过"计算"实现对符号表征和演绎规则进行推理的机械还原装置。当时作为一个年轻人的他并不是只有一些理论的构想，还要动手将这个"推理者"制造出来。为此1673年他特地到巴黎去聘请了著名的机械专家协助他设计、制造了一个能进行加、减、乘、除及开方运算的计算机器。他还发明了二进制，可以将所有的数字还原为0与1的符号串，这就大大增加了他将思维还原为计算的信心。他还相信，他的形式推理方法不但可以解决数学的争论问题，而且可以解决任何哲学争论，因为一旦把某个引起争议的陈述形式化，那么它的有效性就可以机械地检验。他说："对两个哲学家之间的争论能够像两个会计之间的争论一样。因为只需这样做就足够了：计算，让我们开

---

① ［英］霍布斯：《利维坦》，黎思复、黎廷弼译，商务印书馆1985年版，第27—28页。

始计算吧!"[1] 他对由杠杆、圆盘、齿轮和一直用到20世纪的"莱布尼兹轮"组成的演算机器有更高的期待，他认为计算机将来的发展，会使心灵从繁杂的计算中解脱出来，进行创造性的思考，甚至他也坚定地认为，"我们居于其中的纷繁复杂的宇宙可以还原为一种符号演算"[2]。

莱布尼茨提出的数理逻辑概念及操作规则是现代计算机的一个理论基础，随着计算机的出现，尤其是建立于计算机上的一类虚拟机——元胞自动机的运行，计算的理念也得到新的发展。

(二) 元胞自动机

第二章和第五章已经对元胞自动机模型与应用案例进行了详细的介绍。根据元胞自动机的进一步发展，如果将一维元胞自动机扩展至多维元胞自动机，就会生成更高的复杂模式：自然界中的树叶、贝壳、雪花、生物细胞、免疫系统以及各种生命现象和社会现象，甚至华尔街股票的涨落，元胞自动机都能生成与它们一模一样的图案和形态，这表明它们都可以看作是自然界的一种计算。计算不但可以看作对符号的处理，而且可以看作对信息的处理，这是一种新的计算理念。由此沃尔弗拉姆得出历史上最强的、认为世界的一切都是计算的结论。按照他的这种说法，宇宙就是一部计算机了。沃尔弗拉姆的这个结论是从他所谓的"计算等价性原理"中得出来的，即他认为即使超级简单的系统也能做极端复杂的计算，不需要先进的技术或是生物进化过程，就能使其做任意的计算。

在过去的30年里，沃尔弗拉姆也致力于三个项目的研究，尝试着将计算的理念付诸实践。首先他创造出 Mathematica，一个以元胞自动机为运行平台，基于符号编程的具有超级计算能力的可计算空间，其目的是要通过计算解决知识系统化的问题。用沃尔弗拉姆自己的话说，"就像伽利略在400年前使用望远镜一样，但我想了解的不是天文宇宙，而是可计算的空间"[3]。为了进一步推进这个运行工具，他们的团队正在进行第二个"疯狂"的项目，即发布了 Mathematica 的第一个网络版本 Wolfram Alpha，

---

① M. Scheutz, *Computationalism: New Directions*, Cambridge: MIT Press, 2002: 5.

② [美] 马丁·戴维斯:《逻辑的引擎》，张卜天译，湖南科学技术出版社2005年版，第17页。

③ Stephen Wolfram, Computing a Theory of Everything, http: //www. ted. com/talks/stephen_ wolfram_ computing_ a_ theory_ of_ everything. html.

在线展示这个世界上有多少系统化的知识，以及怎样使这些系统化的知识变得能够进行计算。他的想法与莱布尼兹的机械推理者具有极其相像的思路。Wolfram Alpha 运行的目的是提供一个专业的知识搜索引擎，它通过计算对输入的问题提供答案。例如你输入一个数学计算式：$\int x^2 sin^3(x)dx$；或者现实的问题如西班牙的国内生产总值是多少？或者微软公司的收入或者健康方面的问题等，不论多奇怪的问题，Wolfram Alpha 都会马上给出答案。所以沃尔弗拉姆说，Wolfram Alpha 不仅在查找信息，而是在实时计算，利用内在的数据库，实时计算出自己的新的答案。截至目前，已经有 800 万行的 Mathematica 代码写在 Wolfram Alpha 里，这些代码由不同领域内的专家写成。Wolfram Alpha 的一个强大功能是你可以使用普通语言问它问题，这意味着，Wolfram Alpha 必须能够接受人们输入的所有奇怪的文字。任何人都能用日常用语输入问题，关键在于 Wolfram Alpha 能分析出什么样的精准代码以符合人们的要求，然后显示出样例来帮助人们找到想要的答案，由此建立越来越多的精准程序，得出越来越精准的、能“理解”你的答案，获得越来越多的数据。

不过，宇宙是一台元胞自动机的哲学论题并不是由沃尔弗拉姆首先提出来的。1967 年，编出世界上第一个计算机程序、建立第一个可编程的计算机和设计了第一个高阶程序语言的计算机科学家苏斯（K. Zuse）首先提出宇宙的历史是由计算机，可能是元胞自动机计算出来的，宇宙就是一部计算机，这叫作苏斯论题。[①] 那时他设想时间、空间和定律都是离散的。邻域的基本粒子的状态决定其他粒子的产生与湮灭。那么宇宙计算机的算法程序是什么呢？很遗憾，到现在还没有找出来。但在现实的其他领域内，计算的理念更加强大并且有了新的转机，比如说给予制造业极大冲击力的 3D 打印机的出现。

（三）3D 打印机[②]

3D（Three Dimensions）打印是在 20 世纪 80 年代由麻省理工学院的学生保罗·威廉姆斯和他的导师伊莱·萨克斯教授发明的。按照工作原

① Konrad Zuse, “English Translation: Calculating Space”, In *A Computable Universe: Understanding & Exploring Nature as Computation*, World Scientific, 2012.

② 3D 打印机和下一部分介绍的 4D 打印机都是实现具体建模的现代技术。

理，3D 打印实际上是一种“增材制造”。人们先通过计算机建模软件设计出三维模型，再将建成的三维模型“分区”成逐层的截面，即切片，然后按照计算机的指令，打印机读取文件中的横截面信息，通过软件分层离散和数控成型系统，利用激光束、热熔喷嘴等方式将金属粉末、陶瓷粉末、塑料、细胞组织等“打印材料”一层一层叠加起来，最终把计算机上的设计变成实物。从实现技术上说，3D 打印机与普通打印机工作原理基本相同，但从设计的理念来讲，3D 打印机却是要将沃尔弗拉姆的元胞自动机从虚拟变成现实。

3D 打印机的突破性在于它的简单性与数字化控制，保罗·威廉姆斯对 3D 打印机的希望也相当大胆，他设想作为台式制造系统的 3D 打印机将是精确、快速、廉价和易于使用的。在他的硕士论文中他写道：“台式机生产的目标是只需要按一下按钮就可以制造零部件，而无须其他操作。”①

如果我们说，从莱布尼兹的机械推理者到沃尔弗拉姆的元胞自动机遵循的是基于计算的从简单的规则到多形式的虚拟实现，那么 3D 打印机就是将简单的或者复杂的设计通过组合不同的原材料以过去不可能的方式制造成实物，它已经跨越了虚拟世界与现实世界的鸿沟。

从 1986 年赫尔（Charles Hull）开发了第一台商业 3D 印刷机开始到 2013 年全球首款 3D 金属手枪，可以说，“3D 打印已蔓延至各个领域与角落。你的汽车仪表盘的设计就借助了 3D 打印原型，确保各部件紧密地配合在一起。如果你戴助听器，3D 打印可以使用光学扫描数据，捕捉你内耳的精确形状，实现定制生产。牙科诊所借助 X 射线不到一个小时就可以打印定制的牙冠。在体内安装用钛和陶瓷打印的假膝盖已经风靡世界。如果你有幸乘坐波音公司的新型飞机——波音 787 梦想飞机，你已经将生命托付给至少 32 种 3D 打印的部件”②。

那么，是什么使 3D 打印以数字化的方式呈现物理世界？归根结底，还是基于算法的设计软件，是它将我们模糊而多样的物理世界缩减为精确、清晰的机器语言。如计算机辅助设计（Computer Aided Design 简称

---

① ［美］胡迪·利普林、梅尔芭·库曼：《3D 打印：从想象到现实》，赛迪研究院专家组译，中信出版社 2013 年版，第 84 页。

② ［美］胡迪·利普林、梅尔芭·库曼：《3D 打印：从想象到现实》，赛迪研究院专家组译，中信出版社 2013 年版，第 16 页。

CAD）就是这样一款利用计算机及其图形设备帮助设计人员进行设计工作的软件。设计软件是3D打印机的核心，它借助各种程序语言模拟物理事件的连续性与几何性本质，并将其转换为离散的二进制表达的机器可以“读懂”的数字语言。就这样，计算机通过专业的设计软件得到CAD数据，然后一层一层的数据“准确交流”、传送到3D打印机的内置软件中，内置软件或固件会“告诉”其他机械组件如何操作：从这个产品的底层开始，一层一层的原料盖在一起，最终得到你想要的实物。

与沃尔弗拉姆的Wolfram Alpha理念相同，交互式设计软件的发明真正“读懂”了人的心思：如果一台计算机能够在快速迭代中迅速给出设计理念，你就可以从中作出较好的选择。然后计算机“研究”你的设计建议后，快速做些调整再反馈给你。你可以再次选择自己想要的选项反馈给计算机。计算机会再次进行调整，并将结果返回给你。[①] 这种过程就像生物进化一样，但速度比生物进化更快，计算机可以使用数学算法重新调整设计，“生长”出现实世界中有或者没有的任何事物。

3D打印机让我们进入了“机器制造机器”，它的实现从机制上说是将沃尔弗拉姆的元胞自动机从虚拟的计算变成现实的事物，而不管是沃尔弗拉姆的元胞自动机还是3D打印机，它们的设计理念坚持的是数与计算至上的原则。元胞自动机与3D打印机带给我们的思考是：特定的自然规律实际上就是特定的“算法”，特定的自然过程实际上就是执行特定的自然“算法”的一种“计算”，生命和心灵也不例外。[②]

（四）4D打印机

继3D打印机之后，4D打印机现在也已经进入研发阶段。美国麻省理工学院建筑学院自动化实验室的研究员斯凯拉·蒂比茨（Skylar Tibbits）于2013年2月26日在美国加州洛杉矶举行的TED（科技、教育和设计）的演讲中宣布了4D打印机的诞生。[③]

斯凯拉·蒂比茨在演讲过程中将一根由3D打印机“打印”的复合材

---

① ［美］胡迪·利普林、梅尔芭·库曼：《3D打印：从想象到现实》，赛迪研究院专家组译，中信出版社2013年版，第265页。

② 黄欣荣：《复杂性研究的计算方法》，《系统科学学报》2008年第4期。

③ 王巍：《麻省理工推出4D打印产品随时间变化改变形状》（http://news.qq.com/a/20130305/000282.htm）。

料放在水中，这根复合材料是由一根塑料和能够吸水的一层“智能”材料组成，它遇水后能自动折成预先设计的形状，从而完成自动变形。斯凯拉·蒂比茨介绍说：“这种复合材料由两种核心材料组成，一种合成聚合物在水中可膨胀至超过原体积的两倍，另一种聚合物在水中可变得钢硬。按照设计图将两种材料复合，吸水的物质膨胀，驱动接头处移动，从而创造出预先设定的几何变形。变形速度主要取决于水温和吸水材料的属性。”①

按照斯凯拉·蒂比茨的概念来解释，4D 打印就是材料的自我组装，4D 打印让快速建模有了根本性的转变。② 4D 打印并不是打印的第四维度，而是在传统的 3D 打印的程序中考虑了时间变量：随着时间的演化，被打印物体在设计或结构上进行自我调整。也就是说，4D 打印机建模的过程是通过软件直接将设计程序（包括设定模型和时间）内置到材料中，材料就会在设定的时间变换形状为建模的形状。4D 打印不仅简化了从“设计理念”到“实物创造”的过程，更重要的是它可以让内置了程序的材料像机器一样“自动”组装、自动变成预设的模型，整个自动创造的过程无须再有其他工艺，也无需再连接其他任何复杂的机电设备。另外，4D 打印技术完全改变了传统的产品建模方式，传统的方式是先模拟后制造或者是一边建造模型一边调整模拟效果。4D 打印的整个建模过程无需像普通打印机或 3D 打印机那样，无需要预先数学建模然后将材料根据建模程序成形，它甚至可以脱离打印机，让材料自己创造模型。

4D 打印这项新技术目前还处于实验室研究阶段，迫切需要解决的关键问题主要有两个：一是如何找到所需要的新材料；二是算法问题或者说是如何为材料内置设计程序。

关于第一个问题，目前的进展是：美国 Stratasys 公司是世界上知名的生产“内置程序以改变材料形状”的企业，麻省理工学院所需要的 4D 打印用的复合材料正是由美国 Stratasys 公司为其生产的。

关于第二个问题，美国著名的软件开发商、设计公司欧特克（Autodesk）正在对能够进行自我组装和可内置程序的模拟材料进行研究和优

① http：//www. istis. sh. cn/list/list. aspx？ id =8032.

② S. Skylar Tibbits，The Emergence of “4D Printing” TED Talk，https：//www. ted. com/talks/skylar_ tibbits_ the_ emergence_ of_ 4d_ printing.

化，同时该公司的研发团队还设计了 Cyborg 这一新的软件，以便保证麻省理工学院 4D 打印技术实验室的研究成果得到充分推广。

显然，4D 打印的这种更为智能的建模过程，不仅是对模型理论的一种新的发展，需要我们用新的视角来思考这一建模技术，丰富科学哲学中模型的理论，而且也可以预测的是，4D 打印的确是一项引领未来的革命性新技术。

综合以上梳理可以看出，自古以来，人们一直秉承着一种数理自然观的传统：从早期毕达哥拉斯学派的“万物皆数”到近代伽利略将数学看作是表达自然科学的唯一语言；从 17 世纪的唯物主义哲学家霍布斯提出我们的心智所做的一切都是计算到莱布尼茨将思维还原为计算的信念。这种对数的尊崇与信仰，尤其是莱布尼茨提出的数理逻辑概念及操作规则，奠定了 20 世纪制造计算机的基础。我们有理由相信，被沃尔弗拉姆称之为 20 世纪最伟大的“计算的理念”将伴随着人们走向未来更加智能化的时代，也正是这种强烈的计算的理念，加上计算机的出现，开启了当下的大数据时代。

（五）大数据模型①

目前进入的大数据时代的特征，可以追溯到人们对数、算法与计算的理念。这种坚定信念的历史源远流长，但它真正转变为现实得益于计算机的出现，以及由计算机与网络技术组成的云计算平台。元胞自动机理论是研究复杂系统的理论框架，它的工作机理说明了世界是从简单到复杂从而产生突现的过程，这不仅显示了大数据的生成过程，同时也反过来表明从大数据的分析研究中可以得出复杂系统的简单的运行规则。具有多种复杂特征的复杂网络是计算机、云计算、元胞自动机的综合体，它是生成大数据的终端。

1. 大数据不只是“数据大”

大数据（big data）不仅指数据量大，还指那些用传统数据软件难以收集和处理的数字、文字、图像或音视频等信息。相应地，对大数据的研究也会形成一套新的研究方法和管理方法，本书中我们将其称为大数据

---

① 此部分内容已作为阶段性研究成果发表，详见齐磊磊《复杂性哲学视域下对大数据两个问题的讨论》，《系统科学学报》2017 年第 2 期。

方法。

在大数据研究领域，最受人尊敬的权威发言人之一维克托·迈尔-舍恩伯格（Viktor Mayer-Schönberger）及肯尼斯·库克耶（Kenneth Cukier）在他们编写的《大数据时代》中指出："大数据中的'大'不是绝对意义上的大，虽然在大多数情况下是这个意思。谷歌流感趋势预测建立在数亿的数学模型上，而它们又建立在数十亿数据节点的基础之上。完整的人体基因组有约30亿个碱基对。但这只是单纯的数据节点的绝对数量，并不代表它们就是大数据。大数据是指不用随机分析法这样的捷径，而采用所有数据的方法。"① 所以，人们使用大数据的旨意在于，在可能的情况下，仍然希望利用尽可能多或者海量的数据去还原事物的真实面貌。当然，有时候我们也还是需要使用样本分析方法，毕竟我们的资源有限，所搜集、掌握的数据有限。

那么，我们到底拥有多少数据呢？马丁·希尔伯特（Martin Hilbert）②尝试着以各种方式统计自人类出现以来制造、存储、传播和使用的一切可以计算的信息数据。据他估算，2007年，人类存储了超过300艾字节（EB）的数据。③ 据百度搜索，目前世界上所有多媒体文件所占空间总和是1ZB，这意味着什么呢？先让我们了解一下基本的存储单位及它们之间的换算关系。计算机最小的存储单位是比特（bit④），用来存放一位二进制数，即0或1。一个字节（Byte）由8个二进制位组成（1B = 8b），所以，就有这样的关系：

1KB（Kilobyte 千字节）= 1024B，其中 $1024 = 2^{10}$，

1MB（Megabyte 兆字节）= 1024KB = 2^{20}，

1GB（Gigabyte 吉字节）= 1024MB = 2^{30}，

1TB（Trillionbyte 太字节）= 1024GB = 2^{40}，

1PB（Petabyte 拍字节）= 1024TB = 2^{50}，

1EB（Exabyte 艾字节）= 1024PB = 2^{60}，

---

① ［英］维克托·迈尔-舍恩伯格、肯尼思·库克耶：《大数据时代》，盛杨燕、周涛译，浙江人民出版社2013年版，第39页。

② 南加利福尼亚大学安嫩伯格通信学院的一位数据研究者。

③ ［英］维克托·迈尔-舍恩伯格、肯尼思·库克耶：《大数据时代》，盛杨燕、周涛译，浙江人民出版社2013年版，第11页。

④ Binary Digits（二进制数）的英文缩写。

1ZB（Zettabyte 泽字节）=1024 EB $=2^{70}$，

1YB（Yottabyte 尧字节）=1024 ZB $=2^{80}$，……

这些关系的出现，标志着我们进入了数据爆炸的年代。面对如此海量的数据，我们讨论两类问题：第一类问题是，处理大数据需要什么前提条件，以前的人们为什么处理不了，即大数据为什么在此时“爆发”?① 第二类问题是，现在的人们是怎样进行处理的呢，即处理大数据的机制是什么?

2. 处理大数据的前提

虽然1960年就有了“信息时代”的概念，但直到2000年，数字存储数据只占所有数据量的四分之一。按照南加利福尼亚大学安嫩伯格通信学院的马丁·希尔伯特（Martin Hilbert）的统计：“到了2007年，所有数据中只有7%是存储在报纸、书籍、图片等媒介上的模拟数据，其余全部是数字数据。”② 尤其是近几年，随着电子应用技术的提高，数字数据更是迅猛发展，希尔伯特认为每过三年就会翻一倍。照此发展，2016年全世界存储的数字数据预计能达到约2.4ZB，而非数字数据只占2%左右。

人类拥有数字数据量的快速增长，得益于两个前提：一个是20世纪中叶计算机的出现；另一个是21世纪初云计算平台的创立，计算机和云计算就像是一枚硬币的正反两面，两者是形成、处理大数据的技术与资源。

在小数据时代，由于计算能力不足，主要关注的是线性关系。随着数据的增加，计算机的出现，由于计算机可以高速计算，善于自动处理海量数据，人们便可以探究数据间的非线性关系。近年来，随着计算机硬件的不断扩容，操作系统、运行软件的不断升级，其处理数据能力也得到极大的提高，尤其是超级计算机的出现，进一步将运算性能提高。超级计算机因为是由成百上千甚至更多的可以并行的处理器组成的，它的运算速度和存储容量都是更快更大的，能够完成单个计算机所不能处理的大型复杂任务。除此以外，还有许多其他新型的未来的计算机，如分子计算机、量子

① “爆发”是全球复杂网络研究权威艾伯特-拉斯洛·巴拉巴西一本著作的名称：［美］艾伯特-拉斯洛·巴拉巴西：《爆发：大数据时代预见未来的新思维》，马慧译，中国人民大学出版社2012年版。

② ［英］维克托·迈尔-舍恩伯格、肯尼思·库克耶：《大数据时代》，盛杨燕、周涛译，浙江人民出版社2013年版，第12页。

计算机、光子计算机与纳米计算机等，它们的存贮量、运算速度、计算方式都是惊人的。比如，量子计算机可以通过比特信息的量子叠加态的特性进行同时而不是分步地进行多比特位的逻辑运算，其计算能力比超级计算机的性能高得多，普通计算机更是无法与其比拟。

从超级计算机向未来新型计算机过渡的阶段，有一种新型的计算方式可以获取、处理海量的大数据，那就是云计算。云计算的想法起源于20世纪60年代，由麦卡锡最早提出。他的初衷是想把“计算能力”当作像水和电一样的公用事业提供给用户。现在的云计算（Cloud Computing）[①]指的是一种基于互联网的计算方式。在互联网的联结下，一系列可以动态升级和被虚拟化的软硬件资源像公共资源一样按需求提供给计算机和其他设备，云计算的任何一个用户只需要交纳租赁云计算资源的费用就可以通过网络共享这些资源。云计算的出现意味着计算也可作为一种商品通过互联网进行流通。在这种流通的过程中，人们利用虚拟空间中数量极多的计算机的并行运算，快速获得或者处理他们所需要的大数据。所以说，云计算是收集大数据的一种主要途径，为大数据时代的到来提供了物质基础。

就像本节一开始所说的，计算的理念自古有之，但如何更好地将这种对数与算法的信念具体达成，计算机技术以及云计算平台起到了巨大的推动作用。如果用道路来形容云计算，那么大数据就是运输车中的货物。所以说，计算机是实现的主体，云计算是具体的计算方式，两者结合产生了海量的数据；反过来，两者的结合也可以对大数据进行分析、预测，挖掘出大数据中潜在的价值，而这正是大数据时代到来的前提条件。至于海量数据如何处理，这是我们要讨论的第二个问题，它涉及大数据的计算机制问题。

3. 处理大数据的机制

大数据时代，海量数据的计算依据是什么？我们认为，元胞自动机理论与复杂系统网络理论可以分别解释这个问题。

元胞自动机是运行于计算机之上的一类虚拟机，它在空间、时间和系统状态上都是离散的动力系统。关于它的内部结构、运行机制、沃尔弗拉姆对它的分类研究等内容已经在第二章和第五章中进行了介绍。

① 云是网络、互联网的一种比喻说法。过去在示意图中往往用云形图来表示电信网，后来也用来表示互联网和底层基础设施的抽象。

元胞自动机验证了简单产生复杂，在元胞自动机上运行的 Wolfram Alpha 表明了海量的数据是从简单的初始数据中运算出来的。反过来，从它的逆过程中可以得出这样的结论：对海量的数据进行分析，就可以预测出最初产生这些大数据的基本规则。这就是大数据时代，复杂系统产生的机制之一，也是人们如此重视并使用大数据的主要原因。

关于复杂系统网络模型我们已经在第五章第二节中作为经典案例进行了介绍，通过元胞自动机对自然系统、社会经济系统等复杂网络的研究，既可以获得海量的数据，同时也可对大数据进行模拟分析，得出对目标系统的参考数据。由于其他章节已有相关讨论，此处不再赘述。

四　从计算机模拟方法到计算主义

复杂系统的科学研究，是当今跨学科研究的一个最新阶段，尤其是最近二三十年美国圣菲研究所（SFI）在这方面取得了重大成果。圣菲研究所的主要突破是组成一个跨学科团队（其中多个成员是诺贝尔物理学和经济学奖获得者）共同提出复杂适应系统的概念和规律，并使用计算机模拟方法将这些概念和规律用于处理生命科学问题、生态危机问题、金融危机和社会管理问题，已经取得了相当大的成绩。

国内从事这个研究领域的学者也敏锐地洞悉到这一研究方法的重要性，认为计算机模拟方法已成为研究复杂系统突现的一种重要的方法。① 沿着这样的思路，我们认为，计算机模拟方法除了在研究复杂系统突现现象时是重要的方法，同时在论证复杂系统的其他性质，如“复杂性产生于混沌的边缘”等现象时也起到了举足轻重的作用。② 复杂系统研究近几十年来取得的成就表明，没有计算机模拟方法，混沌与分形学科、人工生命与人工社会以及我们国家所提倡的国际合作的“非零和（双赢）博弈”在理论上都得不到解决。计算机模拟方法已成为研究当代复杂系统的核心方法。

哲学的生命力源于对时代变革作出积极的响应。当我们试图用计算机

---

① 范冬萍：《复杂系统突现研究的新进路》，《学术研究》2011 年第 11 期。

② 齐磊磊、颜泽贤：《混沌边缘的复杂性探析——对不同领域内复杂性产生条件的同构性分析》，《自然辩证法通讯》2009 年第 2 期。

模拟任一实际的复杂系统时，在我们假定复杂系统的行为遵循某些算法或规则时，事实上我们已经在考虑该系统是否具有可计算性的问题。换句话说，当一个复杂系统完全是由算法支配的，即它是可计算的，我们就可以用计算机模拟这种方法来对它进行处理。这里，撇开模拟的具体实现过程，从科学哲学的角度，我们需要探讨一个更深层的问题，那就是背后支持这一做法的依据是什么？或者更直接地说，我们的这种方式所依据的原则在某种程度上是否已进入到计算主义的范畴之内，是否已“走向当代计算主义”？

（一）当代计算主义

一般认为，当代计算主义思潮发端于20世纪50年代，它首先是作为人工智能和认知科学等新兴学科的观念基础而出现的，因此起初就叫认知计算主义。认知计算主义的核心主张是，人类认知和智能活动的实质就是计算。从具体的研究领域看，关于认知计算主义的核心观点，存在着一些口号式的表述，如“大脑是个计算机”，“心智是大脑的程序”，“认知就是计算”。[①] 但不管如何表达，认知计算主义的实质就是把心智看作计算，而计算则被理解为信息处理或加工。

虽然认知科学曾经围绕计算主义大张旗鼓，但尴尬的是，自从认知计算主义最早开始建立以来，不同的质疑声音一直层出不穷，来自哲学家和逻辑学家的攻击声或批评不绝于耳，而且人工智能和认知科学内部也有很多学者对这个学派的观点表示不赞同。另外，在实践上也确实遇到了巨大的障碍，一个很现实的例子就是到目前为止，真正意义上的智能机器人还遥遥无期。如果可以用计算、算法或程序来表示认知，那么人工智能领域内的专家为什么对建造真正的智能机器束手无策，真正的机器人在制造的过程中除了计算表示的认知之外，还有什么会如此困难？同时，关于人类认知的可塑性问题，认知科学家们仍然无法成功地进行解释为什么人类的认知可以根据认识事物的变化而改变；在出现新的问题、新的事物、新的情况时，当事人的心智是如何运作的？认知科学家们依然不能给出令人信服的论证依据。近些年，心灵的计算观也日益受到攻击；哲学家认为，传

① M. Scheutz（ed.），*Computationalism：New Directions*，Cambridge：MIT Press，2002：8.

统的计算主义[①]的概念，说得好听点，在概念上是不充分的，否则说它是空洞的也不为过。当然哲学家们信手拈来的例子就是，计算主义会导致这样的观点产生：任何物理系统可以被看作是任一计算的实现（implement）。在哲学家们看来，这种观点极其荒谬可笑。

面对来自各个领域、各个方面的攻击，大多数人工智能领域内的专家和认知科学家并没有放弃认知计算主义学派的观点，即使他们意识到认知计算本身所遇到困难，这些人工智能领域的专家们“知难而进”，用他们坚定的信念继续从事着认知计算主义领域内的探索。所以，在前赴后继的认知计算主义支持者们的努力下，近年来取得了一系列的成果，随之，他们对认知计算的研究也得到发展，认知科学在整个学科中的地位也在不断地提高。可喜的成果就是，由于现实中得到相应的案例支撑，人们日益认同认知计算主义的许多主张，不断深入地理解认知计算主义的前瞻性发展趋势。2002 年，由人工智能专家和哲学家舒尔茨（M. Scheutz）编辑出版的《计算主义的新方向》（*Computationalism: New Directions*）一书反映了这种变化趋势，同时他也在书中的开篇之章中就表达了自己这样一种观点：“强人工智能是计算主义的极盛时期。”[②]

就在认知计算主义形成以后不久，随着计算的概念和思想往其他科学领域的扩展，一种更为广义的计算主义得以形成。20 世纪 80 年代以来，随着人工生命、生物信息学、引力量子理论、量子计算和元胞自动机理论等的产生和发展，计算的思想开始广泛地渗透到生命科学和物理科学等前沿阵地[③]，推动了当代计算主义的大发展。

（二）计算机模拟方法与计算主义

从计算主义的源起到初期发展阶段，计算主义一直秉承机械论的思想；从计算机的诞生到它的实际工作逻辑，依据的仍然是机械论的理念；尽管进入跨学科的研究，当代计算主义将“生命就是算法与程序”的观念依然表明它属于机械论范畴。所以说，计算机、计算主义与机械论似乎一直“交往甚密”，但问题是否正如表象所显示的呢？

---

① “传统的计算主义”更为一般的是称为功能主义。

② M. Scheutz (ed.), *Computationalism: New Directions*, Cambridge: MIT Press, 2002: 12.

③ 郦全民：《用计算的观点看世界》，中山大学出版社 2009 年版，第 12 页。

首先看一下核心关键词之一：复杂系统。何谓复杂系统？按照圣非研究所第一任所长考温（G. A. Cowan）的界定："复杂系统包含了许多相对独立的部分，它们高度地相互联系和相互作用着，它们大部分是这样的组成部分，这些组成部分要求有再生真正复杂性、自组织、复制、学习和适应系统的功能。"① 所以，复杂系统的概念本质特征可以概括为四点：系统元素的多样性，并且它们之间的相互关系是非线性的，因而具有自组织的能力；系统在混沌边缘的环境下生存和进化；系统具有多层级的突现结构；以及人们认识它的难度大大增加。基于此，传统的研究方法，如一般演绎方法、一般归纳方法、类比方法在复杂系统的研究过程中只能起到辅助的作用，主要的研究方法依赖于计算机模拟方法。

何谓计算机模拟方法呢？计算机模拟方法始于一个计算机模型的建立，然后是设计一个实现这个模型的程序。它是一个对特定系统的抽象模型进行建模的可运算的计算机程序，是一种将模型和计算很好地结合起来的方法。传统上，计算机模型由数学模型发展而来，这种数学模型试图从一系列参量和初始条件中预测出系统行为这样一类问题中得到解析解，所以计算机模拟主要用来辅助或替代数学模型。但计算机模拟和抽象数学模型又是不同的，前者必须通过一个具体的程序设计和装置来加以实际运作，所以就有一个信息储存、运算速度和纠正错误的操作问题。因此，通过计算机模拟，可以了解系统如何工作，通过改变变量，可以对系统的行为作出预测。

通过这个归纳性的定义，可以梳理出这样的信息：计算机模拟方法背后的计算机模型来自数学模型。数学模型具有解析解，计算机模型也具有解析解。但是，计算机模拟呢？它是一种动态的形式，体现的是一种运行的过程，所以它是没有解析解的。即使找到随时间变化的某个数学方程（组），比如说用来模拟生态系统中虫口数目动态发展情况的逻辑斯蒂方程 $p' = pg(1-p)$，它看上去是如此简单，似乎也是确定性的，但通过计算机的模拟，在经过大约 30 次迭代后，它所显示的关于混沌理论的"对初始条件的敏感依赖性"、产生的随机噪声，让人们始料未及、长期不可

① M. Gell - Mann, "Complex Adaptive Systems", George A. Cowan and et al (ed.), *Complexity: Metaphors, Models and Reality*, David Pines, David Meltzer, Addison - Wesley Publishing Company, 1994: 18.

预测。所以，系统存在混沌，拉普拉斯式的完美预测不仅在实践中无法做到、在原则上也是不可能的[①]，计算机模拟方法打破了机械还原论的常规。

从方法论的角度具体分析，计算机模拟方法之所以打破了机械还原论的常规，是因为计算机模拟方法是基于多主体系统的一种模拟方法。基于多主体系统的模拟方法研究的是以单个的主体行为作为基础，按照“自下而上”整体布局，从目标系统的单个主体出发，通过主体之间的相互作用以低层级向高层级演化的策略模拟推导出整个系统的行为，这是一种金吾伦教授所主张的“生成论”的研究方法。这种“自下而上”的自组织方法是一种分布式的模拟方法，它与传统的分析还原方法和具有一个支配中心的集权控制的模拟方法有很大的不同。以元胞自动机为例[②]，可以很好地说明这种研究方法上的具体区别。

（三）元胞自动机模拟方法

元胞自动机作为建基于计算机之上的一类虚拟机，是一类理想化动态模型的总称，或者说，它是计算机模拟方法在计算机上的具体实现形式。由于元胞自动机方法是用来分析动态系统的一种方法，所以它在对一个系统进行抽象化或模型化时，充分考虑到系统的动态特征，不像一般的数学物理方法那样简单死板。

同样，元胞自动机采用的是典型的“自下而上”的基于多主体系统的建模方法，这种方法因为参与的主体遵守相同的规则，并且可以通过主体之间的相互作用以及层级的概念将复杂系统的整体行为模拟出来，所以大多数复杂系统的研究者们喜欢使用这种“自下而上”的思维方式所主导的元胞自动机模拟方法。元胞自动机并不是用繁杂的方程去描述一个复杂系统，而是用简单系统的相互作用来模拟复杂系统的整体行为。按照上面对复杂系统的讨论，复杂系统由许多基本单元或子系统组成，当这些子系统相互作用时（主要考虑邻近子系统之间的相互作用），一个子系统的状态演化只受到周围少数几个子系统状态的影响，在相应的空间尺度上，子系统间的相互作用往往是局域性的和比较简单的。同样对于元胞自动机

① ［美］梅拉妮·米歇尔：《复杂》，唐璐译，湖南科学技术出版社 2011 年版。

② 通常研究中，对人工生命与人工社会的模拟使用的实际运行工具就是元胞自动机。

的元胞来说，由于它具有时间和空间上的局部性，所以某个元胞的状态只受它周围邻居状态的影响，而且元胞自动机的转换规则也是非常简单的。这样，元胞自动机中的元胞与复杂系统中的子系统或主体是相互对应的，它们都体现了相互作用的部分构成整体的概念，体现了从局域的相互作用演变成系统整体全局作用的突现概念。因此，当我们从系统元素的状态和行为入手，用元胞间的相互作用来模拟子系统的相互作用时，就存在从根本上认识复杂性及其突现机理问题的可能性。这一思维方式突破了传统的还原论的分解式方法，但又保留和兼容了将复杂的事物还原为简单事物的相互作用这个还原论的有用原则，是对传统机械还原论的“超越与兼容”。

所以，此处我们所讨论的问题，说到底，它属于一个思维范式的改变问题。起初，人们对待自然或者在具体的科学研究或学科建立初期，一直使用的都是机械论范式，采用的也是分析还原的形式，因为在人们的意识中，这是唯一的、有用的方法，这是思维范式产生的结果。当然，它也在科学的建立及其发展过程中起到了无可替代的作用。但世事变迁，随着研究对象的复杂化，认识的深入，人们的思维方式已逐渐演变为一种综合的、整体性的系统的思维方式，一种注重事物的整体性、综合性的趋势。在种种变化下，研究方法当然不可能墨守成规。所以，计算机模拟方法也应运而生，这种“自下而上”的建模方法正适合了复杂系统的研究倾向，成为一种超越还原论的整体性、综合性与兼容性的研究方法。

另外，作为承担思维范式变化的主要载体，计算机模拟方法这种身兼二任的统一主体，也是造成“走出”还是“重回”困扰的另外一个原因。计算机是典型的机械论思想的产物，但计算机模拟方法在工作逻辑与实际应用中具有的二重性，这就涉及一个科学与技术的问题。通常我们认为，科学与技术的区别表现在：研究对象、研究目的、研究核心、社会规范不同。但在此处计算机承载着两个不同的方面：科学与技术，或者理论与实践。一方面，它的出现是理论，尤其是逻辑学科的产物；另一方面，涉及计算机的模拟，它通常指的是一种落实或者实现，是技术层面的事物。所以，既有科学特征又有技术特征的计算机，在科学层面，它是个单因素的产物，而计算机模拟呢，它作为一种技术，当然具有技术的综合因素的特征，也就是说，用计算机模拟方法解决复杂系统的问题，它是一种综合的模拟技术，恰恰也正是因为如此，它才更适合分析以整体性、综合性为旗帜的复杂系统的研究。这样就不难理解，作为研究计算主义阵地的人工生命、人工社会这些具体的领域，它们本就属于复杂系统的范畴，在研究的同时，对它们进行哲学上的批判性反思的结果，当然是走向计算主义。而通过这种方式展现出的计算主义与最初的计算主义已有所不同，这或许就是科波兰德所说的广义计算主义。而这种广义计算主义显然已渐渐走出机械论的主要讨论范围。

总之，当代计算主义是一个矛盾的集中体，一方面它的观点是典型的机械还原论，但体现它的过程却是整体性与综合性的。但毋庸置疑的是，计算主义作为新观念所代表的一种科学思潮，已经逐渐渗透到人们的世界观领域，影响到人们的思维方式，从而进行批判性反思。正如一位西方学者所说，柏拉图学院是西方第一所高等研究机构，门上写着进校的唯一要求：不懂几何学者不得入内。将来，许多大学也要求学生必须精通计算机。所以柏拉图学院新的入学要求应该是：不懂且不带计算机者不得进入。[①] 所以，计算机科学与人工智能的迅猛发展，必然引起哲学范式的转换和变革，由计算机模拟方法研究复杂系统的新进路而引发的计算主义思潮就是这样一种哲学思考。可以说，从计算机模拟方法到当代计算主义的产生，都是以信息时代计算机技术的飞速发展为背景，是对新技术应用的一种哲学思考，同时也是对计算主义的一种复兴，即对毕达哥拉斯学派的神秘唯心论、朴素唯物论、机械论以及数理逻辑理论的发展与扬弃。

（四）计算：认识世界的新方式[②]

用数字、信息、比特、计算等符号来表达复杂的社会现象，感觉敏锐的哲学家们对此作出了积极响应。1998 年，美国哲学家斯坦哈特（E. Steinhart）发表了一篇论文《数字形而上学》（digital metaphysics），剖析了由元胞自动机研究带来的对世界的新解释，并提出了他的形而上学的主张：终极的实在是一台对实现任何物理上可能世界来说足够普适的大规模平行计算机，而基本单元则是类似于莱布尼兹“单子”的计算

---

① ［加］泽农·W. 派利夏恩：《计算与认知》，任晓明、王左立译，中国人民大学出版社 2007 年版，第 1 页。

② 此部分涉及的许多观点已作为阶段性研究成果发表，详见齐磊磊《从计算机模拟方法到计算主义的哲学思考——基于复杂系统科学哲学的角度》，《系统科学学报》2015 年第 1 期。

时空。[①]《复杂系统》杂志的创始人英国数学家和物理学家沃尔弗拉姆（Stephen Wolfram）2002年出版了《一种新科学》（*A New Kind of Science*）一书，在这本长达1280页的书中，他用元胞自动机模拟出若干自然界的复杂现象，如雪花模式、生物细胞、免疫系统以及各种生命现象和社会现象，甚至用元胞自动机来模拟经济系统中华尔街股票的涨落；至于自然界中树叶的各式形状、每一片树叶的脉络、每一棵大树的生长规律、大海中各式珊瑚的生长模式、沙滩上捡到的各种贝壳的花纹、天空中飞鸟的迁徙路线、鸟群的构型等等，元胞自动机能模拟或生成与它们一模一样的图案、形态、规律与样式。这些行为表明，它们都可以看作是自然界的一种计算。计算不但可以看作对符号的处理，而且可以看作对信息的处理，这是计算主义又一重大发展。但由此沃尔弗拉姆得出历史上最强的计算主义结论：我的《一种新科学》（*A New Kind of Science*）"以一种全新的方式来看待宇宙的运作"，"我相信，'一切皆为计算'将成为科学中一个富有成效的新方向的基础"。[②] 在国内，北京师范大学的李建会教授接连出版了《走向计算主义》《数字创世纪》等书，较系统地介绍和评述了生命科学，尤其是人工生命领域所出现的计算主义现象，在他看来，不仅生命和思维的本质是计算，自然事件的本质也是计算。"整个世界都是由算法控制，并按算法所规定的规则演化"，"宇宙是一个巨大的计算系统"。[③]

这样，宇宙就是一部计算机了。这个结论是从沃尔弗拉姆的所谓"计算等价原理"中得出来的。"所有过程，无论是由人力产生的还是自然界中自发的，都可以视作一种计算过程。在他看来，从山顶滚下的岩石也是计算机，因为这个系统每一步都有输入，按照固定的规则更新系统，就如PC机一样。沃尔弗拉姆之所以产生这样的观点，是因为按照他的定义，宇宙就是一台电脑。在接受《纽约时报》的一次采访中，沃尔弗拉姆承认在角落里静静地生锈的一桶铁钉也是一台普适计算机，其相关特征与人的智能是可有一比的。"[④]

所以，不管是斯坦哈特与沃尔弗拉姆还是李建会，他们都是计算主义

① W. Bynum and J. H. Moor（eds.）, *The Digital Phoenix*: *How Computers are Changing Philosophy*, Blackwell Publishing Ltd, 1998: 117 – 134.

② S. Wolfram, *A New Kind of Science*, Champaign: Wolfram Media, Inc, 2002: 1125.

③ 李建会：《走向计算主义》，中国书籍出版社2004年版，第217页。

④ 钮卫星：《沃尔夫勒姆和他的"新科学"》，《文景》2003年第4期。

在本体论上的强纲领，或曰强计算主义。相比之下，本书所支持的计算机模拟方法理论背后的计算主义与上述这类强的具有本体论意义的计算主义有所不同。在笔者看来，计算主义，应该在认识论和方法论的意义上倡导把“计算”当作是认识世界、理解世界和看待世界的方式或视角，其目的是为我们认识和干预世界提供一种哲学前提，而并非试图超验地把握终极实在，也不是把“计算”当作是一种世界的实在本质。世界是复杂的、多样的，我们在认识的过程中找出相应的行为规则或算法，把各种现象或过程看成是算法复杂性的表现，并不是说现实世界真的可以由计算机算法来控制，也不是说整个世界的终极实在真的最后归为计算，而只是把它当作认识世界的一种方式。

这样，使用计算机模拟方法研究复杂系统这种研究进路的理论支持是：尽管自然界和社会生活中各种复杂现象和复杂系统形成的具体条件是千差万别的，但它们都可以与某种数学结构，如混沌动力学的数学结构以及元胞自动机的计算结构具有实质上的同构关系或同态关系。这种同构关系与同态关系表达正好与计算主义的“整个宇宙是由算法和规则组成的”思路不谋而合。按照一般系统论的创始人贝塔朗菲对系统的描述，所谓一个系统指的是相互组成部分及其组成部分相互关系的集合。[①] 基于此种关系，用计算机模拟方法动态地描述一个复杂系统正好满足了他的这样两个条件：由算法和规则表达的组成部分以及组成部分具有同构或同态关系。

这就说明自然界和社会生活中，不管是简单现象还是复杂的现象，都可以通过算法或规则来加以模拟、加以描述甚至加以计算。例如，元胞自动机就具有一切通用计算机的功能，原则上可以表达一切物理规律。这种观点看似是在支持或鼓励某种数学理想主义或计算主义，或者说我们持有的观点在原则上似乎并不反对计算主义。也就是说，我们所反对的是本体论的计算主义，反对从本体的终极意义上把生命看作是计算、把宇宙看作是一个元胞自动机等观点，即反对计算主义强纲领下的各种论断，或者说反对的是删除物质内容留下纯数学结构作为终极实在的数学主义宇宙观。同时我们支持方法论、认识论上的计算主义，即认为自然界和社会生活中无论简单的事物还是复杂的系统都应该和能够应用数学的或算法语言来加

---

① Ludwig von Bertalanffy, *General System Theory*: *Foundations*, *Development*, *Applications*, New York: George Braziller, Inc, 1973: 46.

以模拟。这正像马克思所说的“一种科学只有在成功地运用数学时，才算达到真正完善的地步”[1]。这样看来，自从复杂系统科学的研究运用了混沌动力学，元胞自动机和遗传算法与其他进化算法创立人工生命学科以来，数学的方法以及计算机科学的方法在生物科学和社会科学中有了广泛的应用，我们更加接近了马克思所说的目标，显示了基于规则和算法的计算机模拟方法在研究复杂性科学中的重要地位。

需要说明的是，我们在科学认识论和方法论意义上谈论计算主义，谈论计算机模拟中所涉及的算法、规则或程序时所说的“计算”或“算法”，指的是在理论的层面上它具有一种根本的递归性，是一种可一步一步进行的符号串（程序）变换操作，即应该是丘奇—图灵论题确定的递归计算或图灵计算概念，而不是泛化的或者是把它推而广之的一种应用。至于如何面对不可判定或不可计算的问题，不管它们是理论意义上的还是现实意义上的不可计算问题，这对于所有的研究者来说都是一个严峻的挑战。尽管有些人认为计算机模拟可以解决这类问题，认为它是“不可计算问题的存在并不构成对计算主义动摇的基本原因”[2]。但在我们看来，目前的计算机模拟方法还只能囿于解决一些可计算的问题，而这也是这种方法本身存在的局限性之一。

另外，在面对“宇宙是元胞自动机”这类对实在的计算观的具体表述时，有人认为这种说法是一种基于本体论之上的对实在或世界所作出的基本假设，运用的是根隐喻（root metaphor）的描述方式。1999 年，英国青年学者穆斯塔法·阿里（S. Mustafa Ali）在他的博士论文（The Concept of Poiesis and Its Application in a Heideggerian Critique of Computationally E-mergent Artificiality）中就哲学家佩帕（S. C. Pepper）关于根隐喻理论的阐述，提出“计算主义的根隐喻是元胞自动机”[3]。我们知道，所谓根隐喻，通常指的是与某种本体论学说相关联的最基本的隐喻，如由于牛顿力学的巨大成功，人们普遍接受宇宙是一个基于力学规律而运行的大钟表这

① ［法］保尔·拉法格：《回忆马克思恩格斯》，人民出版社 1973 年版，第 7 页。

② 郝宁湘：《为计算主义辩护》，《科学》2006 年第 6 期。

③ S. Mustafa Ali, *The Concept of Poiesis and Its Application in a Heideggerian Critique of Computationally Emergent Artificiality*, A thesis submitted for the degree of Doctor of Philosophy by Syed Mustafa Ali. Dept. of Electrical & Electronic Engineering, Brunel University. January 1999. http://mcs.open.ac.uk/sma78/thesis/thesis.html.

样一种世界观，进而产生了诸如“动物是机器”“人是机器”等以钟表或机器为代表的根隐喻。同样，赞同这种看法的人也认为“任何以‘是’的形式表达的最基本的本体论命题要具有意义，就一定是隐喻性的”[①]。显然，从根隐喻的角度谈论的“计算主义”本身还是建基于本体论意义上的，与我们的认识角度仍有不同，此处我们还只是把“计算”“算法”或“规则”当作是认识世界和理解世界的一种方式。

从认识论或方法论的角度来看待计算主义，把计算机模拟方法当作是认识世界的一种途径是有用的：计算或算法理念可使我们看到用其他方式无法看到的事情；在我们无法借助经验或传统的方法来研究某些现象时，计算或算法理念可以为我们提供一种新的在计算机中模拟和实验的方法来处理这些现象。如人工智能、认知科学、生命科学，尤其是人工生命和各种计算性科学（如计算物理学）等，都是基于计算主义的理念和方法才得以迅猛发展的。我们还知道，人们对人类认知的研究，就是从把认知看作计算之后才有了现代科学意义上的认知科学，才走出了传统的认识论和心理学研究。[②]

① 郦全民：《计算与实在——当代计算主义思潮剖析》，《哲学研究》2006 年第 3 期。
② 郝宁湘：《为计算主义辩护》，《科学》2006 年第 6 期。

第七章　模型与理论的真、善、美[①]

自逻辑经验论的科学哲学作为公认观点在20世纪60年代宣布失败以来，经过历史学派70、80年代的鼎盛时期，范式概念已被他们自己磨去了锋芒，彻底走向相对主义和无政府主义，也就成了刘大椿教授所说的“另类科学哲学”。20世纪90年代兴起了两股科学哲学思潮，一股是新经验主义和社会建构论的“实践哲学”，一股是主张语义模型进路的结构主义科学哲学。对于后一股思潮，本书已进行了系统梳理。现在，在“结构主义科学哲学”[②] 与“计算的理念”[③] 的基础上，我们尝试提出一种可能的科学哲学：逻辑理性主义，并用它来分析理论与模型的真、善、美。

一　模型与理论的美与可计算性

（一）模型与理论的结构：简单真美

很多科学家都曾赞叹过自然界的和谐与优美。对数学之美的追求，是

---

① 这部分内容以一篇由中山大学张华夏教授和笔者共同完成的论文为主体部分，该论文曾经由张华夏教授在“第十六届全国科学哲学学术会议”上以“逻辑理性主义：从多种视野看物理世界的真善美”为题做了大会报告。2013年，张华夏教授以物理学的各种规律为出发点，笔者从生物学，尤其是DNA的分子结构的发现过程中，基于不同的科学领域讨论共同的“模型与科学之美”的话题，形成了一系列文章。其中这篇是从语义模型的结构理论和计算理念的研究基础上，提出“逻辑理性主义”或者“计算理性主义”的概念，讨论模型与理论的一种特质：真、善、美。“真、善、美”这个标准既是对理论的评价，也是对发现理论的模型的评价标准。基于这样的考虑，笔者把原先的文章经过修改与完善，突出这样一个主题：“自然界与理论、模型之间的关系是追求简单的结构，这种结构可以用数学来进行描述”，这实际上是一种计算主义的观点。根据这样的思路形成现在这一章的讨论内容放在本书的最后一部分作为总结，以期补充这样一种观点：自然界有美的结构、建立模型是一种艺术，追求“美”的模型才能发现科学的真理。这种遵循自然界本来结构的研究进路，背后实际上就是在实现理论与模型的“善”。

② 本书第三章的主要内容。

③ 本书第六章的主题之一。

许多科学家心中的类似某种情结的信仰，这种认为自然界的本质结构是美的理念，最终转化为科学家们在具体的科学研究工作中的一种强大的推动力，甚至像沃森和克里克一样，他们对美的追求帮助他们选择“模型”作为发现 DNA 双螺旋结构的研究方法，而科学史中的很多理论或自然定律的伟大发现正是科学家们沿着对自然界简单结构之美的追求而出现的。例如，爱因斯坦认为大部分科学工作都是从世界的合理性和可知性这种坚定的信念出发的，“相信世界在本质上是有秩序的和可认识的这一信念，是一切科学工作的基础”①。

1926 年春天，爱因斯坦和海森堡这两位诺贝尔奖获得者进行了一次长谈。海森堡在 1971 年追记了他与爱因斯坦的共同主张。海森堡说：“正像你一样，相信自然定律的简单性具有一种客观的特征，它并非只是思维经济的结果，如果自然界把我们引向极其简单而美丽的数学形式——我所说的形式是指假设、公理等等的协调一致的体系——引向前人所未见到过的形式，我们就不得不认为这些形式是‘真’的，它们是显示出自然界的真正特征。”② 不过爱因斯坦和海森堡两人对这种定律之美略有分歧。海森堡被自然界显示的数学体系的简单性和美强烈地吸引住了，他说：“我谈论简单性和美而引进了真理的美学标准。”爱因斯坦对海森堡关于把真理的美学标准引入简单性这个观点表示非常赞同，但爱因斯坦对简单性除了美学标准的认识外，他同时还有另外的看法和认识。于是，爱因斯坦提出：“我却永远不会说真正懂得了自然定律的简单性包含的意思。”③

与爱因斯坦关于美学标准的简单性的看法如出一辙，物理学家杨振宁在他的《杨振宁文集》中写道：“我赞美数学的优美和力量：它有战术上的技巧与灵活，又有战略上的雄才远虑。而且奇迹的奇迹是，它的一些美妙概念原来竟然是支配物理世界的基本结构。”④ 在杨振宁看来，不仅物理世界是数学的结构、是美妙的，而且整个自然界也是由数学优美的结构

① ［美］爱因斯坦：《爱因斯坦文集》第一卷，范岱年、赵中立、许良英译，商务印书馆 2009 年版，第 28 页。

② ［美］爱因斯坦：《爱因斯坦文集》第一卷，范岱年、赵中立、许良英译，商务印书馆 2009 年版，第 216 页。

③ ［美］爱因斯坦：《爱因斯坦文集》第一卷，范岱年、赵中立、许良英译，商务印书馆 2009 年版，第 217 页。

④ 张奠宙编：《杨振宁文集》（上），华东师范大学出版社 1998 年版，第 214 页。

而形成的。所以他紧接着说："自然界总是选择最优雅、独特的数学结构去构造宇宙世界。"[①] 我们说，自然界是客观存在的一个实体，它不是超级能量的神或者智慧者。但是，自然界是如何"设计"出人类所发现的这个简单优美的世界？他怎样可能通过"选择"简单、优美的"数学结构"和算法程序来设计、构造整个宇宙？对于这些问题，杨振宁认为非常神秘，无法用语言表达，只好用诗的语言回答记者的提问，他说："当我们意识到这是自然的秘密时，我们通常会深深感到敬畏，好像我们看到一些我们不应该看到的东西。"[②] "是的，因为它有一种神圣的、威严的气氛。当你面对它的时候，你有一种这本不应该让凡人看见的感觉。我经常把它形容为最深的宗教感。当然，这把我们带到一个没人能回答的问题：自然为什么是这样？怎么可能把各种形式的力都捕捉于一条简单、美妙的公式里?"[③] 杨振宁这里所用到的"神圣""敬畏"等词语，足以表达他对于大自然奇妙之处的感情描述，对于他提到的他自己都觉得不可思议的自然结构可以用一个个优美的公式或方程表示出来，我们认为，从哲学的角度来看，这首先是一个哲学本体论问题。需要分析自然力、自然律、自然类和自然秩序问题。同时还有一个认识论问题，即真理的标准问题。1972 年，杨振宁在《当前基本粒子物理学》一文中写道："狄拉克一直敦促我们放弃偏见……他的意思我们知道，为了寻找物理学新概念的发展，有两个重要的向导。一方面，我们总是要根植于新的实验的发现。离开这个根，物理学就有走向退化为数学习题的危险。另一方面，我们不要时时想到要符合已被接受的实验实在，基于纯粹逻辑与形式的外推，对于许多伟大的概念进步来说是本质的因素，没有其他物理学家比狄拉克更清晰地展示出这一点，在他的工作中比较小的也是最大的重要性就是坚持形式的优雅和逻辑的美，这给他的论文以一种唯一的创造性的气色。狄拉克自己曾经讲过：美是唯一的要求。如果实验与美的理念相矛盾，让我们忘记那些实验吧。"[④] 狄拉克对实验与美的追求近乎疯狂，他的真空负能电子海

① C. N. Yang, *Selected Papers 1945 - 1980*, *With Commentary*, New York: W. H. Freeman and company. 1983: 23.

② 杨振宁:《曙光集》, 生活·读书·新知三联书店 2008 年版, 第 157 页。

③ 杨振宁:《曙光集》, 生活·读书·新知三联书店 2008 年版, 第 157 页。

④ C. N. Yang, *Selected Papers 1945 - 1980 With Commentary*, New York: W. H. Freeman and company. 1983: 446.

就是他的一首狂想曲。

不过，我们认为，在物理定律的美上谈得最彻底的恐怕就算夸克及其定律的发现者盖尔曼了。盖尔曼在 TED 的一次演讲中说道："我们虽然对于基本粒子的四种作用力提了很多年，也非常地了解，但对于微观世界的物质特性我们还知之甚少。我最想说的就是在基础物理领域我们有这样的显著经验：美是我们在选择正确理论的一条十分成功的标准（Beauty is a very successful criterion for choosing the right theory）。但原因何在呢？先让我讲一个我自己的经历吧，它非常有戏剧性。我们几位物理学同事共同研究物质之间的弱相互作用，并于 1957 年提出了一个比较满意的弱相互作用理论。尽管当时有 7 个实验的结果与我们的弱相互作用理论不相符合，但是我们坚定地相信我们理论的正确性，并果断地发表了我们的理论。因为我们发现的这个理论太美了，整个数学表达式简单而优美，所以我们认为它必定是对的，错的应该是那些实验。后续的研究表明，果真是那些实验错了。与我们的坚定的信念完全相同，我们的朋友爱因斯坦，他听到别人说，D. C. 米勒的实验结果与他的狭义相对论不符时，他完全不放在心上，他会说，哦，那实验肯定是错的！"①

海森堡说"真理有美学标准"、盖尔曼说"美是我们在选择正确理论时的一条十分成功的标准"以及狄拉克说"美是唯一的要求。如果实验与美的理念相矛盾，让我们忘记那些实验"，这是一个宇宙观即本体论问题。即世界是简单协调，有规律有秩序的，因而是美妙的。面对世界的简单性本质，相应地建立的模型也应该是对这种简单结构的描述与表征，而最终根据模型推出的理论也应该是简单的、是美的。

这种世界的高阶性质不能再有解释，所以成了信仰的对象。这种本体论预设是经验主义的吗？不是！它是理性主义的。

（二）模型与理论的结构：可计算

当代科学家关于宇宙和谐的观点，给人以逻辑与数学之美的体验，这种信念来自希腊的毕达哥拉斯和柏拉图的学术传统。毕达哥拉斯是世界上第一个认识到数学推理的终极普遍意义的人，认为"万物皆数"。"数是宇宙的统治者"，"是形式与理念的支配者"，"上帝是依照完美的数的原

---

① https：//www. ted. com/talks/murray_ gell_ mann_ beauty_ truth_ and_ physics.

则创造世界的”。关于他的故事现在还有很重要的意义。例如他认为，不同的乐器一起演奏，当弦长、管径与柄长成简单整数比时，就会奏出和谐的声音。这个数与和谐的心理声学现象，直到今天还没法解释。柏拉图的理念世界就是提炼了毕达哥拉斯学派的观点而主张现实世界的基础是数。希腊时期的自然哲学基本上有两个学派，一个是毕达哥拉斯、柏拉图理性主义学派，一个是亚里士多德的经验主义学派。近代科学的诞生主要起源于毕达哥拉斯—柏拉图学派，怀特海说“柏拉图和毕达哥拉斯比亚里士多德更接近于近代物理科学”①。

1623 年，伽利略写道：“大自然这本一直展示在我们面前的书是用数学的语言写的，它由三角形、圆形和其他几何形状组成，没有了这些东西在人力所及的范围里我们根本不能理解，没有了这些我们会迷失在黑暗的迷宫中。”②伽利略是近代实验物理学的鼻祖，他主张物理学是根植于新的实验的发现。在他看来，物理学的实验对象是大自然的一部分，大自然的结构是符合数学的，所以要读“大自然”这本书，其中之一是要对物理学做实验，那么首先要掌握可能世界的语言系统：数学，否则“就会迷失在黑暗的迷宫中”。显然，伽利略是理性主义的。

近代物理学的另一个奠基人开普勒，他坚定地相信行星运行规律是由数学表达的规律支配的。为了寻找天体运行的简单和谐的规律，开普勒艰苦奋斗许多年。同时他也相信伽利略所说的：数学提供了一个秘密方法来达到有关世界的真理。于是，他在弟谷·布拉赫的火星运行资料的基础上苦战了 18 年来求得宇宙的和谐定律，这是一个践行逻辑理性主义实在论的经典案例：开普勒一开始相信哥白尼理论，认为它在数学上是简单、和谐的。后来，他发现弟谷火星运行的数据与哥白尼的学说有 4°的差距，此时他不像古代毕达哥拉斯学派那样只凭数学猜测而不凭实验研究世界。开普勒采取的方法是，他在哥白尼行星圆形轨道上通过增加本轮数目求得火星运行与哥白尼学说协调一致。开普勒的这个方法在经过 70 次尝试后，发现改进的哥白尼学说仍有 8 分的误差。于是，他说：“我能从 8 分创造出一个宇宙学说来。”接下来开普勒采取的做法是：“通过火星轨道的研

① ［英］怀特海：《科学与近代世界》，何钦译，商务印书馆 1959 年版，第 29 页。

② Galileo Galilei, “The Assayer”, translated by Stillman Drake, *Discoveries and Opinions of Galileo*, New York: Doubleday & Co., 1957: 237 – 238.

究，我们必须或者达到秘密的天文学，或者对它永远无知。”① 就是在这样的思路下，他最终放弃圆形轨道和匀线速或匀角速的哥白尼假说，提出了行星运动第一定律行星运行在以太阳为一个焦点的椭圆轨道；行星运动第二定律：连接行星与太阳的直线在任何两个相等的时间内扫过相同的面积（即 $\frac{dA}{dt}=k$）。在《火星运行记》（*The War on Mars*）（1609）一书中，他描述了发现这两大定律的艰苦。他说：“如果你发现这本书比较难懂并且看下去觉得疲劳的话，请可怜一下我吧！因为我反复算了七十次，并且请不要惊讶，我为火星的理论足足花了五年的工夫。”② 九年后，即 1618 年，开普勒在《宇宙的和谐》一书中阐明了他所发现的行星运动第三定律：行星公转周期的平方，与椭圆轨道的半长轴的立方比为一常数，即 $\frac{R^3}{T^2}=C$，这个定律将各个行星的运动联系起来。这就是他孜孜以求的行星运动的简单数学比例。他将这个定律取名为“和谐定律”（Harmonic lan）。这个命名表明他实现了他的毕达哥拉斯的理想：开普勒曾经说过：“天体是数学地和谐的：土星是深沉的男低音，木星是男低音，火星是男中音，地球是女低音，金星是女高音，水星是假高音。”③ 他又曾经将这六大行星的轨道内接于和外接于五种立方体（正四面体、正立方体、正八面体、正十二面体、正二十面体），它们的比例极为接近当时已发现的六大行星的轨道。基于这种对由数决定的对称美的追求，他终于发现了行星三大定律。这三大定律本身是牛顿后来建立近代物理学的基础。

杨振宁教授给予毕达哥拉斯和开普勒的研究传统以相当高的肯定的评价。他说：“尽管开普勒所表现的思想是错误的，但是他的探究方法却完全与当今基本粒子物理学中所使用的一种方法相似：为了解释物理学中某种规律性，理论家力图使它们与起因于对称观念的数学规则性相匹配。如果有几种匹配的方式，理论家们便一个接一个地试验它们。这种努力通常

① A. E. E. Mckenzie, *The Major Achievements of Science*, Iowa State University Press, 1988, Vol. I.

② A. E. E. Mckkenzie, *The Major Achievements of Science*, *Iowa State University Press*, 1988: 31.

③ 张华夏、杨维增：《自然科学发展史》，中山大学出版社 1985 年版，第 101 页。

是失败的。但是，有时候在所使用的对称意义或对称类型中，发现了新颖的方面，从而取得进步。偶尔，这一进步竟能导致基本物理中意义深远的新概念的产生。”[①] 这个观点，和爱因斯坦的观点是一致的，爱因斯坦说：“理论物理学的公理基础不能从经验中抽取出来，而必须自由地发明出来，那末我们到底能不能希望找到一条正确的道路呢?”[②] “这种创造的原理却存在于数学之中。因此，在某种意义上，我认为像古人所梦想的，纯粹思维能把握实在，这种看法是正确的。”[③]

（三）理论：美即真

许多著名的科学家都提出过科学理论和科学定律的真理性的美学标准。例如物理学家温伯格在《终极理论之梦》中就用了一章的篇幅谈到科学理论的美指的是简单、协调、和谐对称等特征。所谓简单性指的是中心思想和基本原理的简单：“基本物理学的目标是用越来越少的简单原理来统一解释越来越多的复杂现象”（The whole aim of fundamental physics is to see more and more of the world's phenomena in terms of fewer and fewer and simpler and simpler principles）[④]，尽管爱因斯坦的引力方程比牛顿的引力方程多十个，但“实际上，爱因斯坦的理论更美，部分原因是他关于引力和惯性等效的那个核心思想很简单”[⑤]。所以，爱因斯坦说：“一切理论的崇高，就在于使这些不能简化的元素尽可能简单，而且在数目上尽可能少，同时不至于放弃对简单经验数据的适当表达。”[⑥] 科学理论美的第二个特征是它的逻辑的必然性和完备性。温伯格说：“简单而外，还有一种性质能让物理学理论美起来——理论能给人一种‘不可避免’的感觉。一个精美的证明或计算没有一点儿多余的复杂的东西，而能达到有力的结

① 杨振宁：《曙光集》，生活·读书·新知三联书店 2008 年版，第 166 页。

② ［美］爱因斯坦：《爱因斯坦文集》第一卷，范岱年、赵中立、许良英译，商务印书馆 2009 年版，第 316 页。

③ ［美］爱因斯坦：《爱因斯坦文集》第一卷，范岱年、赵中立、许良英译，商务印书馆 2009 年版，第 316 页。

④ 温伯格访谈，http：//www. pbs. org/wgbh/nova/elegant/view - weinberg. html。

⑤ ［美］斯蒂芬·温伯格：《终极理论之梦》，李泳译，湖南科学技术出版社 2007 年版，第 108—109 页。

⑥ Alice Calaprice（ed.），*The Ultimate Quotable Einstein*，Princeton University Press，2011：384 - 385.

果。”“爱因斯坦说，理论最大的吸引力在于它的逻辑完备性。”[①] 温伯格接着说，科学理论美的第三个特征是对称性和对称性的破缺。对称性原理不仅是指事物从一定角度看是一样的，而主要是指当我们改变观察自然现象的角度时我们看到的自然定律不会改变。在广义相对论中，自然定律对一切参考系都是等价的。弱电理论的基本对称性是自然定律与时间或空间的视点改变无关，而是关于不同类型的基本粒子的识别，即改变一些基本粒子的类型，自然定律也以相同形式出现。这些都说明自然界有普遍的结构和严格的秩序美成立。而且基本的对称性破缺会产生许多重大的现象，例如引力出现，弱力与电力分开等等。当然，不对称也是存在的，但这往往方程是对称的，只是方程的解出现不对称。所以。温伯格写道：“我们在物理学中看到的美的样式是很有限的。如果用语言来表达，我们只能说那就是简单性的美和必然性的美——完美的结构，一切都恰到好处地组织在一起，没有需要改变的东西，存在一种逻辑的严格性。”[②]

对于上述的表现理性主义科学理论真理性的美学标准，科学哲学中的许多学派也都讨论过。大致的标准是认为一个好的科学理论应该至少具有五个条件：（1）逻辑一致性。科学知识应该是有条理的，不仅内部逻辑一致，而且与已有的描述自然界的定律或理论相一致，不能前后矛盾。（2）可检验性。理论应当接受经验的检验与实验的验证，理论要尽可能地精确，从理论中推导出来的结论应该与现有的观察实验的结果一致。（3）可解释性和预见性。理论作为一个体系必须具有解释过去的现象与事物性质，预知未来的发展与不知的实验现象。（4）结构简单和视野广阔。理论应该尽可能地简单，从偶然的现象中找出规律与定律，抽象出理论，这种理论的表达一定是结构简单的；同时一种理论本身虽然是简单的，但它也应该足以解释一切具有同构性关系的特殊现象。（5）可错性。一个理论的成立是有前提条件的，如果超出了理论的使用范围它是可错的，同样目前正确的理论也可能随着人们的认识而被推翻。当然，对于理论成立的这五条标准，只是评判理论的必要但非充分条件，而且因为各条标准的权重“因人而异”。例如包括波普尔在内的逻辑经验主义者强调第

① ［美］斯蒂芬·温伯格：《终极理论之梦》，李泳译，湖南科学技术出版社2007年版，第109页。

② ［美］斯蒂芬·温伯格：《终极理论之梦》，李泳译，湖南科学技术出版社2007年版，第119页。

一、二条经验的证实或证伪是主要标准。但逻辑理性主义认为，根据第四条标准，从逻辑、数学与理性能把握世界的美妙和谐的秩序来说，它们就是一个美学标准。不过逻辑理性主义实在论的观点将理论评价标准归结为两条（美与经验），并将美学标准放在首位，不但是科学真理的标准，而且是科学追求的目标、动力和创造性的根源。

二　逻辑理性主义

现在看来，关于科学理论的性质及其认识论方法存在着一种逻辑理性主义实在论的传统，我们将其称为“逻辑理性主义”或者“计算理性主义”，并且我们尝试着给出主要的观点与研究纲领。

（一）逻辑理性主义的研究纲领

这个研究传统的本体论和认识论主导下的“逻辑理性主义”的观点可以简单表述如下：

（1）自然界是统一协调的、有规律有秩序的。这种秩序不是来自一个理念世界，而是来自一个实在世界的自然类（natural kinds）和自然律（laws of nature），它是归纳推理的齐一性基础，又是演绎推理的可能前提。这是一个科学本体论问题。

（2）这种受自然定律支配的规律性（regularlities）与受机遇支配的偶然性（random or accidents）是可以严格区分开来的。前者在信息上可以压缩为图式（Schema）、公式、定律或理论，而后者则不行，它只能成为前者的初始条件、边界条件或封闭条件。令 Y 为律则信息，X 为随机信息，盖尔曼研究得出复杂系统行为总信息量为 $\sum = Y + X = K(E) + K(r \mid E) = \sum r\,P\,r\,K(E) + \sum r\,P\,r\,K(r \mid E)$。

（3）因为数学符号与图式可以通过多阶简化、多级抽象来建模、推演与表达各种可能世界的形式与特征，所以自然界的基本规律性必须而且只能通过数学表达出来并加以认识，成为科学理论。这就是伽利略所说的“大自然的书用数学写成”和马克思所说的“一门科学只有当它成功运用数学时，才算到了成熟的地步”。关于这一点，数理逻辑和逻辑哲学都可以进行论证。

（4）这种通过数学表达出来的理论体现了一种简单、整齐、和谐、优雅、协调、一致和基本对称性的美。这种美是各种理论的二阶性质。

（5）人们获得优美的理论是通过一系列模型和理想化，包括资料模型、实体模型、现象模型、图像模型、概念模型、数学模型、公理化语法语义模型才能实现。通过优美的理论模型和数学形式来把握实在的规律性是一种逻辑理性主义，但这种逻辑理性主义的结果必须接受由此导出的科学实验的检验。所以我们应该接受的理性主义的传统是一种逻辑理性主义的实在论传统，不是原初的毕达哥拉斯主义。

（6）以追求自然界的真与美，以探索自然的秘密为目标的研究，即基础科学的研究是大学教育的传统，是现代产业中的核心技术的根源，这是理论的善。不大力发展这种研究就只能承担全球化经济中的劳动密集型的份额。这是忽视理论研究的恶。

（二）逻辑理性主义：模型与计算

对于以上逻辑理性主义实在论的理论结构观，包括它的定律观，现在科学哲学中有许多不同方面的哲学的论证。例如布尔巴基结构种的论证，它指出因为理论实体的结构种相同，所以它服从一定的集合论数学形式的数学定理或自然定律。另一种论证是斯尼德的模型类论证，它认为如果理论模型属于同一个科学模型类，它们便具有共同的特征和共同的定律。这些都属于结构主义的科学本体论和科学哲学的论证，还有一种论证是自然类的论证，即认为它们既是属于同一种或同一组自然类（Nateral Kinds），所以它就有共同的自然律，用公式表示就是它具有共同性质（X）（$X \in Kn_i \rightarrow P_iX$）和受共同定律的支配（X）（$X \in Kn_i \rightarrow f(P_iX)$）。这里 Kn 为自然类，$P_iX$ 为性质，$f(P_iX)$ 或 $f(P_1X, P_2X, \cdots, P_nX)$ 为函数。还有怀特海的过程哲学也会给逻辑理性主义作出一种形而上学论证。这种形而上学经过近 100 年的冷遇之后，现在又开始流行起来。在这篇短文中，我们不可能论述这些问题，这里想要做的是从系统科学的观点来看这种与休谟经验主义不同的理性主义的合理性和实在性。首先我们来看复杂适应系统如何看待这个问题。

著名物理学家、诺贝尔奖获得者盖尔曼从更广泛的观点分析定律和规律的普遍性，他指出任何复杂适应系统（它主要是与生命及其产生以及人类行为相关的系统）都要处理外界环境的作用和自身行为的反应所输入的信息，这些信息就是复杂适应系统得到的经验（experience），或称为它的数据集（set of data）。它不可能在它的数据库和决策器中储存着每一种特殊的数据对应每一个特殊行动的反应这种特殊信息。这样处理信息不堪重负。幸亏世界的事物是有秩序与重复性的。它必须和能够“在经验中识辨出一定种类被觉察的规律性（perceived regularities）”，“并将它压缩成一定的图式（schema）”,① 这些图式提供了描述、预言和规范行动的组合，例如每一个物种的 DNA 序列，就是该物种进化的经验被压缩成的。这是物种先天行为的规律性的根据。从复杂适应系统的观点看，人类的科学理论和定律也起到这种图式的作用。科学首先通过对现象世界的经验认识，分析出经验规则。然后通过理性创造，建构模型，从理论上用理论定律（图式）推出、解释或修正这些经验规则。图式会变异、会多样化并在选择压力下，竞争着、改进着，它以尽可能最小的信息量（比特串）来概括最普遍的共同规律性以便能最大限度适应环境。

所以，严格区分表征规律性的定律图式和环境中的偶然的随机的因素（即科学中的初始条件、边界条件和特殊条件）这个科学的重大问题，不过是任何复杂适应系统生存和发展的重大问题的特殊表现。这个区别在信息系统中就是内部程序（intrinsic program）和外部输入（extra input）的随机资料的区别问题。盖尔曼如是说：“这些外部随机输入外在于理论，外在于模型，外在于图式，如果你把所有外部边界都当作理论的一部分来建立一个‘好模型’，这是很浅薄的。因为它是不能压缩的 。”② 所以，在 TED 的一次演讲中盖尔曼强调说：“我们只能用少数的东西来解释多数的东西，不能以多数的东西来解释多数的东西。”③

盖尔曼通过多年来对复杂适应系统的研究以及他后来提出的有效复杂性理论告诉我们：世界是有规律的，而且这些规律可以用简单的信息量对其进行表达，所以有规律可表达的世界在数学上是美的。当然，与规律性并存的还有随机偶然性，这些偶然的因素对于理解世界来说它是次要的附加，世界的本质是：主体部分是可以用规律描述的有效复杂性，次要部分是充满了惊喜的内在随机性。

---

① Murray Gell - Mann, Complex Adaptive System in G. Crowan ed., *Compexity: Metaphors, Models and Reality*, Addison - Wasley Publishing Companny, 1994: 18.

② Murray Gell - Mann, Complex Adaptive System in G. Crowan ed., *Compexity: Metaphors, Models and Reality*, Addison - Wasley Publishing Companny, 1994: 138.

③ https://www.ted.com/talks/murray_gell_mann_beauty_truth_and_physics.

其次，我们还可以用复杂系统理论中的层级理论来说明逻辑理性主义。复杂系统科学告诉我们，世界上的事物是有层级（hierarchy）的。为什么会有层次？经济学家、诺贝尔奖获得者 A. 西蒙说，这是自然选择的结果，只有层级的世界才是比较稳定的，适者生存就是稳定者生存。层级世界的一个特征，就是盖尔曼所说在一个洋葱似的多层次体系中每一个层级与上一层级和下一层级"自相似""自适应"，因为它们是一层层演化出来的，所以有自相似。盖尔曼说："因为内层的洋葱皮我们已经熟悉了，它与大的那层是相似的，邻近层次的数学机制几乎是一样的，这就是为什么这些方程看起来如此简单。因为它们使用的数学是我们熟知的。"① 例如，地球上宏观物体的运行（一个苹果的落地）与太阳系行星运动是自相似的，万有引力的平方反比与库仑定律的平方反比是自相似的，我们的细胞和我们的人体器官是自相似（DNA 的统一）的。正是通过这种"自相似"人们认识了自然界事物规律的统一性、一致性、协调性和对称性。大家知道复杂系统的研究有一个自相似的典型就是"分形几何"。分形几何学的第一个特征就是"自相似"（self similarity），即这些图形的部分类似于它的整体，小尺度形状类似于大尺度的形状。其所以如此，主要因为它是通过自然界的同样规律反复作用，或数学函数在计算中的迭代运作而形成的。② 西蒙的研究指出，虽然高层次是低层次的突现，但高层次的"近可分解性"，即近似和局部可还原为低层次来加以理解，显出有统一规律的支配。

再来看看复杂系统中用元胞自动机的数学模型来研究各种物理的、经济的或社会的规律。简单的元胞和简单的规则几乎可以推出世界上各种事物的类似行为，例如元胞自动机中的"白蚂蚁"，它的随机行走，碰到一块材料时将它捡起来带着走，当碰到另一块材料时，将它放下，然后又随机走动。正是这种简单的规则在反复迭代后就会形成有各种功能的蚁窝。③ 最近元胞自动机的理论家沃尔弗拉姆（S. Wolfrom）发现，虽然计算的还原是很困难的，但可以通过元胞自动机运算出类似于相对论及量子力学的公式。他说："几年前，我非常兴奋地发现，有些候选空间具有极

① https：//www. ted. com/talks/murray_ gell_ mann_ beauty_ truth_ and_ physics.

② 颜泽贤、范冬萍、张华夏：《系统科学导论》，人民出版社 2006 年版，第 260 页。

③ 齐磊磊：《科学哲学视野中的复杂系统与模拟方法》，中国社会科学出版社 2017 年版，第 129—131 页。

其简单的规则，却能成功地再现狭义相对论和广义相对论以及重力。而且至少还给出量子力学的暗示，所以将会发现整个物理学吗？我不确定。”①这里显示出对理解世界各种定律的计算规则的简单性，给我们留下了扩展逻辑理性主义或计算理性主义的广阔空间。

以上，无论从自然界的结构还是科学理论还是科学模型，它们有着惊人的、相似的简单结构，而且这些结构都可以用数学方程或数学符号表示出来。这样的两个落脚点恰恰呼应了我们本书讨论的关键点：结构、同构、数学、模型、计算等等。所以，这篇论文的讨论是我们对科学中的模型问题全面分析后的附加收获，是我们研究思路的一个自然过渡，而且更为重要的是，这样的研究成果完美地描述着我们目前所能认知的世界的真实面貌。

所以，本书最后回归到“逻辑理性主义”或“计算理性主义”的立场：自然界的结构是美的、建立模型是一种艺术，只有追求“美”的模型才能发现科学的“真”，这种对“真”与“美”的尊崇是对世界的“善”。

① http：//www.ted.com/talks/lang/zh－cn/stephen_ wolfram_ computing_ a_ theory_ of_ everything.html.

参考文献

一　中文文献

百度百科“原子结构模型”。
蔡海锋:《科学模型是虚构的吗?》,《自然辩证法研究》2014 年第 4 期。
陈瑞麟:《科学理论版本的结构与发展》,台湾大学出版中心 2004 年版。
范冬萍:《复杂系统突现研究的新进路》,《学术研究》2011 年第 11 期。
郭贵春、殷杰主编:《爱思唯尔科学哲学手册(技术与工程科学哲学分册)》,北京师范大学出版社 2016 年版。
郝宁湘:《为计算主义辩护》,《科学》2006 年第 6 期。
化学发展简史编写组:《化学发展简史》,科学出版社 1980 年版。
黄欣荣:《复杂性研究的计算方法》,《系统科学学报》2008 年第 4 期。
李建会:《走向计算主义》,中国书籍出版社 2004 年版。
郦全民:《计算与实在——当代计算主义思潮剖析》,《哲学研究》2006 年第 3 期。
郦全民:《用计算的观点看世界》,中山大学出版社 2009 年版。
林德宏:《科学思想史》,江苏科学技术出版社 1985 年版。
林定夷:《科学逻辑与科学方法论》,电子科技大学出版社 2003 年版。
刘绍学:《近世代数基础》,高等教育出版社 1999 年版。
刘晓力:《计算主义质疑》,《哲学研究》2003 年第 4 期。
罗辽复、陆埮:《基本粒子》,北京出版社 1981 年版。
罗竹风主编:《汉语大词典》(第二卷)下册,上海辞书出版社 2011 年版。
莫绍揆:《递归论》,科学出版社 1987 年版。
钮卫星:《沃尔夫勒姆和他的“新科学”》,《文景》2003 年第 4 期。
齐磊磊:《从计算机模拟方法到计算主义的哲学思考——基于复杂系统科

学哲学的角度》，《系统科学学报》2015 年第 1 期。
齐磊磊：《大数据经验主义——如何看待理论、因果与规律》，《哲学动态》2015 年第 7 期。
齐磊磊：《复杂性哲学视域下对大数据两个问题的讨论》，《系统科学学报》2017 年第 2 期。
齐磊磊：《计算的理念——从机械推理者到元胞自动机再到 3D 打印机》，《系统科学学报》2016 年第 2 期。
齐磊磊：《计算机模拟在科学研究中的作用》，《科技工作者的社会责任与和谐社会建设研究》，电子科技大学出版社 2007 年版。
齐磊磊、贾玮晗：《复杂社会系统的研究方法——从计算机模拟到复杂应答过程理论》，《系统科学学报》2018 年第 1 期。
齐磊磊：《科学技术与社会价值伦理的交叉视野——简评张华夏教授的〈现代科学与伦理世界〉》，《自然辩证法研究》2010 年第 7 期。
齐磊磊：《科学解释的模型论进路》，《自然辩证法研究》2008 年第 7 期。
齐磊磊：《科学哲学视野中的复杂系统与模拟方法》，中国社会科学出版社 2017 年版。
齐磊磊：《论复杂性的基本根源——从系统科学的角度》，《系统科学学报》2009 年第 1 期。
齐磊磊：《论“系统科学”与“复杂性科学”之异同》，《系统科学学报》2008 年第 4 期。
齐磊磊：《论系统突现的模拟可推导性及其性质与条件》，《系统科学学报》2013 年第 1 期。
齐磊磊：《论应试教育与“减负”政策的博弈》，《陇东学院学报》2012 年第 5 期。
齐磊磊：《系统科学、复杂性科学与复杂系统科学哲学》，《系统科学学报》2012 年第 3 期。
齐磊磊、颜泽贤：《混沌边缘的复杂性探析——对不同领域内复杂性产生条件的同构性分析》，《自然辩证法通讯》2009 年第 2 期。
齐磊磊、张华夏：《理论的结构与科学的模型——从语法进路到语义进路再到语用进路》，《哲学研究》2013 年第 3 期。
齐磊磊、张华夏：《论不存在“其它情况均同”定律——兼评南茜·卡特莱特的科学定律观》，《自然辩证法研究》2013 年第 5 期。

齐磊磊、张华夏：《论突现的不可预测性和认知能力的界限——从复杂性科学的观点看》，《自然辩证法研究》2007 年第 4 期。
齐磊磊、张华夏：《论系统突现的概念——响应乌杰教授对自组织涌现律的研究》，《系统科学学报》2009 年第 3 期。
齐磊磊、张华夏：《“其它情况均同定律”不是一个悖论吗？——兼与王巍教授商榷》，《自然辩证法通讯》2013 年第 2 期。
齐磊磊、张华夏：《同构实在论与模型认识论——为罗素的结构实在论辩护》，《自然辩证法通讯》2010 年第 6 期。
王贵友：《整体结构实在论与科学合理性辩护》，《哲学分析》2011 年第 6 期。
王巍：《麻省理工推出 4D 打印产品随时间变化改变形状》（http：//news.qq.com/a/20130305/000282.htm）。
魏屹东：《科学表征：从结构解析到语境建构》，科学出版社 2018 年版。
吴国林：《论分析技术哲学的可能进路》，《中国社会科学》2016 年第 11 期。
《亚里士多德全集》第九卷，中国人民大学出版社 1994 年版。
颜泽贤、范冬萍、张华夏：《系统科学导论》，人民出版社 2006 年版。
杨振宁：《曙光集》，生活·读书·新知三联书店 2008 年版。
张奠宙编：《杨振宁文集》（上），华东师范大学出版社 1998 年版。
张华夏：《结构主义的科学理论观——兼评新经验主义》，《自然辩证法通讯》2010 年第 6 期。
张华夏：《科学的结构：后逻辑经验主义的科学哲学探索》，社会科学文献出版社 2016 年版。
张华夏：《科学实在论和结构实在论——它们的内容、意义和问题》，《科学技术哲学研究》2009 年第 6 期。
张华夏、杨维增：《自然科学发展史》，中山大学出版社 1985 年版。
张华夏、叶侨健：《现代自然哲学与科学哲学》，中山大学出版社 1996 年版。
张华夏、张志林：《技术解释研究》，科学出版社 2005 年版。
张建琴、张华夏：《论新本质主义中的自然类与自然律概念》，《科学技术哲学研究》2013 年第 5 期。
赵乐静：《技术解释学》，科学出版社 2009 年版。

[奥] 埃尔温·薛定谔：《生命是什么》，罗来鸥、罗辽复译，湖南科学技术出版社 2007 年版。

[丹麦] 波尔：《原子论和自然的描述》，郁韬译，商务印书馆 1964 年版。

[德] 克劳斯·迈因策尔：《复杂性中的思维》，曾国屏译，中央编译出版社 1999 年版。

《列宁选集》第二卷，人民出版社 1972 年版。

[法] 昂利·彭加勒：《科学与假设》，李醒民译，商务印书馆 2006 年版。

[法] 保尔·拉法格：《回忆马克思恩格斯》，人民出版社 1973 年版。

[法] 皮埃尔·迪昂：《物理学理论的目的和结构》，李醒民译，华夏出版社 1999 年版。

[加] 泽农·W. 派利夏恩：《计算与认知》，任晓明、王左立译，中国人民大学出版社 2007 年版。

[美] J. D. 沃森：《双螺旋：发现 DNA 结构的故事》，刘望夷译，化学工业出版社 2009 年版。

[美] J. D. 沃森：《双螺旋：发现 DNA 结构的故事》，吴家睿评点，科学出版社 2006 年版。

[美] P. 苏佩斯：《逻辑导论》，宋文淦译，中国社会科学出版社 1984 年版。

[美] R. 卡尔纳普（Rudolf Carnap）：《科学哲学导论》，张华夏、李平译，中国人民大学出版社 2007 年版。

[美] 艾伯特-拉斯洛·巴拉巴西：《爆发：大数据时代预见未来的新思维》，马慧译，中国人民大学出版社 2012 年版。

[美] 爱因斯坦：《爱因斯坦文集》第一卷，范岱年、赵中立、许良英译，商务印书馆 2009 年版。

[美] 保罗·汉弗莱斯：《延长的万物之尺：计算科学、经验主义与科学方法》，苏湛译，董春雨、孙卫民校，人民出版社 2017 年版。

[美] 胡迪·利普林、梅尔芭·库曼：《3D 打印：从想象到现实》，赛迪研究院专家组译，中信出版社 2013 年版。

[美] 库珀：《物理世界》（下卷），海洋出版社 1983 年版。

[美] 马丁·戴维斯：《逻辑的引擎》，张卜天译，湖南科学技术出版社 2005 年版。

[美] 梅拉妮·米歇尔：《复杂》，唐璐译，湖南科学技术出版社 2011

年版。
［美］米歇尔·沃尔德罗普：《复杂：诞生于秩序与混沌边缘的科学》，陈玲译，生活·读书·新知三联书店 1998 年版。
［美］欧内斯特·内格尔：《科学的结构》，徐向东译，上海译文出版社 2005 年版。
［美］帕特里克·苏佩斯：《科学结构的表征与不变性》，成素梅译，上海译文出版社 2011 年版。
［美］司马贺：《人工科学：复杂性面面观》，武夷山译，上海科技教育出版社 2004 年版。
［美］斯蒂芬·温伯格：《终极理论之梦》，李泳译，湖南科学技术出版社 2007 年版。
［美］托马斯·S. 库恩：《必要的张力》，范岱年、纪树立译，福建人民出版社 1981 年版。
［美］约翰·霍兰：《涌现》，陈禹等译，上海科学技术出版社 2006 年版。
［美］詹姆斯·D. 沃森：《基因·女郎·伽莫夫——发现双螺旋之后》，钟扬、沈玮、赵琼、王旭译，上海科技教育出版社 2003 年版。
［瑞士］皮亚杰：《结构主义》，倪连生、王琳译，商务印书馆 2006 年版。
［英］P. 切克兰德：《系统论的思想与实践》，左晓斯、史然译，张华夏校，华夏出版社 1990 年版。
［英］怀特海：《科学与近代世界》，何钦译，商务印书馆 1959 年版。
［英］霍布斯：《利维坦》，黎思复、黎廷弼译，商务印书馆 1985 年版。
［英］罗素：《人类的知识》，张金言译，商务印书馆 1983 年版。
［英］罗素：《数理哲学导论》，晏成书译，商务印书馆 2003 年版。
［英］南希·卡特赖特：《斑杂的世界：科学边界的研究》，王巍译，上海科技教育出版社 2006 年版。
［英］南希·卡特赖特：《物理定律是如何撒谎的》，贺天平译，上海科技教育出版社 2007 年版。
［英］维克托·迈尔－舍恩伯格、肯尼思·库克耶：《大数据时代》，盛杨燕、周涛译，浙江人民出版社 2013 年版。
［英］伊恩·斯图尔特：《上帝掷骰子吗——混沌之数学》，潘涛译，朱照宣校，陈以鸿审订，上海远东出版社 1995 年版。

二 英文文献

A. E. E. Mckenzie, *The Major Achievements of Science*, Iowa State University Press. 1988.

Alan Musgrave, "Unreal Assumptions", In Economic Theory: The F – Twist Untwisted. *Kyklos*, 1981, 34: 377 – 387.

Alfred Tarski, "Contributions to the Theory of Models", *Indagationes Mathematicae*, 1954, 16, http://www.jstor.org/stable/pdfplus/20114347.pdf? acceptTC = true.

Alice Calaprice (ed.), *The Ultimate Quotable Einstein*, Princeton University Press, 2011.

Anjan Chakravartty, "Structuralism as a form of Scientific Realism", *International Studies in the Philosophy of Science*, 2004, 18.

Anjan Chakravartty, "The Semantic or Model – Theoretic View of Theories and Scientific Realism", *Synthese*, 2001, 127.

Anthonie Meijers (ed.), *Philosophy of Technology and Engineering Sciences*, North Holland: Elsevier, 2009.

Bas C. van Fraassen, "On the Extension of Beth's Semantics of Physical Theories", *Philosophy of Science*, 1970, 37 (3): 328.

Bas C. van Fraassen, *Quantum Mechanics: An Empiricist View*, Oxford: Oxford University Press, 1991.

Bas C. van Fraassen, "Representation: The Problem for Structuralism", *Philosophy of Science*, 2006, 73.

Bas C. van Fraassen, *Scientific Representation: Paradoxes of Perspective*, Oxford: Oxford University Press, 2008.

Bas C. van Fraassen, "Structure and Perspective: Philosophical Perplexity and Paradox", In M. L. Dalla Chiara et al. (eds.), *Logic and Scientific Methods*, Dordrecht, 1997.

Bas C. van Fraassen, *The Scientific Image*, Oxford: Clarendon Press, 1980.

Bertrand Russell, *Human Knowledge: Its Scope and Limits*, London: George Allen & Unwin, 1948.

Bertrand Russell, *Introduction to Mathematical Philosophy*, London: George

Allen & Unwin, 1919.

Bertrand Russell, *The Analysis of Matter*, London: Kegan Paul, Trench, Trubner, 1927.

Bertrand Russell, *The Problems of Philosophy*, London: Williams and Norgate, 1912.

Bradley Monton, "Constructive Empiricism. Stanford Encyclopedia of philosophy", https://plato. stanford. edu/search/searcher. py? query = Constructive + Empiricism, 2008.

C. A. Newton, D. A. Costa and Steven French, *Science and Partial Truth: A Unitary Approach to Models and Scientific Reasoning*, Oxford University Press, 2003.

Carl G. Hemple, "Formulation and Formalization of Scientific Theories: A Summary – Abstract", In Frederick Suppe (ed.), *The Structure of Scientific Theories*, Urbana Chicago London: University of Illinois Press, 1979.

Ch. O François, "History and Philosophy of the Systems Sciences", http://wwwu. uni – klu. ac. at/gossimit/ifsr/francois/papers/history_ and_ philosophy. pdf.

Chris Swoyer, "Structural Representation and Surrogative Reasoning", *Synthese*, 1991, 87.

C. N. Yang, *Selected Papers 1945 – 1980 With Commentary*, New York: W. H. Freeman and company. 1983.

Craig Callender and Jonathan Cohen, "There Is No Special Problem About Scientific Representation", *Theoria*, 2006, 21 (1).

C. Ulises Moulines, "Ontology, Reduction, Emergence: A General Frame", *Synthese*, 2006, 151 (3).

D. Deutsch, "Quantum Theory, the Church – Turing Principle and Universal Quantum Computer", Appeared in *Proceedings of the Royal Society of London A 400*, 1985.

D. Gentner, K. Holyoak and B. Kokinov, *The Analogical Mind*, The MIT Press, 2001.

D. M. Bailer – Jones, "Models, Theories and Phenomena", D. Westerstahl, P. Hajek and L. Valdes – Villanueva (eds.), *Proceedings of Logic, Meth-*

odology and Philosophy of Science 2003, Amsterdam: Elsevier, 2005.

Dov Gabbay, M. Paul Thagard and John Woods (General Editors), *Philosophy of Technology and Engineering Sciencesin Handbook of the Philosophy of Science*, North - Holland. Elsevier, 2009.

E. Nagel, *The Structure of Science: Problems in the Logic of Scientific Explanation*, New York: Harcourt, Brace & World, Inc, 1961.

Ernan McMullin, "Galilean Idealization", *Studies in the History and Philosophy of Science* 1985, 16.

Francesco Amigoniand Viola Schiaffonati, "Multiagent - Based Simulation in Biology: A Critical Analysis", In *Model - Based Reasoning in Science, Technology, and Medicine*, Springer - Verlag Berlin Heidelberg, 2007.

Frederick Suppe. Scientific Theories. In E. Craig (Ed.), *Routledge Encyclopedia of Philosophy*, London: Routledge. Retrieved February 20, 2004.

Frederick Suppe, *The Semantic Concept of Theories and Scientific Realism*, Urbana: University of Illinois Press, 1989.

Frederick Suppe, *The Structure of Scientific Theories*, Urbana Chicago London: University of Illinois Press, 1977.

Frederick Suppe, "Understanding Scientific Theories: An Assessment of Developments, *1969 - 1998*", *Philosophy of Science*, 2000.

Gabriele Contessa, "Introduction", *Synthese*, 2010, 172 (2).

Gabriele Contessa, "Scientific Representation, Interpretation, and Surrogative Reasoning", *Philosophy of Science*, 2007, 74 (1).

Galileo Galilei, "The Assayer", translated by Stillman Drake, *Discoveries and Opinions of Gallileo*, New York: Doubleday & Co., 1957.

Gell - Mann & Seth Lloyd, "Effective Complexity", *Santa Fe Institute*, June 26, 2003.

George A. Cowan et al. (ed.), *Complexity: Metaphors, Models and Reality*, David Pines, David Meltzer, Addison - Wesley Publishing Company, 1994.

George J. Klir, *Facets of Systems Science 2nd*, Kluwer Academic/Plenum Publishers, 2001.

Hans Vaihinger, *The Philosophy of 'As If': A System of the Theoretical, Prac-*

tical, *and Religious Fictions of Mankind*, Ogden, C. K. English trans. London: Kegan Paul, 1924.

Harald Niederreiter, *Monte Carlo and Quasi – Monte Carlo Methods*, Berlin, Heidelberg: Springer Verlag, 2006.

H. J. Groenewold, "The Model in Physics", *Synthese*, Springer, 1961.

H. Stachowiak, *Allgemeine Modelltheorie*, Springer, Wien, 1973.

James B. Glattfelder, "Who Controls the World?", http: //www. ted. com/talks/james_ b_ glattfelder_ who_ controls_ the_ world. html.

James Ladyman, "Structural Realism. in the Stanford Encyclopaedia of Philosophy", http: //plato. stanford. edu/entries/structural – realism.

J. C. Pitt, *Thinking about Technology*, *Foundations of the Philosophy of Technology*, Seven Bridge Press, 2000.

J. Hadamard, *An Essay on the Psychology of Invention in the Mathematical Field*, New York: Dover, 1954.

John Belland Moshé Machover, *A Course in Mathematical Logic*, Amsterdam: North – Holland, 1977.

John H. Holland, *Emergence – From Chaos to Order*, Oxford University Press, 1998.

Joseph D. Sneed, *The Logical Structure of Mathematical Physics*, Dordrecht: Reidel Publishing Company, 1977.

J. W. Addison, L. Henkinand A. Tarski (eds.), "The Theory of Models", In *Proceedings of the 1963 International Symposium at Berkeley*, North – Holland, 1965.

J. Worrall, "Structural Realism: The Best of Both Worlds?", *Dialectica*, 1989: 43.

K. E. Boulding, "General System Theory: The Skeleton of Science", In George J. Klir, *Facets of Systems Science*, Second Edition Kluwer Academic/Plenum Publishers, 2001.

Konrad Zuse, "EnglishTranslation: Calculating Space", In *A Computable Universe: Understanding & Exploring Nature as Computation*, World Scientific, 2012.

Leilei Qi and Huaxia Zhang, "From the Received View to the Model – Theoretic Approach", In Philosophy and Cognitive Science, L. Magnani, P. Li (eds.) Springer, *Studies in Applied Philosophy*, *Epistemology and Rational Ethics*, 2012.

Leilei Qi and Huaxia Zhang, "Reason out Emergence from Cellular Automata Modeling", In L. Magnani, P. Li (eds.), *Studies in Computational Intelligence*, Springer, 2007.

Liu Chuang, "Models and Theories: The Semantic View Revisited", *International Studies in the Philosophy of Science*, 1997.

Liu Chuang, "Re – inflating the Conception of Scientific Representation", *International Studies in the Philosophy of Science*, 2015.

L. Laudan, "A Confutation of Convergent Realism", *Philosophy of Science*, 1981.

L. Magnani, N. J. Nersessian and P. Thagard (eds.), *Model – based Reasoning in Scientific Discovery*, New York: Kluwer/Plenum, 1999.

L. Magnani, P. Li (eds.), *Studies in Applied Philosophy*, *Epistemology and Rational Ethics*, Springer, 2012.

Lorenzo Magnani and Nancy Nersessian (eds.), *Model – Based Reasoning*: *Science*, *Technology*, *Values*, Dordrecht: Kluwer, 2002.

Lorenzo Magnani and Paul Thagard (eds.), *Model – Based Reasoning in Scientific Discovery*, Dordrecht: Kluwer, 1999.

Ludwig von Bertalanffy, *General System Theory*: *Foundations*, *Development*, *Applications*, New York: George Braziller, Inc, 1973.

Margaret Morrison, "Models as Representational Structures", In *Nancy Cartwright's Philosophy of Science*, Stephan Hartmann, Carl Hoefer, and Luc Bovens (eds.), New York: Routledge, 2008.

Margaret Morrison, *Unifying Scientific Theories*, Cambridge: Cambridge University Press, 2000.

Mary Hesse, *Models and Analogies in Science*, London: Sheed and Ward LTD, 1963.

Mary Hesse, *The Structure of Scientific Inference*, London: Macmillan, 1974.

Mary Morgan and Margaret Morrison, "Models as Autonomous Agents", in *Morgan and Morrison*, *Models as Mediators*, *Perspectives on Natural and So-*

cial Science, Cambridge: Cambridge University Press. 1999.

Mauricio Suárez, "An Inferential Conception of Scientific Representation", *Philosophy of Science*, 2004.

Mauricio Suárez, "Scientific Representation: Against Similarity and Isomorphism", *International Studies in the Philosophy of Science*, 2003.

M. Bunge, "Technology as Applied Science", *Technology and Culture*, 1966.

M. Gell - Mann, "Beauty, Truth and ⋯ Physics?", http: //www. ted. com/talks/murray_ gell_ mann_ on_ beauty_ and_ truth_ in_ physics. html.

M. Gell - Mann, "Complex Adaptive Systems", George A. Cowan and et al (ed.), *Complexity: Metaphors, Models and Reality*, David Pines, David Meltzer, Addison - Wesley Publishing Company, 1994.

M. H. A. Newman, "Mr. Russell's Causal Theory of Perception", *Mind*, 1928.

M. Scheutz (ed.), *Computationalism: New Directions*, Cambridge: MIT Press, 2002.

M. S. Morgan and M. Morrison (eds.), *Models as Mediators*, Cambridge: Cambridge University Press, 1999.

M. Suárez, "Fictions in Scientific Practice", In M. Suárez. Eds., *Fictions in Science: Philosophical Essays on Modeling and Idealization*, London: Routledge, 2009.

Nancy Cartwright, *How the Laws of Physics Lie*, Oxford: Oxford University Press, 1983.

Nancy Cartwright, *Nature's Capacities and their Measurement*, Oxford: Oxford University Press, 1989.

Nancy Cartwright, *The Dappled World. A Study of the Boundaries of Science*, Cambridge: Cambridge University Press, 1999.

N. Cartwright, T. Shomar and M. Suárez, "The Tool - box of Science: Tools for the Building of Models with a Superconductivity Example", *Poznan Studies in the Philosophy of the Sciences and the Humanities*, 1995.

N. C. Da Costa and Steven French, "The Model - Theoretic Approach in the Philosophy of Science", *Philosophy of Science*, 1990.

Newton C. A. da Costa, Steven French, *Science and Partial Truth: A Unitary*

Approach to Models and Scientific Reasoning, Oxford: Oxford University Press, 2003.

Nils A. Baas and Claus Emmeche, "On Emergence and Explanation", *Intellectica*, 1997.

Oswald Hanfling, " Logical Positivism ", In *History of Philosophy*, Routledge, 2003.

Patrick Suppes, " A Comparison of the Meaning and Uses of Models", In *Mathematics and the Empirical Sciences*, Springer Netherlands, 1969.

Patrick Suppes, *Introduction to Logic*, Mineola and New York: Dover Publication, Inc, 1957.

Patrick Suppes, *Introduction to Logic*, van Nostrand Reinhold, http: //www. springerlink. com/content/w5572466g3n86016/fulltext. pdf. New York, 1957.

Patrick Suppes. "Models of Data", in Nagel, Suppes and Tarski (eds.), *Logic Methodology and Philosophy of Science: Proceedings of the* 1960 *International Congress*, Standford: Standford University Press, 1962.

Patrick Suppes, *Representation and Invariance of Scientific Structures*, Stanford: Stanford University Press, 2002.

Patrick Suppes, "Set Theoretical Structures in Science", *Mimeographed lecture notes*, University of Stanford, 1970.

Patrick Suppes, "What is a Scientific Theory?", In S. Morgenbesser (ed.), *Philosophy of Science Today*, New York: Basic Books, 1967.

Paul Humphreys, *Extending Ourselves: Computational Science, Empiricism, and Scientific Method*, Oxford: Oxford University Press, 2004.

Paul Teller, "How We Dapple the World", *Philosophy of Science*, 2004.

Paul Teller, "Twilight of the Perfect Model Model", *Erkenntnis*, 2001.

Pawel Topa, "Network Systems Modelled by Complex Cellular Automata Paradigm", Alejandro Salcido (ed.), *Cellular Automata – Simplicity Behind Complexity*, Published by InTech, 2011.

Peter Achinstein, *Concepts of Science: A Philosophical Analysis*, Baltimore: Johns Hopkins Press, 1968.

Peter Checkland, *Systems Thinking*, *Systems Practice*, Chichester: John Wiley & Sons Ltd, 1981.

Peter Kroes, "Technological Explanations: The Relation between Structure and Function of Technological Objects", *Technè*, Spring, 1998.

Peter Lipton, *Inference to the Best Explanation*, London: Routledge, 2001.

P. Humphreys, "Computer Simulations", In A. Fine, M. Forbes, and L. Wessels, editors, *PSA 1990*, East Lansing, MI, USA, 1991.

R. Carnap, *Foundations of Logic and Mathematics*, Chicago: University of Chicago Press, 1939.

R. Frigg, "Fiction and Scientific Representation", R. Frigg & H. C. Hunter, Eds., *Beyond Mimesis and Convention: Representation in Art and Science*, Berlin: Springer, 2010.

R. Frigg, "Model in Scientific", http://plato.stanford.edu/entries/models - science/, 2012.

R. Frigg, "Scientific Representation and the Semantic View of Theories", *Theoria*, 2006.

R. I. G. Hughes, "Models and Representation", *Philosophy of Science*, 1997.

Robert A. Wilson and Frank C. Keil (eds.), *The MIT Encyclopedia of the Cognitive Science*, Cambridge, MA: MIT Press, 1999.

Roberto Torretti, *The Philosophy of Physics*, Cambridge University Press, 1999.

Ronald Laymon, "Idealizations and the Testing of Theories by Experimentation", in Peter Achinstein and Owen Hannaway (eds.), *Observation Experiment and Hypothesis in Modern Physical Science*, Cambridge, Mass: M. I. T. Press, 1985.

Ronald N. Giere, "An Agent - Based Conception of Models and Scientific Representation", *Synthese*, 2010.

Ronald N. Giere, "Constructive Realism", In Paul M. Churchland & Clifford A. Hooker (eds.), *Images of Science: Essays on Realism and Empiricism, with a Reply from Bas C. Van Fraassen*, Chicago: The University of Chicago Press, 1985.

Ronald N. Giere, "How Models Are Used to Represent Reality", *Philosophy of Science*, 2004.

Ronald N. Giere, *Science Without Laws*, Chicago: University of Chicago Press, 1999.

Ronald N. Giere, "Using Models to Represent Reality", L. Magnani, N. J. Nersessian and P. Thagard (eds.), *Model – based Reasoning in Scientific Discovery*, New York: Kluwer/Plenum, 1999.

Ronald N. Giere, "Why Scientific Models Should not be Regarded as Works of Fiction", In M. Suárez. Eds., *Fictions in Science: Philosophical Essays on Modeling and Idealization*, London: Routledge, 2009.

Skylar Tibbits, "The Emergence of '4D Printing' | TED Talk", https://www.ted.com/talks/skylar_ tibbits_ the_ emergence_ of_ 4d_ printing.

S. Mustafa Ali. The Concept of Poiesis and Its Application in a Heideggerian Critique of Computationally Emergent Artificiality, A thesis submitted for the degree of Doctor of Philosophy by Syed Mustafa Ali. Dept. of Electrical & Electronic Engineering, Brunel University. January 1999, http://mcs.open.ac.uk/sma78/thesis/thesis.html

Stathis Psillos, "Is Structural Realism Possible?", *Philosophy of Science*, 2001.

Steen Barret Rasmussen. et al., "Elements of a Theory of Simulation", In ECAL 95, *Lecture Notes in Computer Science*, Springer Verlag, 1995.

Stefania Vitali, James B. Glattfelder, and Stefano Battiston, "The Network of Global Corporate Control", http://www.plosone.org/article/info%3Adoi%2F10.1371%2Fjournal.pone.0025995.

Stephan Hartmann, "Models and Stories in Hadron Physics", In M. S. Morgan and M. Morrison (eds.), *Model as Mediators: Perspectives on Natural an Social Science*, Cambridge University Press, 1999.

Stephan Hartmann, "Models as a Tool for Theory Construction: Some Strategies of Preliminary Physics", In W. Herfel et al., *Theories and Models in Scientific Processes*, Rodopi, 1995.

Stephan Hartmann, "The World as a Process, Simulations in the Natural and Social Sciences", In R. Gegselmann et al. (Eds.), *Modelling and Simulation in the Social Sciences from the Philosophy of Science Point of View*, Dordrecht: Kluwer, 1996.

Stephen Wolfram, "Computing a Theory of Everything", http://www.ted.com/talks/stephen_ wolfram_ computing_ a_ theory_ of_ everything.html.

Steven French, "A Model - Theoretic Account of Representation (or, I Don't Know Much About Art···But I Know It Involves Isomorphism)", *Philosophy of Science*, 2003.

S. Wolfram, *A New Kind of Science*, Champaign: Wolfram Media, Inc, 2002.

Uskali Mäki, Isolation, Idealization and Truth in Economics, In Bert Hamminga and Neil B. De Marchi (eds.), Idealization VI: Idealization in Economics, Poznan Studies in the Philosophy of the Sciences and the Humanities. Amsterdam: *Rodopi*, 1994.

V. Turchin, "A Dialogue on Metasystem Transition, In F. Heylighen", C. Joslyn & V Turchin (eds.): *The Quantum of Evolution*, Gordon and Breach Science Publishers, 1999.

W. Balzer, C. U. Moulines and J. D. Sneed, *An Architectonic for Science: the Structuralist Approach*, Dordrecht: Reidel, 1987.

W. Bynum and J. H. Moor (eds.), *The Digital Phoenix: How Computers are Changing Philosophy*, Blackwell Publishing Ltd, 1998.

Wilfrid Hodges, "Functional Modeling and Mathematical Models: A Semantic Analysis", In Meijers, Anthonie (ed.), *Philosophy of Technology and Engineering Sciences*, North Holland: Elsevier, 2009.

Wolfgang Stegmüller, *Structures and Dynamics of Theories*, New York: Springer - Verlag, 1976.

W. R. Ashby, *An Introduction to Cybernetics*, London: Chapman & Hall, 1957.

后　　记

这部书稿是我主持的国家社会科学基金项目“语义模型与表征模型研究”（项目批准号：14BZX025）的结项成果，也是我对模型思考的一个阶段性综合。其形成的过程大致如下：2003 年，我源于对复杂系统哲学的学习，开始关注并研究元胞自动机模拟方法，在具体使用元胞自动机模拟方法研究复杂系统的基础上于 2006 年完成了我的硕士论文《复杂系统探索与元胞自动机模拟方法》。紧接着，在攻读博士学位期间，我将元胞自动机模拟方法进一步扩大至计算机模拟方法，于 2009 年完成了我的博士论文“复杂系统研究与计算机模拟方法”。在论文的最后，自然从方法论上对计算机模拟方法进行哲学思考，并形成了对“计算的理念”的讨论。这些分析主要是来自对系统哲学专门讨论的成果，但当时由“计算机模拟”到“模拟”再过渡到对“模型”方法的理论阐述时，我的分析范围只局限于从科学应用的角度、以表征为基础的科学认知模型，认为模型是科学发现过程中的一个工具或方法，它具有的是科学表征的功能。2009 年参加工作后，随着视野的开阔与研究的拓展，在对由模型引起的同构理论讨论的过程中，在对若干资料的研究中发现：科学哲学家们在“理论的结构”领域对模型的讨论已经有非常丰富的研究成果，而这个切入点与我们之前的进路完全不同，由此我的研究范围逐渐转向从理论的结构对科学模型的讨论。

伴随着我的学术讨论主题同时发生转向的是中山大学的张华夏教授，其中重要的一个时间点是 2010 年 12 月，我和张老师在《自然辩证法通讯》杂志上共同发表了一篇论文《同构实在论与模型认识论——为罗素的结构实在论辩护》。在这篇论文的导言部分，我们开篇明旨：“本文作者在最近一段较长时间里学习和研究复杂系统科学的模型问题，特别是美国圣非研究所的计算机模拟问题，从他们那里明白了模型与模拟实质上是一个同构对应或同态对应的问题。基于我们的科学哲学基础，我们尽量将这种认识与科学哲学中的卡特赖特与赫西等人的解释的模型论进路（将解释看作寻找适当的模型）与语义的模型论进路（理论术语的语义通过模型与隐喻来给出），结合起来进行分析。但由于我们对西方哲学史的细节并不熟悉，一直没有能找到更深层的哲学认识论根源。直到最近我们接触到科学哲学实在论与反实在论的一场新的争论：关于结构实在论的争论。我们终于认识到原来结构实在论的创始人罗素早在20世纪初就提出了同构实在论的命题，这个命题可以将结构实在论的讨论与模型论的讨论贯串起来，本文的目的就是介绍、辩护和评价罗素同构实在论的观念，阐明它在模型方法中的应用。”所以，这篇论文的写作过程，于我们而言，是对模型的科学表征转向语义结构研究的一个极其重要的触发点；于学术影响来说，这篇论文获得了广东省2010—2011年度哲学社会科学优秀成果三等奖、第二届洪谦优秀哲学论文（分析哲学专业）二等奖，同时被中国人民大学复印报刊资料《科学技术哲学》2011年第3期全文转载。

从结构主义的研究进路讨论语义模型，我和张老师真有一种“发现新大陆”的感觉：对表征模型以各种形式研究了差不多十年，该讨论的问题也讨论了，难以找到相对比较新颖的主题，正当“山重水复疑无路”时，突然发现一个我们从未触及的但又极度相关的领域，真正体会到了陆游在写“柳暗花明又一村”的豁然开朗与兴奋喜悦。于是乎，我们像挖掘新矿源一样开始专注于讨论语义模型。当对语义模型有一定的研究基础之后，我们又将其与科学表征模型的研究进行对比思考，当时我和张老师都非常庆幸将这个重要的语义模型研究与表征模型结合在一起进行讨论，这对于推进模型的整体性研究是一件非常有意义的事情。

从2013年开始，我与张老师合作写了多篇关于理论的结构与科学的模型方面的论文，并发表在《哲学研究》与《哲学动态》等杂志上。当我在写完《科学理论结构的语义模型论进路》这篇论文初稿请张老师修改时，他看完后这样回复：“这是有我们独创见解的另一篇。关键的问题还是：（1）语法进路与语义进路的关系。（2）语义模型和非语义模型（叫作什么还是大问题）的关系。（3）按辛弃疾的词回首审视塔斯基，他的语义真和符合真理观的关系如何处理？这还是那篇获奖论文的‘同构实在论和模型认识论’的问题吗？”

张老师此处所说的“按辛弃疾的词回首审视塔斯基”，其中辛弃疾的词指的是《青玉案·元夕》：“众里寻他千百度。蓦然回首，那人却在，灯火阑珊处。”张老师意在描述我们对模型研究“突然发现”的过程与心理状态：我们对模型的研究，寻寻觅觅，研究了若干个主题，最终的源头还是要回到早就创立的塔斯基的模型理论。我们现在研究的语义模型是在集合论基础上发展而来，要研究模型的最初表述、区分表征模型与语义模型中“模型”的所指，我们就要追溯至1954年塔斯基建立的数学模型论。无疑，这是张老师“一揽子解决问题”的情结，也是当时的我们、现在的我的一个新的研究方向。书写至此，遥想张华夏老师已驾鹤西去，“斯文犹在，风范长存”，唯借此后记，缅怀敬爱的张老师，愿我们在张老师学术精神的激励下继续前行！

书稿付梓出版之际，恰逢我在波士顿大学哲学系做访问学者，非常感谢波士顿大学哲学系 Tian Yu Cao 教授的邀请。一年半的访学时光，既拓展了我的学术视野，又给予我一个安静的校对书稿的时空。同时，我的学生吴思柳帮我校对了全书的参考文献，谢飘雁通读了全书并校对了语句的表述，感谢她们的校对工作。

感谢我的家人、朋友、学生们等“无限少数人”的各种关心、鼓励与帮助。

感谢本书的责任编辑田文女士的辛勤付出，感谢中国社会科学出版社的大力支持。

齐磊磊

2024年5月11日于波士顿大学